建築結構入門

入門

一氣呵成習得結構整體概念╳
融會貫通核心專業知識

江尻憲泰──著

張心紅──譯

繁体版著者序文

　日本で 2005 年に耐震偽装事件という建築構造技術者にとって非常に大きな事件が起こった。建物を新築する場合には、日本では、確認申請機関や行政に構造計算書を提出する必要があるが、一人の構造技術者が構造計算書を偽装していたために、耐震性の足りない多くの建物が建設されてしまっていることが判明し、我々構造技術者だけではなく建設業界を含め社会的な大きな問題となった。そして、建築関連の法規が大きく変わったのであるが、一般の人々の不信感・不安感を解決するために、構造技術者は既設建物の構造計算書の再確認（第三者による確認）を行なう等と大変な状況となった。その様な状況の中、意匠設計者を始め、構造技術者以外の建築関係者も建築構造に関する知識が不足していることが露呈した。建築関係者は、クライアント等一般の方に構造設計者が作成した構造設計図書（構造計算書・構造図等）について説明ができなかったのである。そのような背景あり、耐震偽装事件が一段落した頃から初学者や意匠設計者向けの実務を紹介する本が多く出版された。本書もそのうちの一つである。

　本書は、意匠設計や構造設計を職業としようと考えている学生や建築関係の仕事を始めたばかりの人を対象として、エックスナレッジの方々といろいろと話し合いをしながら執筆した。そして、筆者も構造設計者の一人として一般の方々にも解るように説明するにはどうしたらよいかという観点も加えて本書をまとめている。

　出来るだけ構造技術の本質に沿って正確に伝えようとすればするほど、逆に内容が難しくなってしまう。内容を掘り下げるほどに裾野は広がりますます解り難くなる。構造設計と言っても鉄骨造を得意とする人、鉄筋コンクリート造を得意とする人、日本においては木造技術が急速に進み木造を得意とする人など、専門分野化も進んできている。全般的な知識を必要とする実務に携わる建築関連の仕事にとって難い状況となっている。本書は、できるだけ、簡単に、しかも全貌を網羅しようとしているため、専門的な知識レベルが高い人程、ここは少し違うかなという部分も出てくるかと思うがご容赦願いたい。知識が身につけば身につくほど、自分の確立した考えを持つようになり、逆に周りの人々との考えの違いが大きくなる傾向がある。偏屈な人ほど技術力が高かったりもする。本書は、建築関連業務の入り口に位置する本として出来るだけ簡単にしているので、本書を読んだその後は、より高度な専門書を紐解いたり、実務での経験を通して知識の裾野を広げて欲しいと願っている。

筆者は大学の教師として教えている他に日本国内のいろいろな地域で構造設計業務を行っている。日本国内においても地域により業務の進め方やいろいろな設計式に関する考え方等が異なることを痛感している。また、国外の構造技術者と仕事をいろいろとご一緒させて頂いているが、日本国内以上に違いが大きく、相容れない場合も多々あることを経験している。建築構造技術は物理学を基にしているので、世界共通なのではと思われがちであるが、国毎に異なる法規、自然環境、技術者個人の経験等々で大きな違いが生じる。台湾にて建築関係の技術者と仕事をしたことがあり、台湾と日本では、他の国々に比べるとかなり近いと感じている。初学者向け、また、構造を専門とはしない人向けの本書は、台湾においても十分に参考になるのでは無いかと思うので、活用して頂ければ幸いである。また、本書をきっかけに日本の建築設計に興味を持たれ、日本で活躍するような方が出てくるのではと期待している。

　最後に本書を執筆するにあたりご尽力頂いた方々、台湾版の発刊を手がけて頂いた方々に深く感謝申し上げます。

江尻 憲泰
2017 年 07 月

中文版作者序

　　日本 2005 年發生的耐震偽裝事件，在建築結構設計者看來是相當重大的新聞。在日本，新建案有義務向確認申請機關和相關行政繳交結構計算書，然而由於事件中的結構設計師偽造了結構計算書，就此揭露一連串耐震性不足的建案醜聞，不只是筆者在內的所有結構設計師，就連建築業界也成了社會的巨大問題。於是，日本建築關聯的法規有了大幅度的修正，而且為了消除民眾的不信任感、不安感，官方規定結構設計師必須執行既設建物的結構計算書再確認（由第三方確認），各事務所為此也遇到諸多棘手狀況。在這樣的狀況之下，也顯露出包含建築設計者在內、結構設計師以外的所有建築相關業者缺乏建築結構方面的專業知識問題。建築相關業者無法向委託人等一般使用者解說結構設計師的結構設計圖書（結構計算書、結構圖等）。在市場需求之下，加上耐震偽造事件告一段落之後，市面上專為初學者或建築設計師寫的實務專業知識內容如雨後春筍般紛紛出版。本書也是在那樣的背景下出版的書籍。

　　本書是設定給以建築設計或結構設計為志向的學子、以及剛投入建築相關工作的讀者，在與 X-Knowledge 出版社陸陸續續交涉深談後執筆出版。並且，筆者也從結構設計師的角度思考如何讓一般讀者也能夠明白的觀點並納入本書內容裡。

　　然而筆者體悟到，愈盡可能按著結構設計的本質正確地教授知識，反倒會使內容變得愈艱深。也就是說內容愈專精，牽涉的基礎知識愈廣也就更加難以說明。而且即便都稱做結構設計，但這當中有專精於鋼骨造、或鋼筋混凝土造、以及在日本急速進展的木造技術等，已慢慢朝向分門別類的專業發展。因此對於需要涉及全面的實務專業知識的建築相關工作來說相當困難。為此本書站在盡最大的努力、簡單地、而且是網羅全面的觀點解說，或許對於精通結構專業知識的讀者來看，可能也會有不一樣看法的地方，這點期望能獲得理解與寬容看待。知識愈學愈專自然而然會抱持自我的想法，所以有與周遭他人不同想法的傾向。並且是愈乖僻其技術也愈高超。本書期許做為建築相關業務的專業入門書，盡筆者之所能以簡單明瞭陳述內容，幫助讀者在讀完本書之後能研讀更高階的專門書，或透過實務經驗開闊知識基礎。

　　筆者除了在大學任教以外，也從事日本國內各個地區的結構設計業務。因此深深感悟到日本各地區業務的進行方式或各方面的設計想法等的差異性。此外，也有和國際結構設計師合作的機會，當中更是領會到比日本國內更大的不同，持相反意見的情況也相當多。建築結構設計必須具備物理學基礎，然而即便這是世界共通性的學問，卻受到各國家的法規、自然環境、個人經驗技術等等因素影響產生相當大的差異化。筆者也曾與台灣建築相關的設計師

共事，台灣和日本比起其他國家感覺是鄰近許多。這本書是提供初學者、甚至是朝結構設計深化了解的讀者學習的參考書，或許也非常適用於台灣，因此若能夠應用本書內容於實際作業的話是筆者的榮幸。還有，期待因為這本書而對日本建築設計感到興趣的讀者，未來相繼在日本嶄露頭角。

　　最後由衷感謝 X-Knowledge 出版社協助筆者完成本書，並向繁體中文版的所有出版人員致上最深的感謝之意。

江尻憲泰

2017 年 7 月

解説

文／冨田構造設計事務所　冨田匡俊
（國立台灣大學土木工程學系　兼任副教授級專業技術人員）

　本書は日本では 2012 年に出版され、その**人気のため 2014 年には改訂版が出版**されたものを忠実に翻訳した本です。

　著者である江尻憲泰氏は、**上海**、**ミラノ**など世界的各地の構造設計を手がけている著名な日本人構造家です。世界的建築家である隈研吾氏が設計した台湾**新竹県**の南園パビリオンも、江尻事務所の構造設計作品で、私はこの南園パビリオンを台湾に実現させるため、台湾側の構造顧問として協働させてもらったというご縁があります。また一方で江尻氏は**長岡造形大学**で**教授職**を務め、建物の連成振動や竹の構造、球型ボイドスラブの開発等、実務面を中心に研究をしつつ**日本女子大学**や**早稲田大学**でも教えている、優秀な大学の先生でもあります。

　本書の特徴は次のようにまとめられます。
　1 構造が不得意な人のためにできるだけ数式を排除し「構造の感覚をつかむ」ことができるよう、身近な例を使って分かりやすく解説している。
　2 内容が世界的な視野で述べられている。
　3 台湾における実務設計でも役に立つ。

　「本書は、大学で構造を学ぼうとしている学生やこれから建築士の試験を学ぼうとしている人を想定しています」とあとがきにあるように、初心者にもわかりやすく書かれています。

　例えば **11 章「断面性能」**では、構造設計で最も基本となる長方形、円形、H 形の断面性能の計算方法を、たった 1 ページでまとめています。**22 章「構造種別」**では鉄筋コンクリート造、鉄骨造、木造の経済性や耐震性などを数字を使わずわかりやすく比較しています。**90 章「液状化」**では液状化が起こる過程としくみが、通常→地震発生時→液状化の順にわかりやすい絵で紹介されています。

　内容は世界的な視野で書かれており、例えば **14 章「積載荷重」**では、日本の設計基準法の積載荷重の大きさだけでなく、カナダや中国の積載荷重も紹介しています。**28 章「シェル構造」**では、日本だけではなく**メキシコ**や**韓国**の建物も紹介されています。

日本と台湾では法律が異なる、と思う方も多数いると思いますが、力学や数学は世界中で共通です。また台湾と日本では設計法規でも多くの共通点があります。例えば木造の設計法規は台湾と日本はほとんど同じです。例えば**67章「木造梁の断面算定」68章「木造柱の断面算定」**では、木構造実務者が必要とする最低限の内容を非常に短くまとめ、しかも手計算による断面算定方法まで紹介されています。**101章「伝統木造の耐震診断」**では、世界的にも有名な観光地である**長野県善光寺**「経蔵」の耐震補強の構造設計を行った江尻教授の経験をもとにした内容となっているので、台湾で木造の歴史的建築物などを診断する実務者や、日本の文化財保護方法に興味がある人たちにも、役に立つ内容だと思います。

　本書は台湾における大学などの**教科書**としても非常に適していると思われますし、実務者が自らの理解を広げたり再確認するのに適していると思います。今後台湾をはじめ、多くの海外の方々の目に止まることを期待しています。

岡田恒俊

2017年6月吉日

導讀推薦

文／冨田結構設計事務所　冨田匡俊

（國立台灣大學土木工程學系　兼任副教授級專業技術人員）

　　原版初版在 2012 年出版後即**獲得好評**，易博士出版秉持忠實翻譯出版 2014 **年修訂版**的中文版。

　　作者江尻憲泰先生是日本著名的結構家，經手的結構設計橫跨歐亞**上海**、**米蘭**等城市。前幾年國際建築大師隈研吾先生在新竹縣設計的**風檐**，正是江尻事務所的結構設計作品。回想為了促成這項案子，因緣際會之下筆者以台灣結構顧問身分協助了此案。另一方面，江尻先生在**長岡造形大學**擔任**教授**職，一面以實務面為中心研究建築物的耦合振盪、竹結構、以及球型中空樓板（void slab）開發等，一面又在**日本女子大學**、**早稻田大學**任教，也是名優秀的大學老師。

　　筆者將本書的特色歸納為以下三點：

　　1. **舉日常例子且易懂方式解說結構，幫助不擅長結構的讀者可以以最低限度的算式「抓到結構的感覺」。**

　　2. **以世界視野闡述內容。**

　　3. **實務設計方面也適用於台灣。**

　　如同作者於原版所說「本書獻給正在大學學習結構的學子或今後準備建築相關考試的讀者」，是入門讀者也能明白的內容。

　　例如，011**「斷面性能」**僅用一頁簡明扼要整理了結構設計上最基本的長方形、圓形、H型的斷面性能計算方法。022**「結構種類」**不提細瑣數字而是以易懂形式比較鋼筋混凝土造、鋼骨造和木造在經濟性或耐震性上的差異。090**「液化」**將液化過程和原理按照「通常→地震發生時→液化」順序圖解說明。

　　而且內容頗具世界性觀點，例如 014**「活載重」**不僅介紹日本設計基準法的活載重大小，也列舉加拿大或中國方面的做法。又如 028**「薄殼結構」**不只是日本的例子，也介紹了**墨西哥**或**韓國**的建築案例。

雖然大多數都認為日本和台灣的建築相關律法不同，但力學、數學卻是全世界共通的。再加上台灣和日本的設計法規還是有很多的共通點，例如木造方面，台灣和日本的幾乎可說是相同。067「**木造樑的斷面計算**」、068「**木造柱的斷面計算**」更是精簡整理木結構技師必要的最低限度內容，還有人工計算斷面的方法。以及 101「**傳統木造的耐震診斷**」是江尻教授以過去經手世界知名的觀光勝地**長野縣善光寺**「藏經閣」的耐震補強經驗為基礎寫作而成，對於執行台灣木造歷史建築物等診斷的工作者或有興趣了解日本文化財保護方法的讀者而言，想必是相當有參考價值的內容。

　　本書相當適合台灣各大學學院系所做為**教材**使用，同時也推薦給建築相關工作者再進修、開拓結構理解的深度與廣度。期待今後藉台灣為起頭能夠獲得更多海外人士的關注。

岡田匡俊

2017 年 6 月吉日

CONTENTS

PART 1

結構基礎

013

PART 2

結構力學

079

PART 3

結構計算

137

PART 4
結構設計
181

PART 5
耐震設計
223

1

結構基礎

什麼是建築的結構？

！ 建築結構與身體的「結構」一樣？

很多人對「結構」一詞都有著「結構藏在建築裡面」的印象。最為普通的說法是，「建築結構」就像生物的骨骼；而供水排水、以及電線管線和設備，就如同血管及消化系統之於生物；至於窗戶及塗裝等則被比喻為皮膚。我想聽過這種說法的人之中，應該有很多人會認為建築結構就是有關建築內部看不見的地方。

其實「結構」無所不在

在生物中，有以甲蟲為代表的、有著外殼結構的昆蟲；也有像犀牛的角一般，皮膚變得非常堅硬、擁有與「結構」同等強度皮膚的生物。建築結構也是如此，有像人的骨頭一樣藏於內部的「結構」，有雙眼可見的「結構」，另外也有兼具裝潢與支撐建築物功能的「結構」。例如玻璃的背檔（作用於分隔窗戶）雖然不是建築物主體，但卻是可以保護內部空間的「結構」。

此外，書架是因為來自地球的重力才能支撐起沉重書本，這也絕對算得上是一種「結構」。而能固定住海報的小圖釘、與自動鉛筆的筆芯等，也都是小型的「結構」。在日常生活中，「結構」可說無所不在。

即使是由內部支撐建築物的建築結構，也有因為柱、樑大小而顯露於外的情形。在鋼筋混凝土造的建築物裡擺設家具時，不就有因柱子型式造成阻礙的經驗嗎？雖然「結構」乍看下是藏於幕後，但其實影響著我們每天的日常生活。在希臘神殿裡的柱子不只支撐著屋頂，其形狀經過設計後儼然成為了藝術品。實際上結構並非位居幕後，反而會在各種地方的表面展現出來。

結構設計師利用了力學、數學和經驗，設計出能夠對抗重力或地震等外力、確保安全性的「結構」。「結構」無所不在。筆者認為，從成功地抵抗外力設計出讓人們可以使用的空間，或許就可定義為「建築結構」吧。

日常中的「結構」

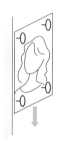

用來支撐海報、抵抗重力的小圖釘就是一種「結構」。

抵抗筆壓的鉛筆芯也是小型的「結構」。

「結構」存在於我們身邊的許多事物裡。你對建築結構的印象是否改變了呢？

ⓘ 建築結構的主要要素

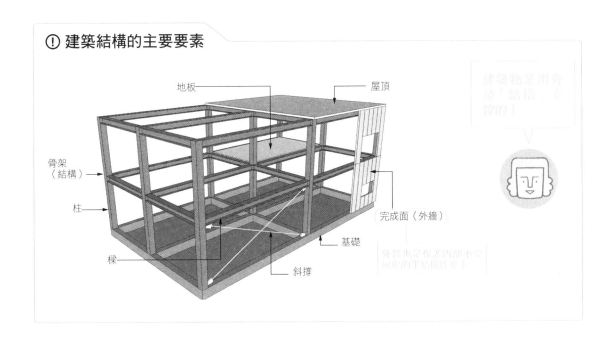

地板
屋頂
骨架（結構）
柱
樑
基礎
斜撐
完成面（外牆）

建築物是用含有「結構」支撐的！

建築也是保護內部不受風影響的牆很重要

ⓘ 建築結構理論的進步

結構的理論雖從遙遠的遠古時代就存在，但是在 16 ～ 17 世紀間才有了快速的發展。

現代

阿基米德
Archimedes
（B.C.287 左右～ B.C.212）

李奧納多・達文西
Leonardo da Vinci
（1452 ～ 1519）

伽利略・伽利萊
Galileo Galilei
（1564 ～ 1642）

艾薩克・牛頓
Sir Isaac Newton
（1642 ～ 1727）

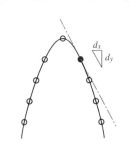

槓桿原理

他想出了利用槓桿原理讓力取得平衡。

起重的原理

提出用滑輪取得力量平衡、進而將沉重石頭舉起的方法。達文西有相當多才能，也是位建築學家。

樑的實驗

提出利用樑實驗來做的計算方法。成為了先進行實驗、再思考其理論的現代技術基礎。

微分與積分

根據他的微分與積分理論，可導出樑、柱的理論式，也可解開振動方程式等，成為現代建築工學的基礎。

結構設計要做什麼？

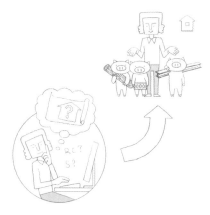

！ 結構設計就是設計「安全」

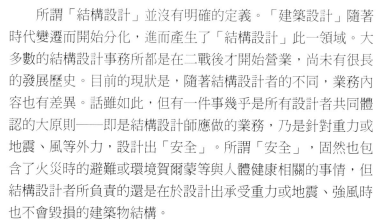

所謂「結構設計」並沒有明確的定義。「建築設計」隨著時代變遷而開始分化，進而產生了「結構設計」此一領域。大多數的結構設計事務所都是在二戰後才開始營業，尚未有很長的發展歷史。目前的現狀是，隨著結構設計者的不同，業務內容也有差異。話雖如此，但有一件事幾乎是所有設計者共同體認的大原則——即是結構設計師應做的業務，乃是針對重力或地震、風等外力，設計出「安全」。所謂「安全」，固然也包含了火災時的避難或環境賀爾蒙等與人體健康相關的事情，但結構設計者所負責的還是在於設計出承受重力或地震、強風時也不會毀損的建築物結構。

「結構設計」的業務內容

要如何設計出安全性呢？在現代，電腦的發展相當進步。建築基準法中已經將與安全性相關的眾多技術性規定加以法規化，電腦會計算應力，並且對照數量龐大的規則來確認安全性。但是，結構設計師會將用電腦計算的部分稱為「結構計算」，與「結構設計」做區別。

那麼「結構設計」到底要做什麼呢？為了確保安全，在柱與樑的框架加上愈多斜撐，就愈能提升強度。但若為了加斜撐而無法裝上門或窗戶，就無法做為建築物發揮其功能。結構設計師會與建築設計師一起考慮要將斜撐加在哪裡才有良好效率，並進行調整。此外，是考慮大地震時的安全性設計而設計成較柔軟的建築物，還是乾脆將建築物設計成無比堅固、可抑制震動而在大地震中保持安全性呢，也必須與建築物的用途一併考量。在結構設計師裡有很多人會與建築設計師、設備設計師一起工作，考慮各種系統與安全性的同時，調整構材斷面，由結構面設計出富含藝術性的建築。

何謂結構計算？

主要是指計算出載重與應力、並計算出斷面的安全性。最近大多使用電腦來進行，因此愈來愈多人將用電腦計算的部分稱為「結構計算」。做結構計算時，結構力學或材料力學的知識雖然極為重要，但由於這部分是用電腦進行，因此變成了就算不懂也可以計算。只是，電腦計算的結果不一定都正確。所以就結構設計與計算來說，擁有結構力學或材料力學的知識是基本的。

要設計出「安全」，結構力學與材料力學的知識是不可或缺的！

ⓘ 結構設計的業務與流程

結構設計的業務,不只是做結構計算、然後畫出結構圖而已。
還有,從結構設計到現場監工涉及各種不同領域的工作。

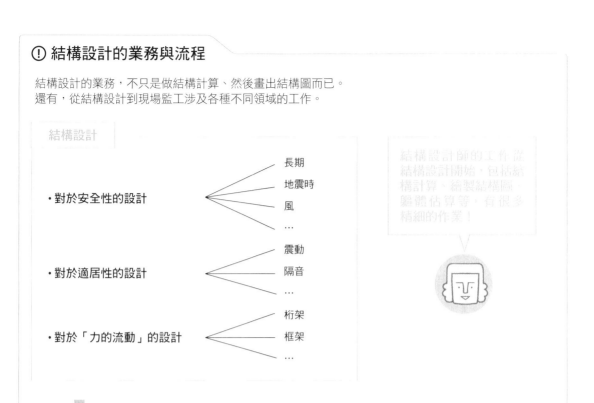

ⓘ 結構設計師的定位

結構設計師與建築設計師以及設備設計師都是做為「設計者」的同一部門,擔當著重要角色。

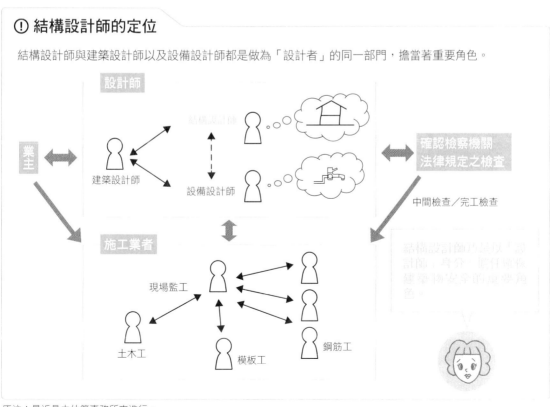

原注:最近是由估算事務所來進行。

key word 003 結構的概念

培養對
結構的概念

! 「力的流動」會因為載重與
外力產生怎樣的變化呢？

建築結構是屬於工業領域，很容易給人一種 1 與 0 截然劃分開來的感覺，但只要持續研讀下去，就會明白無法以 1 與 0 的方式切割的結構感覺，會變得非常重要。

掌握「力的流動」！

有人說熟悉結構設計，就是了解「力的流動」。地球上的所有物體都受著重力的影響，所以只要將物品搬進建築物裡，建築物就必須抵抗重力、支撐起該物品。簡單地說，就是物品的載重會由地板傳到小樑，再由小樑傳到大樑，然後傳到柱上，最後再由基礎向地盤傳遞出去。這樣的說明或許你會覺得很簡單，但真正麻煩的是，材料在受到力或溫度變化時會變形的這件事。載重大小、或承載載重的位置不同，柱與樑的變形量也會隨之改變。此外，力的流動量也會依據柱或樑的大小、強度而變化。

結構設計師不只要考慮「力的流動」，還必須一邊想像最後建築物可能會怎樣損壞，一邊進行設計。然而，建築物就是必須建造得很安全，為什麼還要考慮到如何損壞的問題呢？其實，想像著損壞的樣子來進行設計，在加強安全性上相當重要。因為自然災害並無法 100% 預想得到，而且說不定會有比預想中還要大的外力作用在建築物上。此外，由於長年的劣化，構材的性能說不定會比想像中衰退得還要嚴重。

那麼，設計應該怎麼做呢？一言以蔽之，就是必須以維護人身安全為出發點，思考如何才能不讓地板落下的方法。柱子折斷的話地板就會陷落，但就算樑的端部毀損了，只要樑還懸掛在柱上，地板就不會掉落。因此一般來說，會設計成樑比柱更早損壞。也就是調整柱與樑的大小，做成樑先損壞的結構。

河的流動與「力的流動」

河水在河川中央的流量較大，在岸邊水量較小；而在彎道處則是有內側流速較快、外側流速較慢的變化。「力的流動」也是一樣。

memo

日本建築基準法規定，建築物遭受中小型地震時建築物不應毀損，遭受大地震時就算會有部分毀損，也必須可以保護生命。雖然陳述得不夠詳盡，卻是很容易懂、而且也很合理的想法。

> 結構設計不只要考慮「力的流動」，還要考慮建築物會如何損壞。

! 垂直載重與水平載重的「力的流動」

垂直載重的「力的流動」　　　　　　　水平載重的「力的流動」

：荷載物（垂直載重）
的「力的流動」（為
直接基礎時）

：地震力（水平載重）
的「力的流動」（為
直接基礎時）

（垂直載重）	桌子的重量	地震力	（水平載重）
	↓		
	①地板	①屋頂	
	↓	↓	
	②樑	②樑	
	↓	↓	
	③柱	③柱	
	↓	↓	
	④地樑	④地樑	
	↓	↓	
	地盤	地盤	

! 培養對結構的概念

在薄鐵板上掛上重物　　　　　　　　　在厚鐵板上掛上重物

薄鐵板　　撓度大（較柔軟）

厚鐵板　　撓度小（較堅硬）

斷面小的話就會產生很大的彎曲。
即使是相同的載重，構材的斷面愈
大則產生的撓度就愈小。要養成結
構的概念，從身邊的事物開始測試
看看是最好的！就拿扶手為例，有
細、粗各種種類，按壓時的感覺也
各不相同。

1

結構基礎

掌握建築材料的特性！

! 建築材料的選定，
要從了解材料開始！

在日本可做為建築結構使用的材料是有限制的。主要材料有木材、鋼材和混凝土三種。首先，需要熟知這三種材料的特性。

木材、鋼材和混凝土的特性

在材料方面，由結構側面受到強度或非常強的載重時材料會產生的變化、以及最終的損壞方式固然非常重要，除此之外，也要認知到材料會對建築環境與施工方法造成很大的影響。因此不能只是了解比重或熱傳導率、線膨脹係數^{譯注}等材料特性，還需要事先研讀材料的適切接合方式。

一般觀念認為木材是自古以來使用的材料，而鋼材跟混凝土則是新的材料，但其實這三者都是深具歷史的材料。鋼材與混凝土在進入 20 世紀之後，計算方法與技術都有進步。就技術上而言，木造建築雖然較落後，但這 15 年間卻快速地成長了。

在日本，木材自古以來就被做為建築材料使用。現在木造建築中大多數的獨棟住宅都是依據傳統工法來建造小型的建築物。近年來因木造計算方法有很大的進步，也開始有人想要應用在大樓的建築上。

鐵與混凝土也是具有歷史的材料

鐵（鋼鐵）的歷史非常古老，正式用在建築物上則是始於 19 世紀末期。因為強度高、具有延展性，也被使用在大跨距建築、以及高樓大廈上。混凝土也是古老的材料之一，從開始與鋼材做組合建造鋼筋混凝土建築以來，已有 100 年左右的歷史。跟鋼材搭配一起使用後有了快速的進步，目前日本的集合住宅幾乎都是鋼筋混凝土造的建築物。

JIS標準與JAS標準

使用於建築的材料，必須盡可能維持穩定一致的強度與性質。若要設計使用材料強度不均等的建築物時，為確保其安全性，需要將強度不同的材料都視為強度最小的材料來做設計，但這樣並不符合經濟效益。此外若剛性有極大差距的話，有可能力量會集中於堅硬的材料上。

因此建築材料設有一定的規格。在日本建築基準法中，鐵製的材料適用 JIS 標準，木製材料則適用 JAS 標準。由結構材料的觀點來看規格時，不只必須是均質材料，符合相同強度（容許應力度）的規定也很重要。

> 好好掌握基本建築材料木材、鋼材和混凝土的特性吧！

譯注：熱傳導率指材料直接傳導熱量的能力；線膨脹係數則是固體在溫度每改變攝氏1℃時，其長度的變化和它在原溫度時長度的比值。

ⓘ 木材、鋼材和混凝土的特性

由比較數值來掌握各種材料的特徵是理解結構的第一步。

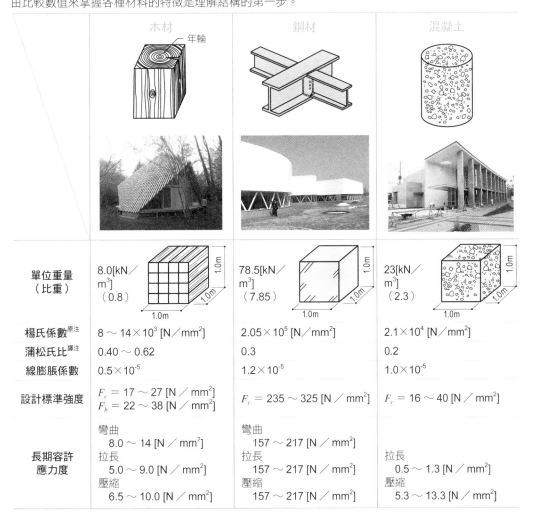

	木材	鋼材	混凝土
單位重量 （比重）	8.0[kN／m³] （0.8）	78.5[kN／m³] （7.85）	23[kN／m³] （2.3）
楊氏係數[原注]	$8 \sim 14 \times 10^3$ [N／mm²]	2.05×10^5 [N／mm²]	2.1×10^4 [N／mm²]
蒲松氏比[譯注]	$0.40 \sim 0.62$	0.3	0.2
線膨脹係數	0.5×10^{-5}	1.2×10^{-5}	1.0×10^{-5}
設計標準強度	$F_c = 17 \sim 27$ [N／mm²] $F_b = 22 \sim 38$ [N／mm²]	$F_c = 235 \sim 325$ [N／mm²]	$F_c = 16 \sim 40$ [N／mm²]
長期容許應力度	彎曲 $8.0 \sim 14$ [N／mm²] 拉長 $5.0 \sim 9.0$ [N／mm²] 壓縮 $6.5 \sim 10.0$ [N／mm²]	彎曲 $157 \sim 217$ [N／mm²] 拉長 $157 \sim 217$ [N／mm²] 壓縮 $157 \sim 217$ [N／mm²]	拉長 $0.5 \sim 1.3$ [N／mm²] 壓縮 $5.3 \sim 13.3$ [N／mm²]

ⓘ 其他建築結構材料

混凝土空心磚

常用於圍牆。

石材

歐洲的古老建築物常用。

不鏽鋼

耐久性非常高，近年開始使用在建築上。

鋁

金屬製的材料。質輕且容易加工。

膜

使用在大空間結構。

泥土（土牆）

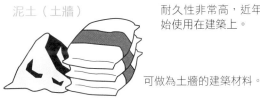

可做為土牆的建築材料。

原注：參閱 P75
譯注：材料在彈性限度內的橫向應變與軸向應變比值，稱為蒲松氏比。

鐵與鋼有什麼不同嗎？

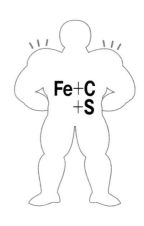
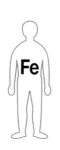

鋼被使用在
大型建築物上

鐵有很久遠的歷史，甚至可以追溯到 1000 年前。以前雖然稱為「鐵（iron）」，但因為會產生脆性（脆弱）破壞，並不適合用來建造大型建築物。現在使用的是經過成分調整的「鋼（steel）」。在建設艾菲爾鐵塔的 19 世紀後半，恰好是鐵進展為鋼的過渡期。

鋼的強項與弱點

說起鋼材，最大的特徵就是強度。它的抗壓強度是混凝土的 10 倍左右。也因為具有高強度的特徵，不易在建設現場做加工，所以大多是在工廠加工後，到現場進行組裝。然而相較於木材與混凝土，因為比重較大，幾乎不會被用來做為實心部分構材，為了減輕重量並同時確保其性能，因此被做成箱型（箱型斷面）或 H 型斷面的構材來使用。此外，因為是在工廠製作，原料質均且品質佳，並且能受到嚴謹細微的管理，製成的構材精度之高也是一大特徵。

但是鋼因熱傳導率高、容易導熱，所以特別是在寒冷地區必須非常注意斷熱問題。而且因為鋼是不可燃性，所以常給人遇上火災也不用怕的印象，但其實當溫度上升時就會軟化而無法繼續承載載重，所以非常危險。為防止其溫度上升，必須做防火披覆。鐵因為強度高，本身的斷面雖然可以做小些，但因為要加上防火披覆和斷熱材，結果常變成跟鋼筋混凝土構材有相同大小的斷面。

此外，不可以放心地認為鐵「不會腐朽」。鐵會因為水和空氣而生鏽。鏽蝕程度加深後，表面會如雲母般開始剝裂，甚至會因此造成斷面的缺損。對於顯露於外面的部分，必須充分做好防鏽對策、或是考慮缺損後進行設計等採取必要處置。

memo

• **TMCP 鋼**　Thermo-Mechanical Control Process 的縮寫。針對提高強度與韌性所開發出來的鋼，是應用了淬火硬化[譯注]等技術的產品。
• **鋁**　元素符號為 Al。在日本常簡稱為 [a.lu.mi]。是鋁門窗的原料。在空氣中表面會產生氧化鋁膜。
• **不鏽鋼**　為了防止生鏽而在鐵中加入鉻或鎳的合金。

memo

鋼的加工主要有以下方法：
• **淬火**　將鋼加熱、冷卻，使其變得更硬更強。
• **退火**　將鋼加熱後保持高溫一段時間，可以改善其加工性，除去內部的不均勻。

譯注：將金屬或玻璃製品加熱到一定溫度後急速冷卻，以增加其強度和硬度。

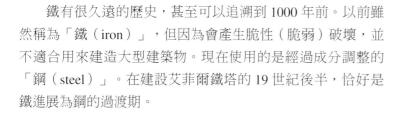

鋼雖然有很多強項，但也有熱傳導率高和容易生鏽的缺點！

① 鋼主要的性質

鋼的性質如下。
①比重比木材和混凝土重（比重為 7.85。
　混凝土為 2.3；木材為 1.0 以下）
②加工困難。處理費工
③熱傳導率大且容易導熱
④強度大

⑤不可燃，但溫度一過高就會軟化
⑥原料比木材與混凝土均勻
⑦會生鏽（因水和氧氣而氧化）
⑧具有延展性（如橡皮般可伸展的性質）

較重（比重較大）

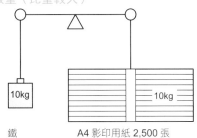

鐵　　A4 影印用紙 2,500 張

溫度一過高就會軟化

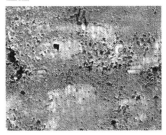

熱傳導率高

平底鍋

生鏽

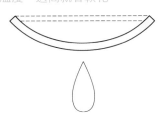

① 人類的鐵的歷史

一般認為人類開始使用鐵可追溯至 5000 年前，
並且在 1600 年前建造了高純度的鐵製柱子。

鋼鐵被正式使用在
日本建築物上是從
二戰後開始的。

B.C.3000 年
鐵製的飾品
（鐵的串珠）

這是在人類製造出
鐵之前就有的東西，
相傳是將鐵隕石加
熱後用槌子敲打出
來的東西。

A.C.415 年
德里的鐵柱

位於印度古達明那塔
（Qutub Minar）　的
不生鏽鐵柱。是由
99.72% 的高純度鐵
製成。

1889 年
艾菲爾鐵塔

為了萬國博覽會歷時
2 年 2 個月建造而成
的煉鐵製鐵塔。建設
當時高度 312.3m。

1894 年
秀英舍印刷工廠

日本第一個鐵骨造建築。由
造船技師‧若山鉉吉所設計。
建有地上 3 層與地下 1 層，
高約 11m。1910 年因火災完
全燒毀，重建後又於 1923 年
的關東大地震中倒塌。

1
結構基礎

粒料、水泥、和水混合而成的
預拌混凝土固定之後，就成了
混凝土。

混凝土的特徵是什麼？

！ 混凝土受到長年使用 是有原因的

混凝土具有相當長的歷史，在古代被用來做為金字塔的填縫料。在歐洲，最負盛名的是萬神殿的圓頂部分就是採用混凝土結構。日本的歷史尚淺，明治時代之後才由歐洲引進技術。北海道小樽港的防波堤是歷史最久的混凝土建築，約為 100 年前建造。此外，最初混凝土並不是就與鋼筋組合使用，過去也曾經利用竹子代替鋼筋。而且鋼筋的形狀在最初也使用過方形棒或橢圓棒，但不久後就開始使用圓形鋼棒，現代則是使用圓棒周圍具有凸起竹節紋的竹節鋼筋。

混凝土的最大特徵

預拌混凝土是由砂、礫石和水泥，加水攪拌混勻製成。水泥是由石灰石製成，而砂子、礫石和水都是自然產物，所以其實預拌混凝土是非常環保的建築材料。不過，現在的預拌混凝土為了改善施工性、減少用水量、以及做出更密實的混凝土，會添加少量的藥劑。

混凝土最大的特徵，就是可以在現場自由施工。只要是模板材料可以搬運進入的地方，無論哪裡都可以進行施工。此外，由於重量重，完成後的建築物隔音性非常好，常用於建造集合住宅。然而因為是在現場施工，品質管理上必須非常嚴格。預拌混凝土的調和方法、工地到工廠的距離、在工地的澆置方法、當天的天氣、氣溫等，各種因素都與品質息息相關。裂縫的出現與單位用水量有關，最好能夠用最少的水量來進行施工，但水量過少也會使灌入模板的充填性變差。尚未凝固的混凝土就像是生鮮食品一樣。

混凝土的種類

- **普通混凝土** 使用普通粒料（礫石、碎石、粒化高爐礦渣）的混凝土。
- **早強混凝土** 指可快速在初期獲得強度的混凝土。
- **巨積混凝土** 像水庫一般大尺寸斷面所使用的混凝土。使用於可能因水泥水化熱[譯注1]造成溫度上升而產生有害裂縫的部位。
- **熱天混凝土** 為防止因為氣溫上升，水分急速蒸發等造成不良影響的特殊混凝土。
- **寒天混凝土** 為防止因為結凍或溫度過低而影響耐久性的特殊混凝土。
- **防水混凝土** 可用在有水壓作用地方的混凝土。
- **高爐礦渣混凝土** 因其對氯化物的遮蔽能力以及化學的抵抗能力高，對於鹽害或強鹼粒料反應[譯注2]等的化學性耐久度非常優越。

譯注：1 水泥加水後產生的熱量。
　　　2 混凝土的鹼性物質與粒料中的酸性成分中和，造成粒料溶解現象。

混凝土擁有可在現場自由施工等優越的特徵！

⊙ 混凝土的主要特性

混凝土的特性如下。
①是由粒料（砂、礫石）、水泥、水所製成
②與鋼材比起來，比重較小但做為結構體就很重
　（比重 2.3。鋼筋混凝土為 2.4；鋼材為 7.85）
③不可燃
④可做成複雜的形狀
⑤品質好壞幾乎取決於現場的施工
⑥有中性化現象（指失去鹼性）
⑦抗拉力強度弱（易產生裂縫）
⑧比熱大（不易變熱和變冷）

混凝土中的水泥量愈多，鹼性就愈強，耐久性也愈高。

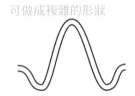

很重

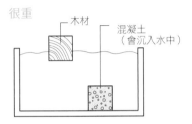

木材

混凝土（會沉入水中）

不可燃

可做成複雜的形狀

中性化

鹼性　中性

因為汽車的廢氣等原因，導致由混凝土外部開始向內部產生中性化的現象

抗拉強度弱

裂縫的出現

將混凝土的特性好好記起來！

⊙ 混凝土的歷史

B.C.2589 年左右（埃及）
金字塔

在填縫料中使用了石灰（混凝土）。

A.C.128 年（羅馬）
萬神殿

用混凝土建造圓頂。

1908 年（第一期工程）
小樽港

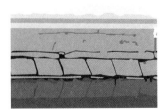

日本最早的混凝土結構建築。

鋼筋混凝土的
特徵是什麼？

完成鋼筋的配筋後澆置混凝土，就成為鋼筋混凝土。

！ 鋼筋與混凝土可以互相
補足缺點

鋼筋混凝土結構的急速發展是在日本被稱為泡沫經濟期的1980年代後期～90年代初期。在那之前高樓大廈幾乎都是鋼骨結構，但在泡沫經濟期市場上對於高層公寓有很大的需求，隔音性很好的鋼筋混凝土造高層和超高層建築物於是成為主流。

鋼筋混凝土的最大特徵

鋼筋混凝土的最大特徵在於，「混凝土與鋼筋的線膨脹係數幾乎相同」、以及「壓力由混凝土承載，拉力由鋼筋抵抗」。實際上，混凝土本身對拉力也有某種程度的抵抗能力，但因為抗拉強度低、品質也不安定，所以在結構計算時不列入考慮。

當混凝土產生裂縫，一般人可能會直覺認為這是一種缺陷，但做結構計算時因為會將影響裂縫性能表現的拉力忽略掉，所以有裂縫產生是必然的現象。不過，雖然細微的裂縫在某種程度的結構計算上被容許，但實際上有可能因此造成漏水等實質損害，所以掌握混凝土的特徵來進行設計就很重要。

鋼筋混凝土與鋼骨的差異

鋼筋混凝土造（RC造）與鋼骨造不同，要製造的鉸接（參閱P89）細部結構相當困難，而幾乎所有的柱、樑接合部等都是以剛性狀態（參閱P89）來施工。此外與鋼骨造比較起來，鋼筋混凝土造的品質良莠不齊，凸顯出這種構造法容易產生收縮等複雜運動的一面。

除此之外，鋼骨具有能夠有效對抗地震的延展性質，但鋼筋混凝土一旦構材太短時便容易引起脆性破壞，這點在設計時必須注意。

混凝土的種類

• **現場澆置混凝土** 在建造建築物的場所做支撐工程、組裝模板後，在現場進行混凝土澆置工作。日文又稱為「場地澆置混凝土」。

• **預鑄混凝土** 為了能在現場進行組裝，事先在工廠等製造完成的混凝土製品，也指利用此類製品的工法。

• **纖維強化混凝土** 指在混凝土中以合成纖維或鋼纖維等組合而成的複合構材。簡稱為「FRC（Fiber Reinforced Concrete）」。將纖維連接起來做成的紡織品，以覆貼或黏貼方式進行補強的混凝土，稱為「連續纖維強化混凝土」；而將纖維切成數公釐到數公分的短纖維混入混凝土中補強的，則稱為「短纖維強化混凝土」。

memo

細微的裂縫稱為毛細裂縫。

將鋼筋置入混凝土中，就可以強化其拉抗力！

① 鋼筋混凝土的主要性質

大多數的混凝土都幾乎相同，但會因為與鋼筋組合而有性質上的差異。

①鋼筋能藉由混凝土的保護層厚度來確保其耐火性和耐久性
3cm 的保護層就能有兩小時的耐火性、以及 30 年的耐久性

②混凝土的鹼性可保護鋼筋

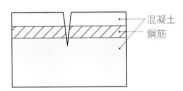

③鋼筋負擔著混凝土在有裂縫下的抵抗與拉力強度

混凝土
鋼筋

④混凝土與鋼筋的線膨脹係數幾乎相同

所謂「保護層厚度」是指從鋼筋表面到混凝土表面的最短距離。

因混凝土的鹼性會在鋼筋周圍形成鈍態，以防止鋼筋氧化腐蝕。

鋼筋混凝土還有熱傳導率會稍微變大的特性（因為熱會透過鋼筋傳導）。

---

① 鋼筋混凝土的歷史

鋼筋混凝土現在大多被用來建造建築物與橋樑等，但其實最初並不是當做建築物的建材使用。

鋼筋混凝土的前身
（1850 年）

法國人蘭伯特（Lambot）在船型的鐵網上塗抹灰泥，製作成一艘船。

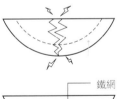
鐵網

只有混凝土的話人塔容

加入鐵網就變強了

鋼筋混凝土的發明
（1867 年）

法國人莫尼爾（Monier）發明了利用鐵網補強灰泥製的花盆。

日本的鋼筋混凝土造建築物
（1904 年）

真島健三郎設計的佐世保海軍工廠內的抽水站，是日本最古老的鋼筋混凝土造建築物。

現代的鋼筋混凝土造
（2010 年 1 月 4 日 開業）

高 828m 的哈里發塔（Burj Khalifa，建設中稱為杜拜塔）。到 636m 為止採 RC 造（混凝土幫浦澆置高度為 636m，共 160 層樓高），往上則為鋼骨造。

鋼筋混凝土只有 160 年的短暫歷史，卻已經可以用來建造超過 600m 的超高層建築了。

譯注：鈍態是金屬表面產生了可抵抗氧化的薄膜狀態。

木材的特徵是什麼？

最近的木造實例，將木材隨機堆疊成新型砌體造結構。

日本法隆寺（相傳建於607年）是全世界現存最古老的木造建築。

! 因研究進展，
木造建築獲得新的評價

　　木造建築物在這20年間，對於木材的嵌入法和耐力壁作用於地震時的想法都經過了整理，使定量計算化為可能。

由特徵來看木材的優點與缺點

　　木材最大的特徵就是加工很容易。雖然強度只有鐵的1／20左右，但正因為強度低，所以可經由人力來加工。此外木材的接合也很簡單，可用釘子或接著劑、螺絲等，以人力進行施工。由於施工簡單，在古代甚至不使用釘子等金屬製具，只靠榫頭等進行組裝。

　　由於原料取自大自然的產物難免品質不一，所以會因為產地和森林的維護狀況、樹木本身的生長環境（南北方向等）而造成材質的變化。因為材質並非均質，施工後常產生彎曲或扭曲的情況。此外，木材的強度幾乎取決於含水率。剛砍下的木頭含水率高達60%以上，但要做為建材使用含水率必須在20%以下。當細胞膜間的水分全部消失時，大約是12%左右的含水率（平衡含水率）。如果繼續乾燥至低於平衡含水率以下的話，表示連細胞壁內的水分都被排了出去，這將會造成強度減弱，必須特別注意。

　　最大的缺點在於木材具有會腐朽的性質。木材會因蟲蛀、或碰到水後反覆經歷乾溼變化而腐蝕，耐久性比其他材料遜色。但因為木材要做修補也很簡單，只要進行維修保養工作，要維持多久都有可能。最近關於建造成怎樣的結構可提升耐久性的研究相當有進展，可以說幾乎是與鋼骨造和RC造有相同的耐久性了吧。

　　木材在結構力學上有兩個特徵。一個是容許較大的變形。因為施工誤差與材料之間的縫隙比其他結構大，變形之後才開始發揮結構強度。另一個特徵是嵌入。混凝土和鋼骨結構上局部性的變形並不是那麼重要，但木材因為剛性小所以局部會產生大的變形，而這種變形將會影響到整體的變形。

木造建築很新嗎？

日本的木造建築具有非常古老的歷史，法隆寺的一部分到現在還維持著千年前的狀態。但是對木造建築進行工學方法的研究則是從10～20年前才開始，歷史比鋼骨造或RC造短。在那之前都是以增加斜撐與土牆的配置，藉由確保壁量^{譯注}來規劃結構。

樹木的結構

- **心材**　樹木的斷面上較接近樹心的部分，偏紅色系。
- **邊材**　樹木的斷面上較接近樹皮的木質部，偏白色或黃色系，有較多樹液。

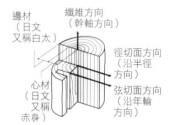

邊材（日文又稱白太）
纖維方向（幹軸方向）
徑切面方向（沿半徑方向）
弦切面方向（沿年輪方向）
心材（日文又稱赤身）

譯注：關於壁量，請參照中華民國建築技術規則構造編第141條規定。

木造建築在這20年間有大幅的進步。好好理解木材的優點和缺點，向新的木造建築挑戰吧！

ⓘ 木材的主要性質

木材的主要特性如下：
①比鐵和混凝土輕（會浮於水面。比重小於 1.0）
②容易加工（可用人力加以切斷。用接著劑、釘子、木用螺絲等就可以簡單接合）
③熱傳導率小
④會因為水或藥劑而腐朽。此外也容易受到白蟻等蟲害
⑤種類多，性質各不相同
⑥強度會因為含水率而改變（水分愈少強度愈高）
⑦樹幹以圓柱形成長（年輪），木材性質會因鋸切方法不同而造成差異
⑧材料不均勻（與鐵、混凝土相比）
⑨非等向性（長度方向或圓周方向上的剛性與強度均不同）

很輕

浮於水上

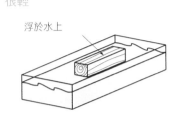

容易加工

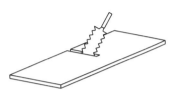

熱傳導率小

溫暖　　　　寒冷

鋸切

外皮

由此部位取得的
是芯材（木身）

由此部位取得
的是邊材（白
太、木外材）

木里　　木表

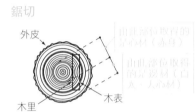

可燃

開背譯注1

心材

去心材譯注2

木材有各式各樣的性質，
根據樹種的不同，性質也
會大不相同，所以適材適
所地使用相當重要。

ⓘ 做為結構材料的主要樹種

木材的種類非常多，大致可分為針葉樹和闊葉樹兩大類。做為一般住宅的結構材料時，使用頻率主要
都集中在下列的針葉樹種。

柳杉

在日本，柳杉的數
量非常多。質軟而
易於加工，自古以
來就常被用做建材。

弦切面

徑切面

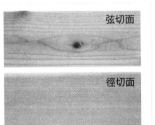

扁柏

材質緻密且質均，
強度、耐久性都很
高，加工性也非常
好，被當做高級建
材使用。

弦切面

徑切面

花旗松

強度高且加工性佳。
雖是進口材料，但
進口的數量非常多。
因樹脂（油）非常
多，容易吸引白蟻。

弦切面

徑切面

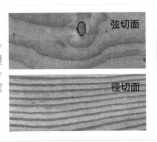

鐵杉

相較下強度稍弱，
但耐久性極佳。木
材色白，保釘力也
很高。多為加拿大
或美國產的北美鐵
杉。

弦切面

徑切面

譯注：1 為防止做為柱的木材在乾燥過程中產生裂縫，事先用鋸子在背部鋸開一條縫。
　　　 2 避開樹心的取材法。

透過在土塊上施加座力，調查土塊的強度。當不確定材料的強度時，就需要籍由試驗來確認。

keyword 009 特殊材料

土牆在現代還可以使用嗎？

！ 土牆與磚頭都可以使用。雖然沒有受到法律認可，但竹子或許也是有力的結構材料？

這世界一方面日新月異地開發各種新材料，另一方面對自古以來的材料看法也在改變，因此，可做為結構材料使用的也不在少數。就算是不能用來做為建築物主結構的材料，只要研究出可使用的場所，說不定將來也能做為建材使用。

具發展可能性的特殊材料有哪些？

「展示物」與「建築」不同，因限制較少所以可挑戰各種不同的結構體。在筆者以結構技師身分曾經參加過的一個計畫研討會上，使用了玻璃纖維強化塑膠（FRP）、紙、加了廢材粉末的發泡材、發泡胺基甲酸乙脂、聚乙烯（PE）、聚酸甲酯（又稱壓克力）、竹子、甚至雨傘等各種各樣的材料來製作結構體。因此我深深體會到，在這世界上還有許多材料，具有可做為建材的可能性。像是壓克力雖然強度很高但其潛變[譯注]大，而且經過切割後會變白，要恢復透明非常費工夫。還有像是聚乙烯（PE）這種對化學藥液的耐度很高以致很難找到有效的接著劑等等，都因為原料具有各自不同的特性，因此必須一邊確定其特性一邊進行設計與製作。

目前感覺最具發展可能性的是竹子。竹子只要 1～2 年就會成長，是炭素固定速度很快、也很環保的材料。雖然在日本尚未獲得認可，但在世界很多國家已被當做建材使用。因為竹子也有許多種類，在中南美做為建材使用的有瓜多竹；在孟加拉則有波拉克竹。日本的真竹容易裂開，但還有孟宗竹等材料也具有做為建材的可能性。

其他材料像是在國外常使用、但日本幾乎不用的土，在日本可能以土牆形式做為木造建築的一部分使用，但在外國甚至有以土為原料的砌塊造家屋等，比日本更積極地使用土。

譯注：潛變指物體受到持續應力時，隨著時間的增加其變形也逐漸加大的現象。

memo

不只是新的素材或特別的素材，即使是日本建築基準法所認可的材料中，也有像磚塊等很少被使用的材料，都是可能做為結構材的材料。隨著分析技術的進步，許多材料被使用的可能性都比過去增加許多。請多留意身邊常見的材料！

就算是被認為已經過時的結構材料，只要改變看法說不定就可以有新的用法。平時多留意身邊的材料，說不定會有新發現！

① 各式各樣的結構材料

說到建築物的結構材料，最具代表性的是木材、鋼筋混凝土、以及鋼材等，但仍有許多種材料被嘗試做為新的結構材料使用。

玻璃

聚乙烯（PE）

土

發泡胺基甲酸乙脂

玻璃纖維強化塑膠（FRP）

竹子

竹子是遍布於世界各地的植物。雖然竹子在日本是不受法律認可的建材，但在許多國家是可做為建材使用的材料。

① 運用更廣的複合材料

土＋竹（小舞下地^{譯注}）

自古就有的土牆結構。

乙烯－四氟乙烯聚酯物（ETFE）袋子＋空氣

利用膜結構堆疊砌塊而成的砌體造結構。是空氣也能做為結構的例子。

FRP＋紙的蜂巢狀結構

以玻璃纖維強化塑膠（FRP）夾住蜂巢狀的紙材做為壁板，組合而成的折板結構。

發泡胺基甲酸乙脂＋繩子

利用繩子打底後，噴塗上發泡胺基甲酸乙脂。

布＋圓形鋼材（雨傘）

用雨傘組合做成圓頂。

蜜蜂的巢是蜂巢結構的例子。

譯注：是種將竹條以垂直、水平方向交織構成的牆體基底材。

1 —— 結構基礎

keyword 010 型鋼

為什麼在鋼骨結構中要使用 H 型鋼材？

! H 型鋼材的強度和剛性都很高，
而且可以輕量化

做為建築結構材使用的鋼材，通常都會使用 JIS 規格材料。一般的規格材料有建築結構用軋延鋼材（SN 系列）、一般結構用軋延鋼材（SS 系列）、熔接結構用軋延鋼材（SM 系列）、建築結構用碳素鋼管（STKN 系列）、一般結構用碳素鋼管（STK 系列）等。材料會用「SS400」等做標示，前半的英文字母表示材料種類，後半的數字表示材料強度。此外根據材料種類會有所不同，有時還會加上表示焊接性的字母 A、B、C。

鋼材並不單純是鐵而已，而是調整或添加了各種成分，製作出各式各樣性質各異的鋼鐵材料。必須考慮使用方法、環境與施工性等來選擇材料。

型鋼的特徵與種類

相較於其他建築材料，鋼鐵的強度與剛性較高，但卻是比重非常大的材料。鋼材如果與木造或鋼筋混凝土一樣做成矩形斷面的話，部材會變成相當沉重。而且材料費會飆高，吊起作業也非常困難。因此一般會利用其剛性與強度很大的特性，做成 H 型或 L 型等，將軋延或形狀彎折過的鋼板做為型鋼使用。

鋼材的形狀有 H 型鋼、I 型鋼、角鋼、U 型鋼、鋼管、扁鋼、圓棒鋼、鋼板等，一般會使用 JIS 軋延鋼規格的產品。軋延鋼的特徵在於並非是完整的板，有些是邊緣部分呈斜面的板材。此外 H 型鋼材的翼板（指 H 型鋼材上下兩片板）與腹板（指 H 型鋼材中間直立板）的交叉部分會有 R 狀的填角。因此，運用型鋼時必須先掌握板的正確形狀。

使用 JIS 規格外尺寸的構材時，有時會利用鋼板與扁鋼組合成一件材料。這種情況下稱之為 BH 型鋼，在字首加上「built（B）」字母與型鋼做區別。

鋼材的規格

日本與國際性的建築材料規格主要有下列幾種。

JIS	日本工業規格
ISO	國際標準化組織
BS	英國國家規格
DIN	德國國家規格
ANSI	美國國家規格
ASTM	美國材料與試驗協會

H 型鋼尺寸的表示方法如下。

$$H-\frac{oo}{H}\times\frac{oo}{B}\times\frac{oo}{t_1}\times\frac{oo}{t_2}\times\frac{oo}{r}$$

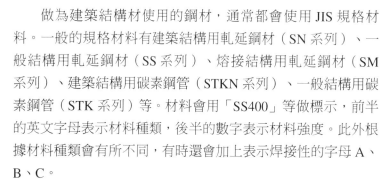

翼板
腹板

型鋼有許多優點。不過，形狀的確認等也必須注意！

① 鋼材的形狀

鋼材有各式各樣的形狀。由於尺寸是依照規格訂出，所以必須利用「鋼材表」來做確認。

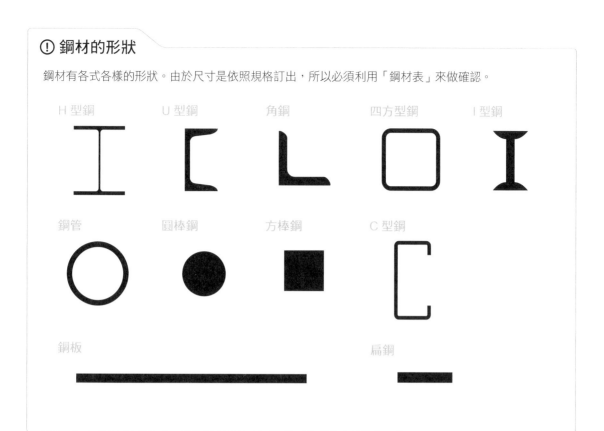

H 型鋼　　U 型鋼　　角鋼　　四方型鋼　　I 型鋼

鋼管　　圓棒鋼　　方棒鋼　　C 型鋼

鋼板　　　　　　　　　　　扁鋼

① 鋼材的種類與使用範圍

鋼材種類		主要使用範圍
建築結構用軋延鋼材	SN400A	使用在不期待具有高塑性變形[譯注]功能的部位、構材上。在進行焊接的結構承載力上不可用在主要部分
	SN400B SN490B	使用在一般的結構部分
	SN400C SN490C	使用於包括焊接加工時，沿厚度方向須承受大拉力的部位、構材上
建築結構用軋延圓棒鋼	SNR400A SNR400B SNR490B	使用於錨定螺栓、鬆緊螺旋扣、螺栓等
一般結構用軋延鋼材	SS400	一般構造用的 SS 鋼材
熔接結構用軋延鋼材	SM400A SM490A	SN 材的補強鋼材。用於板厚超過 40mm 的地方
	SM490B	SN 材的補強鋼材。用於板厚超過 40mm 的地方
建築結構用碳素鋼管	STKN400W STKN400B STKN490	使用於鋼管桁架結構構材、鋼管鐵塔、雜項工作物、樑的貫穿孔
一般結構用碳素鋼管	STK400	做為 STKN 的補強材料
	STK490	做為 STKN 的補強材料，使用於應力大的構材
一般結構用四方型鋼	STKR400	使用於小型結構物的柱、雜項工作物
	STKR490	
一般結構用輕量型鋼	SSC400	裝潢材固定用的次要構材、雜項工作物

（根據《建築鋼骨設計基準‧同解說》（日本建設大臣官防官廳營繕部‧監修）製作而成）

鋼材有各式各樣的種類，使用範圍也有個別的規範。將這張表格牢記，選擇適當的鋼材吧！

譯注：塑性變形指物體受外力變形，若超過一定限度時就無法恢復原狀的現象，也稱為彈性限度。

什麼是斷面性能?

! 只要明白斷面性能,
就能對構材做相對評價

為了確認發生於構材上的應力、與斷面的安全性,必須將斷面的性質數值化。進行建築物結構計算時,最少應該掌握以下四種斷面性質:①斷面積、②慣性矩、③斷面模數、④迴轉半徑。此外,還包括跟挫屈有關的⑤寬厚比,這些都是進行結構計算時的基礎數值,也都有計算公式。

求斷面性能的五個方法

①斷面積(A) 斷面積是求得軸力與剪力時必要的性質。求出型鋼等的斷面積,必須由計算對象的應力來決定斷面部分。例如計算 H 型鋼材的剪力時,對抗剪力的有效部分為腹板,所以翼板不能包含在斷面積中。

②慣性矩(I) 慣性矩是求得彎曲剛性時必要的性質,數值愈大表示構材的彎曲性能愈高。若構材是具有複雜的斷面形狀,就得先分出容易計算的形狀、算出慣性矩,再相加後計算出數值。

③斷面模數(Z) 斷面模數是用在計算出斷面最外緣的應力度時需要的性質。斷面模數愈大,表示斷面強度愈大。最外緣應力度是計算鋼骨造斷面與計算混凝土的裂縫時必要的數值。

④迴轉半徑(i) 迴轉半徑(參閱 P51)是表示與挫屈[譯注]有關的性能。迴轉半徑在算出細長比(λ)時需要用到。細長比是確認柱等壓縮構材安全性的指標。

⑤寬厚比 寬厚比是抗壓翼緣等凸出寬度與其厚度的比例。該比例是判斷局部挫屈是否會發生的指標,其值愈大表示愈容易發生挫屈。使用於確認 H 型鋼翼板部分的挫屈性能等。

> 將斷面性質數值化的方法很多。也有公式可套用,要能夠運用自如喔!

譯注:與材料強度無關,指物體受力到一定程度之後突然發生巨大變形,且無法恢復的狀態。

① 斷面性能的公式

求得斷面性能的公式有幾種，首先必須將基本公式記住才行。

基本公式

①斷面積（A）　　　　$A = B \times H$

②斷面模數（Z）　　　$Z = \dfrac{1}{6} B \times H^2$

③慣性矩（I）　　　　$I = \dfrac{1}{12} B \times H^3$

④迴轉半徑（i）　　　$i = \dfrac{h}{\sqrt{12}}$

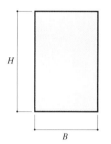

與挫屈相關的寬厚比

寬厚比與挫屈相關。寬厚比也是決定斷面性能的要素之一。

寬厚比 $\dfrac{b}{t}$

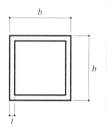

翼板
腹板

---

① 特殊形狀的計算方法

斷面形狀為圓形與H形時的斷面性能計算公式如下。

根據斷面形狀的不同，斷面性能的公式也有所差異，留意並背起來吧！

圓形的情況

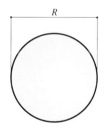

①斷面積（A）

$$A = \pi \dfrac{R^2}{4}$$

②斷面模數（Z）

$$Z = \pi \dfrac{R^3}{32}$$

③慣性矩（I）

$$I = \pi \dfrac{R^4}{64}$$

H型的情況

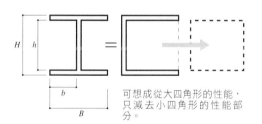

可想成從大四角形的性能，只減去小四角形的性能部分。

①斷面積（A）

$$A = B \times H - 2 \times b \times h$$

②斷面模數（Z）

$$Z = \dfrac{1}{6} B \times H^2 - 2 \times \dfrac{1}{6} b \times h^2$$

③慣性矩（I）

$$I = \dfrac{1}{12} B \times H^3 - 2 \times \dfrac{1}{12} b \times h^3$$

因作用方向或時間不同，載重也不同！

! 因作用方向不同，
而有垂直載重與水平載重

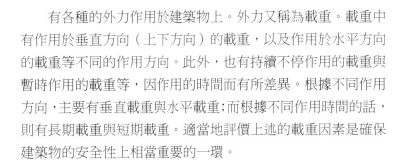

有各種的外力作用於建築物上。外力又稱為載重。載重中有作用於垂直方向（上下方向）的載重，以及作用於水平方向的載重等不同的作用方向。此外，也有持續不停作用的載重與暫時作用的載重等，因作用的時間而有所差異。根據不同作用方向，主要有垂直載重與水平載重；而根據不同作用時間的話，則有長期載重與短期載重。適當地評價上述的載重因素是確保建築物的安全性上相當重要的一環。

垂直載重的種類

垂直載重中也有各式各樣的載重。因為在地球上有重力作用，所以建築物會產生垂直方向（正確說明是朝向地心的載重），此載重在建築界稱為固定載重。此外，建築物在完成之後、將家具搬入建築物裡所產生的移動可能載重，則為了與固定載重做區別而稱為移動載重。像是在會積雪的北方國家，產生的積雪載重也屬於垂直載重。

水平載重的種類

水平載重中也有各式各樣的載重。日本位於環太平洋地震帶上，因此想必不少人到日本都遇過建築物橫向搖動、物品從架上掉落的經驗。而且近年來很多大規模的地震，可能也有人目擊過超高層大樓大幅搖晃的景象。這種橫向搖動的載重就是水平力（水平載重），也就是說地震力也屬水平載重的一種。此外，日本也是飽受颱風侵害的國家，當颱風接近時用手碰觸窗戶，就會發現玻璃因為強風而變形了。甚至也有屋頂的瓦片和招牌被強勁風力給吹走。這種因為風造成的載重，稱為風載重（風力）。

載重的組合

進行結構計算時，必須就固定載重（G）、移動載重（P）、地震力（K）、風載重（W）的個別特性加以考慮組合後再設計。

一般地區

長期	$G + P$
短期	$G + P + K$
	$G + P + W$

外力因作用方向或時間的不同，載重的組合也會跟著改變。

① 垂直載重與水平載重（水平力）的代表

垂直載重

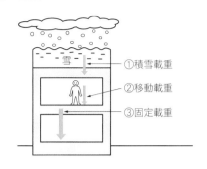

- 雪
- ①積雪載重
- ②移動載重
- ③固定載重

發現的契機據說是看到蘋果自樹上掉下來。
這也是垂直載重概念誕生的瞬間。

水平載重（水平力）

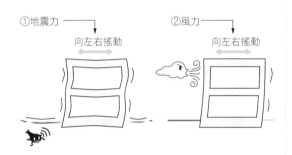

- ①地震力
- 向左右搖動
- ②風力
- 向左右搖動

佐野利器發表「家屋耐震構造論」
（1915 年）

理論中，他提出了在地震時作用於建築物上的水平力 F，可用建築物本身重量 W 乘以係數（震度）k 來決定的想法。此後，又再提出做為耐震設計法的「震度法」，使水平載重（地震力）首度於歷史上登場。

$$F = kW$$

$$k = \frac{\text{地震的最大加速度}}{\text{重力加速度}}$$

① 其他外力

建築物上除了有垂直載重與水平載重之外，還有其他載重作用著，如①由地盤或地下水施加於地基上的土壓與水壓、②受到東西撞擊或人在室內跳躍時產生的衝擊載重、③因日照產生的熱、與冷熱溫差等，造成材料熱漲冷縮所產生的溫度應力、④因設備機器等移動帶來振動而產生的重覆載重等。

土壓與水壓

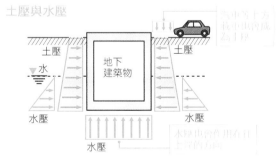

- 土壓
- 水
- 地下建築物
- 土壓
- 水壓
- 水壓
- 水壓

衝擊載重

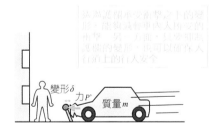

- 變形 δ
- 力 P
- 質量 m

溫度應力

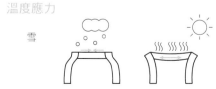

雪

結構計算中的基本「固定載重」是什麼？

! 所謂「固定載重」
   是指不會動、死掉的載重？

固定載重是進行建築物結構設計時首先必須掌握清楚的載重。由於固定載重力的方向是固定不會變動的，所以在日本也被稱為死載重（Dead Load：DL）。

相當於固定載重的東西

固定載重包括了柱、樑、地板等結構軀體，以及外牆、地板與天花板等裝潢材料之類的載重。設備的載重通常被視為移動載重，但是當設置特別重的設備時，有時也會當做固定載重來計算，所以必須特別注意。此外，管線或耐火被覆材料的載重等也包含在固定載重內。

固定載重的算法

計算固定載重時，會特別注意構材與裝潢材料每單位的重量。主要結構材料的每單位重量分別如下。

木材	8 [kN／m³]
鋼材	78 [kN／m³]
混凝土	23～24 [kN／m³]
（輕量混凝土則為	17～21 [kN／m³]）

日本建築基準法施行令 84 條規定了建築物的部分、種類與每單位面積的載重，各式各樣的載重都受到法律的規範。實際設計時，為了讓結構計算符合實際情況，需要參考製廠提供的目錄或資料來計算構材的載重。

在結構計算上載重是非常重要的。在學會應力計算之前，先將載重的概念徹底融會貫通吧！

memo

土木界將固定載重稱為「死載重」，而移動載重則稱為「活載重」，這點和建築界的說法不同。

建築	土木	英語
固定載重	＝死載重＝	Dead load
移動載重	＝活載重＝	Live load

相較之下，建築界「固定載重」與「移動載重」的用詞與原意比較接近。土木界用的「死載重」與「活載重」，可能與原本概念有些出入，但或許聽過一次就不會忘記！

融會貫通載重的概念是結構設計基本中的基本！

! 建築物的固定載重與屋頂、地板和牆壁的載重

什麼是建築物的固定載重？

固定載重是指實際使用的構材載重。

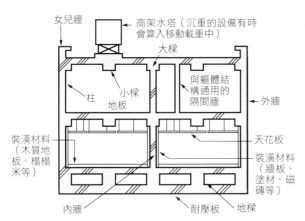

女兒牆 / 高架水塔（沉重的設備有時會算入移動載重中）/ 大樑 / 柱 / 小樑 地板 / 與軀體結構通用的隔間牆 / 外牆 / 天花板 / 裝潢材料（木質地板、榻榻米等）/ 裝潢材料（牆板、塗材、磁磚等）/ 內牆 / 耐壓板 / 地樑

材料比重

	材料名稱	比重
石材	花崗岩（御影石）	2.65
	大理石	2.68
	黏板岩（板岩）	2.70
水泥	普通波特蘭水泥	3.11
金屬	鋼	7.85
	鋁	2.72
	不鏽鋼	7.82
木材	柳杉	0.38
	扁柏	0.44
	鐵杉	0.51

屋頂每單位面積的載重

完成面	簡圖（尺寸單位：mm）	屋頂面 1m² 的重量（N／m²）
防水材料	防水材料 2mm — ① / 整平用砂漿 30mm — ②	① 40 / ② 600 / 合計 640
鍍鋅鐵板瓦棒鋪	鍍鋅鐵板 - 瓦棒 0.6mm ① / 不織布 ② / 水泥板 15mm ③ / 椽條 ④ / 桁樑（輕量鋼骨）⑤ ※1	① 60 / ② 10 / ③ 90 / ④ 30 / ⑤ 70 / 合計 260
日式黏土瓦屋頂（掛瓦式波形瓦）	掛瓦式波形瓦 ① / 屋面板 ② / 椽條 ③ ※2	① 790 / ② 100 / ③ 40 / 合計 930

※1：日本施行令中規定為 200N／m²（包括基底與椽條，但不包括桁樑）
※2：日本施行令中規定為 980N／m²（包括基底與椽條，但不包括桁樑）

建立建築物重量的概念，是從身邊物體的重量開始！計算請參照下頁。

地板每單位面積的載重

完成面	簡圖（尺寸單位：mm）	地板面 1m² 的重量（N／m²）
鋪地毯	磁磚 / 方塊地毯 7mm	60
鋪榻榻米	榻榻米 55mm ① / 木底板 12mm ② / 基底角材 ③ ※3	① 200 / ② 80 / ③ 40 / 合計 320

※3：日本施行令中規定為 340N／m²（包括地板與格柵）

牆壁每單位面積的載重

完成面	簡圖（尺寸單位：mm）	牆面 1m² 的重量（N／m²）
石膏灰漿	石膏灰漿 3mm ① / 砂漿 20mm ②	① 60 / ② 400 / 合計 460
防火隔間（1hr）	鋼製間柱 ① / 矽酸鈣隔熱板 8×4mm ② ※4	① 260 / ② 100 / 合計 360

※4：鋼製間柱的柱量會因牆壁高度而有所增減。

記住「移動載重」的值與用法

! 「移動載重」是像生物般會動的載重

所謂移動載重，是指建築物裡的人或家具等可移動的生物體、物體的載重。與固定載重不同在於，為處理承載位置與載重大小產生的數值差異問題，日本建築基準法施行令 85 條根據建築物用途與起居室種類，為每項結構計算的對象構材設定了計算用的數值。

移動載重有三種

移動載重分成：地板與小樑計算用的載重、柱·大樑·基礎計算用的載重（別名框架用載重），以及地震力計算用的載重等三種。

數值由大至小排列如下：

地板用＞柱、大樑、基礎用＞地震用

因為地板是直接承受荷載物的面，所以會假設成集中承載在地板上。雖然小樑承受集中承載的機率比地板小，但因為可能會在很多地方都設置小樑，所以與地板的條件幾乎相同。荷載物的載重是透過地板或小樑，再傳遞至大樑或柱，因此比起地板、小樑，大樑或柱較不可能產生數值差異，移動載重的值也會變小。至於地震載重，則是建築物整體一起抵抗水平應力，所以分散的載重值變小，移動載重值也會變小。

記住所有用途的移動載重並不容易，第一步只要先將住宅起居室的移動載重牢記就好。柱、樑、基礎用的移動載重是 130kg ／ m²。也就是在 1m×1m 的範圍內有兩個大人的載重，用自己的體重做假設的話就有大致的概念了！

實際上建築物有各式各樣的用途，單看建築基準法的移動載重顯然是不夠的。雖然很多規格表上都有標示載重的值，但只能以類似用途的載重做計算。有時也必須因應狀況考慮其機率來計算移動載重。

長期載重與短期載重

關於設備載重的判斷是根據設計者的認定，有時有把重量大、固定於地板或牆壁上、不會移動的物體視為固定載重；而把放在地板上不做固定、可移動的物體視為移動載重。

特別注意載重大的承載物！

設置鋼琴或書架等載重大的物體時，一般會在建築物的某部分集中承載大的載重，所以必須另外考慮並做計算。住宅的地板用移動載重為 180kg ／ m²。所以若在木造住宅裡設置大型鋼琴等就需要特別注意。

記住移動載重的值不容易。所以先從住宅起居室的值開始背吧！

① 建築基準法規定的移動載重

何謂建築物的移動載重？

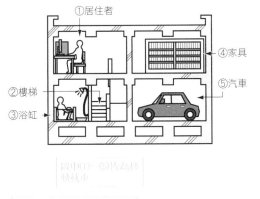

①居住者
④家具
②樓梯
⑤汽車
③浴缸

圖中①～⑤皆必移動載重。

右表是日本一級建築士曾出的考題，必須牢記的數值。

結構計算用的移動載重（令 85 條）

結構計算對象 空間種類		（一） 地板、小樑 結構計算時 （N／m²）	（二） 大樑、柱或基 礎的結構計算 時（N／m²）	（三） 計算 地震力時 （N／m²）
(1)	住宅起居室、住宅以外的建築物裡設置的寢室或病房	1,800	1,300	600
(2)	辦公室	2,900	1,800	800
(3)	教室	2,300	2,100	1,100
(4)	百貨公司或商店賣場	2,900	2,400	1,300
(5)	劇場、電影院、藝術表演場、運動觀賽場、公會堂、集會場、及其他提供類似用途的建築物觀眾席或集會室 固定位置的情況	2,900	2,600	1,600
	其他情況	3,500	3,200	2,100
(6)	汽車車庫以及汽車通道	5,400	3,900	2,000
(7)	走廊、玄關或樓梯	與 (3) ～ (5) 列舉出的空間相連接的部分是遵從 (5) 的「其他情況」數值		
(8)	頂樓廣場或陽台	遵從 (1) 的數值。但，用途為學校或百貨公司的建築物則遵從 (4) 的數值		

① 從其他國家的移動載重領悟到的事

其他國家的建築基準也設定了移動載重。
因為計算方法不同所以無法比較，但可從用途看出各國的特色。

加拿大的移動載重 ［單位：kPa（kN／m²）］

Table 4.1.5.3.
Speified UnifoRmly DistRibuted Live Loads on an ARea of FlooR oR Roof
FoRming PaRt of Sentence 4.1.5.3.(1)

Assembly Areas	
a) Except for the areas listed under b) and c), assembly areas with or without fixed seats including	
Arenas	
Auditoria	
Churches	
Dance floors	
Dining areas(1)	
Foyers and entrance halls	4.8
Grandstands, reviewing stands and bleachers	
Gymnasia	
Museums	
Kitchens (other than residential)	4.8
Libraries	
Stack rooms	7.2
Reading and study rooms	2.9
Toilet areas	2.4

(BRitish Columbia 『The BRitish Columbia Building Code 2006』p.190 より)

日本的只有並入固定移動載重、防沉重載重，但加上人有固定期間的移動載重，可做為參考。

中國的移動載重 ［單位：kPa（kN／m²）］

頻遇值和准永久值系数

項次	類 別	标准值（kN/m²）	组合值系数 ψ_c	頻遇值系数 ψ_f	准永久值系数 ψ_q
1	(1) 住宅、宿舍、旅馆、办公楼、医院病房、托儿所、幼儿园	2.0	0.7	0.5	0.4
	(2) 教室、试验室、阅览室、会议室、医院门诊室			0.6	0.5
2	食堂、餐厅、一般资料档案室	2.5	0.7	0.6	0.5
3	(1) 礼堂、剧场、影院、有固定座位的看台	3.0	0.7	0.5	0.3
	(2) 公共洗衣房	3.0	0.7	0.6	0.5
4	(1) 商店、展览厅、车站、港口、机场大厅及其旅客等候室	3.5	0.7	0.6	0.5
	(2) 无固定座位的看台	3.5	0.7	0.5	0.3
5	(1) 健身房、演出舞台	4.0	0.7	0.6	0.5
	(2) 舞厅	4.0	0.7	0.6	0.3
6	(1) 书库、档案库、贮藏室	5.0	0.9	0.9	0.8
	(2) 密集柜书库	12.0	0.9	0.9	0.8
7	通风机房、电梯机房	7.0	0.9	0.9	0.8
8	汽车通道及停车库： (1) 单向板楼盖（板跨不小于 2m） 客车 消防车	4.0 35.0	0.7 0.7	0.7 0.7	0.6 0.6
	(2) 双向板楼盖（板跨不小于 6m×6m）和无梁楼盖（柱网尺寸不小于 6m×6m） 客车 消防车	2.5 20.0	0.7 0.7	0.7 0.7	0.6 0.6

中 华 人 民 共 和 国 建 设 部 联合发布 建筑结构荷载规范
中华人民共和国国家质量监督检验检疫总局
50009-2001 （2006年版）』 p.10より）

從字面上來看人住公司知道通用途，由此知的各種重要的載重都不同。

key word 015 地震力

什麼是地震力？

! 地震力就是地震時作用於建築物上的地震層剪力

　　當建築物受到地震搖動時就會產生地震力（水平力）。水平力是顯示建築物的重量有多少比例會變成水平力的指標，以地震剪力（Q_i）來做評估。具體來說，是地震層剪力係數（C_i）乘以建築物的重量計算出的值。水平力會隨著建築物重量愈重而變大。

地震層剪力的求法

　　地震層剪力係數是由震區係數（Z）、振動特性係數（R_t）、地震層剪斷力的豎向分布係數（A_i）、標準剪力係數（C_O）相乘得出的值。「震區係數」是以過去的地震紀錄為基礎制定的折減係數，數值範圍為 $0.7 \sim 1.0$，依地域別制定震區係數。「振動特性係數」是依建築物固有的振動方式（固有週期）與地盤的堅固度關係所制定出的折減係數。地盤的堅固程度分為三種，假設建築物的固有週期相同，地盤愈柔軟，建築物的搖晃程度愈大。「地震層剪斷力之豎向分布係數」是求出建築物豎向震動變化的係數。因為建築物的樓層愈高震動愈大，係數也會愈大。「標準剪力係數」是承受重力加速度時，地盤面上的建築物所產生的水平力比例，在日本建築基準法施行令 88 條中有明文規定數值。

　　在結構計算中會確認各樓層承受地震力的安全性。用來算出地震力的建築物重量，必須是地震力對象樓層以上的所有重量（固定載重與移動載重）。

　　到目前為止說明的地震力計算公式，都是針對地面以上的部分，地面以下的地震力則需另外進行結構計算。由於地面以下可將地盤的橫向抵抗考慮進去，所以水平力的計算方式會不同。此外，建築物屋頂設置的煙囪或水槽等會產生大的地震力，所以計算方式也會不同，必須特別注意。

地面以下的地震力求法

地面以下部分的地震層剪力 $Q_{地下}$ 可用下列算式求得。

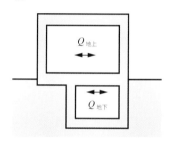

$$Q_{地下} = Q_{地上} + k \times W_{地下}$$

$Q_{地上}$：建築物地面以上部分的地震層剪力
k　：水平震度
$W_{地下}$：建築物地面以下部分的重量

地面以下部分的水平震度 k 可用下列算式求得。

$$k \geq 0.1 \left(1 - \frac{H}{40}\right) Z$$

k　：水平震度
H　：建築物地面以下各部分距地盤面的深度
Z　：震區係數

① 計算地震力

地震層剪力（Q_i）的計算公式

$$Q_i = C_i \times W_i$$
$$C_i = Z \times R_t \times A_i \times C_o$$

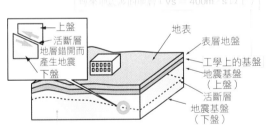

Q_3	W_c	$W_3 = w_c$
Q_2	W_b	$W_2 = w_b + w_c$
Q_1	W_a	$W_1 = w_a + w_b + w_c$

Q_i：作用於 i 層樓的地震層剪力
C_i：i 層樓的層剪力係數
W_i：求 i 層樓的地震力時的重量
Z：震區係數（$0.7 \sim 1.0$）
R_t：振動特性係數
A_i：地震層剪力彈性係數的豎向分布
C_o：標準剪力係數（中小型地震時 $C_o = 0.2$）

地震力是做為作用於建築物的個別樓層的地震層剪力來計算，活用計算方法吧！

形成地盤的性質、形狀，計算物的高度，以及建築形式等決定的，會因建築物的所有要而改變。

振動特性係數（R_t）的特徵

地盤的軟硬度	堅固 ←→ 柔軟 小 → 大	
建築物的高度	高 ←→ 低 小 → 大	
結構類別	S 小	RC 大

地震層剪力係數的豎向分布圖（A_i）

A_i 的數值是愈往高樓層愈大。

屋頂上水塔等的地震層剪力（Q）

$k = 1.0$　水槽　W

$$Q = k \times W$$

Q：地震層剪力
k：水平震度（以 $k = 1.0$ 計算）
W：屋頂上設備等的重量

※1 參閱 P45

① 地震發生的物理過程與日本近年發生的地震

地震波分為 P 波、S 波、表面波，震波的傳遞速度是愈堅固的地盤愈快。在地盤中橫波（剪斷波）傳遞的速度稱為剪斷波速度 Vs、Vs 是評估地盤堅固度的標準。

地震發生的物理過程與地震波的傳遞方式

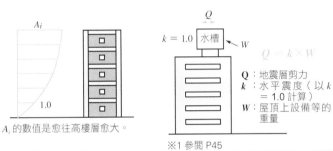

傳來地震波的地層（Vs = 400m／s 以上）

上盤
活斷層
地層錯開而產生地震
下盤
地表
表層地盤
工學上的基盤
地震基盤（上盤）
活斷層
地震基盤（下盤）

由地球內部產生波動的成因產生的距離

地震時的第 1 波（Primary wave）縱波（秒速 6 ~ 7km 左右）

P 波
表面波
震源
S 波
表層地盤
工學上的基盤 Vs = 400m／s
地震基盤 Vs = 3km／s

傳遞大幅度的振動是一種表面波（與橫向 S 波相近，但相較慢一些）

地震時的第 2 波（Secondary wave）橫波（秒速 3.5 ~ 4km 左右）

過去主要的地震災害

發生日期	地震名稱	芮氏規模	最大震度	特徵
1923.9.1	大正關東地震	7.9	6	石造、磚造的洋房塌毀
1948.6.28	福井地震	7.1	6	多數戰後復興時期的臨時建築，以及結構不安定的建築倒塌
1995.1.17	兵庫縣南部地震	7.3	7	壁量少的建築物（底層架空建築等）、S 造的柱腳、S 造／RC 造建築的柱樑接合部位受到明顯破壞
2003.9.26	十勝海域地震	8.0	6 弱	受海嘯侵襲
2004.10.23	新潟縣中越地震	6.8	7	促進舊耐震標準建築的耐震檢查以及條款修改
2007.7.16	新潟縣中越海域地震	6.8	6 強	重新確認非結構構材（天花板等）的耐震性能
2011.3.11	東北地方太平洋海域地震	9.0	7	海嘯災情嚴重

從地盤種類可知地震動的特性？

軟弱地盤　　　堅硬地盤

! 因地盤的不同，
建築物的搖晃方式也大不相同

地震動是發生在活斷層上，透過地盤傳遞到建築物，但堅硬地盤與軟弱地盤的地震波傳遞方式不同。在堅硬地盤中地震波的傳遞速度快，產生的地震波會接近於不增強的狀態下傳遞到建築物。另一方面，在軟弱地盤中的傳遞速度慢，軟弱地盤的地層厚度愈大地震力也會大幅增強。

三種地盤種類的特徵及注意事項

根據日本建築基準法，計算地震力時須考慮上述的地盤性質，因此依照地盤的堅硬度分成以下三種類。固有週期 0.2 秒以下的堅硬地盤（稱第 1 類地盤）、固有週期 0.2 秒以上未滿 0.6 秒的普通地盤（稱第 2 類地盤）、以及 0.6 秒以上的軟弱地盤（稱第 3 類地盤）。固有週期是指建築物或地盤的反應譜[譯注1]達到最大週期。固有週期愈短，地盤愈堅硬。建築物也是一樣，固有週期愈短，建築物愈堅固。

此外，地震力也會隨著地盤與建築物的固有週期而改變。也就是說，在堅硬地盤上有柔軟的建築物、或在軟弱地盤上有堅固的建築物等這種組合下，都會讓地震力產生改變。振動特性係數 R_t 可歸類成三種情況（參閱右頁）。

基礎有直接基礎和樁基礎，在考慮地盤種類時必須特別注意。若是直接基礎，地震波會由地盤傳遞而來，所以位於建築物正下方的地盤種類會影響建築物。另外若是樁基礎的話，通常樁前端是由堅硬的支撐地盤支撐著，所以在日本建築基準法上，會變成以支撐樁前端的地盤來決定地盤種類。樁大多是由 N 值 50[譯注2] 的地盤來支撐，雖然好像可用第 1 類地盤的數值算出地震力，但並非是完全站在安全面考量下的做法（指地震力變大）。再加上樁與地盤會互相干涉，使地震波傳遞至建築物底盤，所以在安全面上通常會以第 2 類地盤來做計算。

譯注：1 發生地震時的建築物振動方式稱為地震反應譜。
　　　 2 土壤密實堅硬程度的代表數值，N 值愈高土壤愈堅硬。

memo

地盤種類是著眼於地盤的振動方式所做的分類，大多是用地盤的固有週期為基礎來區分地盤種類。進行耐震設計時，一般都使用依照地盤種類設定的地震力。

地盤好壞

我們常談論地盤的好壞，然而即使對木造建築來說是好的地盤，對 RC 建築來說卻不一定是好。
在考慮地盤的好壞時，必須思考該建地上會建造怎樣規模的建築物，再進行地盤分析。

只要知道地盤種類，就可判斷地震動時的建築物搖晃方式的特性。這些特性會隨著地盤與建築物的特性而改變，要特別注意！

① 耐震設計上的地盤種類與振動特性係數

耐震設計上的地盤種類是針對設定設計地震動時，考慮地盤條件帶來的影響而制定的依據。根據公式算出的地盤固有週期，分為下列 1 ～ 3 類。

耐震設計上的地盤種類

地盤種類	地盤的固有週期 T_g（s）	備註
第 1 類（硬質）	$T_g < 0.2$	良好的洪積地盤或岩盤
第 2 類（普通）	$0.2 \leq T_g < 0.6$	也不屬於第 1、第 3 種任一類的地盤（中間地盤）
第 3 類（軟質）	$0.6 \leq T_g$	沖積地盤中的軟弱地盤

振動特性係數 R_t 與地盤種類有很大的關聯性

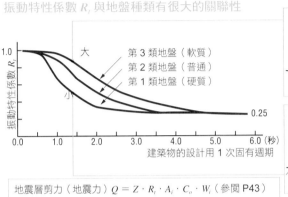
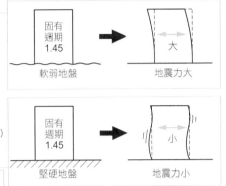

地震層剪力（地震力）$Q = Z \cdot R_t \cdot A_i \cdot C_o \cdot W_i$（參閱 P43）

① 振動特性係數 R_t 的求法

建築物承受的地震力會因建築物的固有週期 T、以及支撐建築物的地盤種類的對應數值 T_c 而變化。這就是為什麼只要知道地盤種類，就可以了解建築物的搖晃方式的特性（振動特性）。振動特性係數 R_t 可用下列公式計算。

（1980 年日本建設省告示 1793 號中做部分更改）

$T < T_c$ 的情況	$R_t = 1$
$T_c \leq T < 2T_c$ 的情況	$R_t = 1 - 0.2\left(\dfrac{T}{T_c}\right)^2$
$2T_c \leq T$ 的情況	$R_t = \dfrac{1.6\,T_c}{T}$

T：利用下列算式計算得出建築物的設計用 1 次固有週期（單位：秒）

$$T = h\,(0.02 + 0.01\alpha)$$

h：對象建築物的高度（單位：m）
α：與對象建築物裡大部分的柱、樑都是木造或鋼骨造樓層（地下樓層除外）的高度合計 h 的比

T_c：建築物的基礎底部（使用剛強的支撐樁的情況下，為該支撐樁的前端）接觸面下的地盤種類的對應數值（單位：秒）
　第 1 類地盤 = 0.4　第 2 類地盤 = 0.6　第 3 類地盤 = 0.8

1
結構基礎

如何計算風載重？

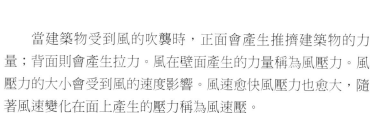

風力係數乘以風速壓可算出風載重

當建築物受到風的吹襲時，正面會產生推擠建築物的力量；背面則會產生拉力。風在壁面產生的力量稱為風壓力。風壓力的大小會受到風的速度影響。風速愈快風壓力也愈大，隨著風速變化在面上產生的壓力稱為風速壓。

風速壓、風載重、風壓力的求法

一般來說風速壓 q 有建築物愈高愈大的傾向。此外，如果附近有可有效遮蔽風吹的其他建築或防風林的話，風速也會減小，因此以風速壓減小至 1／2 來做結構計算是可行的。不過，周邊環境改變的可能性高，必須慎重地考慮。

風壓力 W 是依照日本國土交通大臣規定的風力係數（ C_f ），與風速壓（ q ）相乘計算出的值（請參考右頁）。風力係數隨著建築物的形狀與承受風吹的牆面（受風面 [受壓面] ）方向不同，其數值也不同。風吹方式是既複雜且作用在建築物各部位也不相同，甚至會隨著形狀而變化。關於形狀、風、以及每個受風面的風力係數的計算方法，可參閱 2000 年日本建設省告示 1454 號規定（請參閱 P48 ）。

風壓力（ W ）乘以受風面積（受壓面積）就可得出風載重（ P ）。因為隨著高度改變風壓力也會跟著改變，所以一般來說風載重採用個別樓層分開計算。作用於 2 樓地板面的水平力，是 1 樓及 2 樓樓高的 1／2 的受風面積乘以風壓力求出的值。（參閱右頁圖）

實際上建築物受到風吹襲時，風會沿著受風面流動，所以建築物的角落會比其他部分受到更大的風力作用。為了做個別部位的設計，2000 年日本建設省告示 1458 號中規定了外部裝潢材料的風載重計算方法，必須根據規定公式來檢討角落等各部位的裝潢材料的承載力。

外部裝潢材料的風壓力
用於結構計算的風載重數值，在建築物結構計算用（如右頁）與確認外部裝潢材料安全性計算用（如下記）時的思考方式並非相同。

$$W = q \cdot C_f$$

W：風壓（N／m²）
q：平均速度壓
　　（ $q = 0.6\, E_r^2\, V_0^2$ ）
E_r：用來表示平均風速的豎向分布係數
V_0：標準風速（m／s）
C_f：風力係數。根據屋頂的形狀或部位，於日本建設省告示中公布的數值

風流動的方向

建築物

吹到建築物上的風會沿著建築物流動，因此風會集中於建築物的角落而產生相當大的風載重。

① 風速壓、風壓力、風載重的計算公式

風速壓的計算公式

①計算公式

$$q = 0.6 \times E \times V_o^2 \quad E = E_r^2 \times G_f$$

q ：風速壓（N／m²）
E ：對應周邊的狀況，依據日本國土交通大臣規定的方法算出的係數
V_o ：標準風速（m／s）
　　各地區皆受到建築基準法規定（右圖）
E_r ：表示平均風速的豎向分布的係數
G_f ：考慮陣風等影響的係數（陣風反應係數）

②「標準風速分布圖」與「風速與風載重關係」

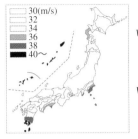

30(m/s)	
32	
34	
36	
38	
40〜	

$V_o = 10\text{m／s}$

$V_o = 40\text{m／s}$

風載重好比汽車撞擊建築物，速度愈快載重愈大。

③ E_r 值

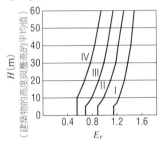

H（m）（建築物的高度與簷高的平均值）

IV　III　II　I

E_r

資料型圖出示出低建築物的E_r值是相同的；高建築物則是樓層愈高，愈愈大，另外，I、IV不太不地受風的程度。

④ G_f 值（$H \le 10\text{m}$ 的情況）

地表粗糙度區分[譯注]	G_f
I（都市計畫區域外的沿海岸）	2.0
II（散布田地或住宅的地方）	2.2
III（一般市區）	2.5
IV（大都市）	3.1

H：建築物高度與簷高的平均值

風壓力的計算公式

$$W = C_f \times q$$

W：風壓力（N／m²）
C_f：風力係數（參閱 P48）
q：風速壓（N／m²）

防風林

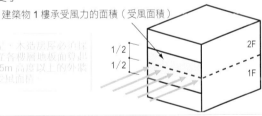

迎風面有可以削弱風的障礙物的話，風壓就會變小。

在風強勁的地區，設計時比起地震力更需要注意風壓力。

風載重的計算公式

$$P = W \times 受風面積$$

P：風載重（N）
W：風壓力（N／m²）

但是，木造房屋必須採用從各樓層地板面算起1.35m 高度以上的外牆的受風面積。

建築物 1 樓承受風力的面積（受風面積）

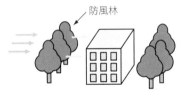

2F
1/2
1/2
1F

---

① 日本近年主要的颱風災害

室戶颱風	1934.9	死亡 2,702 人、失蹤 334 人、受傷 14,994 人
枕崎颱風	1945.9	死亡 2,473 人、失蹤 1,283 人、受傷 2,452 人
伊勢灣颱風	1959.9	死亡 4,697 人、失蹤 401 人、受傷 38,921 人 房屋全倒 40,838 棟、半倒 113,052 棟
第 2 室戶颱風	1961.9	死亡 194 人、失蹤 8 人、受傷 4,972 人 房屋全倒 15,238 棟、半倒 46,663 棟
第 2 宮古島颱風	1966.8	受傷 41 人、房屋損壞 7,765 棟
第 3 宮古島颱風	1968.9	死亡 11 人、受傷 80 人、房屋損壞 5,715 棟
沖永良部颱風	1977.9	死亡 1 人、受傷 139 人、住宅全或半倒、被沖走 2,829 棟

雖然日本最近因颱風導致建築物全倒的情形已經逐漸變少，但還是有受害建築物。

譯注：日本建設省將環境周圍抵抗風程度的高低做了分類，並稱為地表粗糙度。

1
結構基礎

keyword 018 風力係數

受到的力會隨建築物形狀而改變嗎?

! 當建築物形狀相異時,
所承受的風力也不一樣

依據建築物的面不同,作用於面上的力量也不同。

風吹動時在建築物上產生的力量頗為複雜。板狀建築物和圓形建築物同樣是從正面受風吹時,受風力影響的程度有相當大的差異。此外,即使是同一棟建築物,窗戶或門完全密閉狀態、與門或窗打開狀態,受到的風力也有很大的差別。

套風力係數公式計算風的影響

日本建築基準法是根據建築物形狀,並利用不同風力係數的概念算出風的影響。也就是說,根據風力係數增減由風速算出的風壓力,計算出建築物上產生的力量(用做設計的外力)。影響風力係數最大的因素是屋頂的傾斜度。屋頂的傾斜程度愈大所承受的風壓力也愈大,但力的方向複雜,並非鐵律。此外,作用在背風面屋頂的力是由下往上方舉起的上吹載重。相反的,作用在迎風面屋頂則是往下壓的下吹載重,但若屋頂是接近於平面的話,則會產生上吹載重。

這環節必須特別小心因為風的動作複雜,在局部產生非常大的載重情形。由於認知到建築物整體產生的風載重,與局部產生的載重並非相同,所以在日本建築基準法中,外部裝潢用的風力係數與建築物用的風力係數是不同的計算方式。舉方型建築物的例子來說,四個角的風載重由於變得非常大,所以背檔等耐風構材的設計無法以相同係數計算。

此外,雖然日本建築基準法有規定計算風載重時必須考慮到地表粗糙度(參閱 P47),但實際上隔壁的建築物是遠在50m 外,還是近在 0.5m,以及正面是否有大型建築物、通常吹什麼風向等等,存在著各種改變風載重的因素。原則上,幾乎所有的建築物都可以以日本建築基準法為依據來設計,但若是大型建築物就需要考慮周圍環境,進行風洞實驗並算出風載重。風載重的重點在於考慮周圍環境,邊進行設計。

memo

風力係數在建築物處於密閉狀態時會改變,所以公式是以外風壓和內風壓係數的組合來算出風力係數(陣風係數)。

屋頂名稱

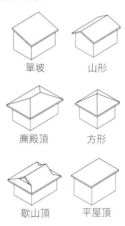

單坡　　　　山形

廡殿頂　　　方形

歇山頂　　　平屋頂

建築物受到的風力是利用風力係數計算出來的值。記住右頁的公式吧!

① 建築物的風力係數的求法

在左頁提到，風壓力是風速壓與風力係數相乘的積。

$$W = q \cdot C_f$$ W：風壓力（N／m²） q：風速壓（N／m²） C_f：風力係數

那麼風力係數 C_f 是什麼呢？

$$C_f = C_{pe} - C_{pi}$$

C_{pe}：建築物的外風壓係數　　C_{pi}：建築物的內風壓係數

> 將 C_f 考慮進去，就可以求得建築物各個部分的風壓力。

外風壓係數 C_{pe} 與內風壓係數 C_{pi}

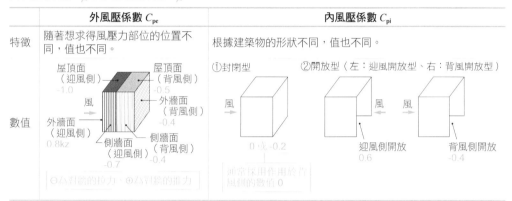

	外風壓係數 C_{pe}	內風壓係數 C_{pi}
特徵	隨著想求得風壓力部位的位置不同，值也不同。	根據建築物的形狀不同，值也不同。
數值	屋頂面（迎風側）-1.0　屋頂面（背風側）-0.5　外牆面（迎風側）0.8kz　外牆面（背風側）-0.4　側牆面（迎風側）-0.7　側牆面（背風側）-0.4	①封閉型 0 或 -0.2　②開放型（左：迎風開放型、右：背風開放型）迎風側開放 0.6　背風側開放 -0.4

※：表中的外風壓係數的數值，是用來表示「封閉式建築物平頂屋的情況」。

　　Kz：根據 2000 年日本建設省告示 1454 號第 3 第 2 項表。

試算風力係數

例題　請算出右圖的四角形建築物的著色牆面的風力係數 C_f。

封閉式建築物
平屋頂

解答

$$C_f = C_{pe} - C_{pi}$$

根據上表 $C_f = -0.4 - 0 = -0.4$

---

① 外部裝潢材料的風力係數

作用於屋頂鋪蓋材料的風力係數，是根據屋頂形狀的相對應數值。

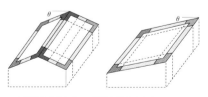

山形屋頂（左）、單坡屋頂（右）

山形屋頂、單坡屋頂的負風壓係數 C_{pe}

部位 　　 θ	小於 10 度時	20 度	大於 30 度時
▢ 的部位	-2.5	-2.5	-2.5
▨ 的部位	-3.2	-3.2	-3.2
▩ 的部位	-4.3	-3.2	-3.2
▰ 的部位	-3.2	-5.4	-3.2

（根據《2007 年版 建築物的結構關係技術基準解説書》[全國官報販賣
協同組合]日本國內發行）

多雪地區與一般地區的設計有什麼不同？

！多雪區域與一般地區在積雪載重的處理方法上不同

一般地區
一週後 ☀雪已完全融化

多雪地區
一個月後 ☀雪尚未融化

積雪載重比想像中困難，因此必須特別注意。日本建築基準法將積雪載重的處理方式，以積雪的深度或積雪期間區分開來看待。垂直積雪量 1m 以上的區域，或一年內積雪超過 30 天以上的地區歸為「多雪區域」。在多雪區域是將積雪當做長期載重，但在一般地區（多雪區域以外）則是短期的載重。

以日本建築基準法和條例規定的積雪量為基礎做設計

積雪量方面，日本建築基準法是以標高或海洋比例（日本建築基準法施行令 80 條、2000 年日本建設省告示 1455 號）來計算 50 年間發生的積雪量（50 年回歸期），但幾乎大多數的行政區域都已經有條例記載積雪量的多寡、是否為多雪區域等規範。

在日本建築基準法中規定每 1cm 須有 2kg ／ m² （20N）以上的載重。然而，積雪愈多雪受重則愈扎實、重量也會增加。所以在一般地區（不滿 1m 的積雪量）可想成 1cm 左右有 2kg（20N）／m² 的重量，超過 1m 以上則是 1cm 左右有 3kg（30N）／m² 的重量來做設計。具體而言，每 1cm 的 1m² 左右的積雪量也同樣有條例規定。

此外，有斜度的屋頂可使雪自然滑落，因此積雪量減少至 1m 的設計也沒有問題。但是必須預防因落雪造成的意外，有在傾斜屋頂上裝設阻雪器（為防止落雪的突起裝置），這種情形下就不可採用減少積雪量的設計。這種建築物稱之為耐雪型。

必須特別注意因屋頂形狀不同，會有特別容易積雪的部位，所以不能完全依照行政區域規定的積雪深度來做設計。還有，雖然不像風力係數受到規範，但是必須注意建築物形狀設定積雪量。

memo

實際上的積雪情況更加複雜。例如北海道的乾燥氣候使得雪很輕，又如新潟因為潮濕使得雪變得很重。此外屋頂前端的雪會不停重複融化、滑落、再次凍結等現象，所以屋頂的前端部分會產生冰柱，而變得非常沉重。
針對積雪做設計時，必須熟知該區域的雪的性質。

冰柱是由掛於屋簷下的雪，會慢慢長成大，最後在靠前端形成尖角形狀。

積雪載重受到日本建築基準法以及各自治團體的條例規範，但還是必須將屋頂等建築物形狀也納入考慮。

① 區域各異的積雪載重

積雪載重分為一般地區的短期載重,和多雪區域的長期載重,因此「積雪的單位重量」也不同。此外,與其他外力(載重)的組合在一般地區與多雪區域也有不同結果,必須留意。

積雪載重的求法

積雪載重 [N／m²]
＝積雪的單位重量 [N／m²]× 垂直積雪量 [cm]× 屋頂形狀係數

載重組合的不同之處

	長期(平時、積雪時)	短期(地震時、暴風時、積雪時)	
一般地區	$G+P$	$G+P+K$ $G+P+W$ $G+P+S$	即使積了雪也會馬上融化,所以積雪載重被當做短期載重。
多雪區域	$G+P$ $G+P+0.7S$	堆積的雪不會馬上融化。因此積雪載重被當做長期載重。不過計算時會乘上最大積雪深度 0.7 求出積雪載重。	$G+P+K$ $G+P+W$ $G+P+K+0.35S$ $G+P+W+0.35S$	當積雪時地震發生的可能性不高,所以計算地震力時會乘上最大積雪深度 0.35 求出積雪載重。

G:固定載重　　P:移動載重　　K:因地震力產生的載重　　W:因風壓力產生的載重　　S:因積雪產生的載重

---

① 日本近年因雪引起的災害

比起地震,因積雪引起的災害較少,所以在日本建築基準法中關於積雪並沒有詳細的規定。然而,積雪量多的問題,即使是現在仍然有房子因為積雪而倒塌的案例。

名稱	時期	積雪量與住宅受災狀況
三八豪雪 (昭和 38 年豪雪)	1963 年 1～2 月	新潟縣長岡市 318cm 等 住宅受災:全倒 753 棟、半倒 982 棟
四八豪雪 (昭和 48 年豪雪)	1973 年 11 月～1974 年 3 月	秋田縣橫手市 259cm 等 建築物倒塌:503 棟
五六豪雪 (昭和 56 年豪雪)	1980 年 12 月～1981 年 3 月	新潟縣長岡市 255cm 等 住宅受災:全倒 165 棟、半倒 301 棟
五九豪雪 (昭和 59 年豪雪)	1983 年 12 月～1984 年 3 月	新潟縣上越市高田 292cm 等 住宅受災:全倒 61 棟、半倒 128 棟
一八豪雪 (平成 18 年豪雪)	2005 年 12 月～2006 年 2 月	新潟縣新潟市 422cm 等 住宅受災:全倒 18 棟、半倒 28 棟

建築物會受氣溫或季節影響而產生變化嗎？

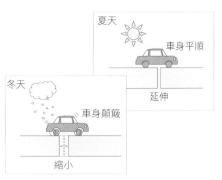

! 建築物受到溫度載重變化
而熱漲冷縮

　　日本的四季分明，隨著季節移轉溫度也會跟著變化。因此人常受到溫度變化而感冒，或中暑感到噁心，也就是說人的身體狀況會因為季節不同而產生變化。同樣的，雖然建築物表面看不出變化，但也是深受季節變化影響，像是夏天的平屋頂溫度甚至高達將近 100 度。

考慮溫度載重的設計做法

　　物體具有因為溫度而產生熱漲冷縮的性質，根據材料的不同，伸縮量也不盡相同。在日本建築基準法中，並沒有制定關於溫度的設計載重等。甚至在進行確認申請手續時，也幾乎不會被要求要做計算。另外地震、風或積雪載重因過去曾造成建築物倒塌的意外，所以日本建築基準法為了確保最低限度的安全，制定了關於載重的規定。只有溫度載重因為未曾發生過倒塌的前例，所以相關的載重或計算方法都沒有做規定。

　　只是，如果謹慎地將因溫度造成的載重考慮進去應力計算的話，結果會變成非常大的應力。一般建築物能夠仰賴構材之間的縫隙與建築物整體的變形，釋放溫度應力，所以對安全性不會產生不好的影響。但如果是體育館這類具有巨大屋頂或長型建築物、溫差大的地區、或由不同種類的建材組合而成的建築物等，就必須將溫度帶來的載重納入設計考量。

　　因為溫度載重不受法規規範，所以只能參考理科年表[譯注]等資料來設定溫度並進行設計。此外，當南面與北面的溫度差異可能非常大時，也要考慮溫度分布進行解析。

　　在溫差大的地區方面，雖然也有針對溫度應力將冬天與夏天的溫度差加以考量到規劃建案裡，但只要是在平均氣溫相當接近的季節建設建築物的話，溫度應力就會減半。也就是說施工時期也會對建築物的溫度載重性能產生影響。

譯注：由日本國立天文台編撰的出版品，記載各種科學資料與數據。

memo

完成面對建築物的溫度載重也有很大的影響。想當然耳，黑色會使溫度變高。所以如果採用外斷熱工法，就可以保護軀體本身不受外面氣溫的影響。清水混凝土的建築物比貼有磁磚的建築物受到的影響大。此外，做了綠化屋頂的建築物雖然會因此變重，但溫度變化會變小。還有，RC 造的建築物愈多裂痕，就愈能釋放溫度載重。相反地，溫度變化激烈的部分較容易產生裂縫，也會影響劣化程度。

物體的伸縮比例幾乎與溫度成正比，可以用線膨脹係數表示。計算看看構材因為氣溫變動產生多少伸縮變化吧！

⊕ 因氣溫變動造成的構材變形量

溫度每上升 1℃ 時的物質長度變化比例稱為線膨脹係數（線膨脹率，通常以 α 表示），變化溫度的熱膨脹係數乘以原本材料的長度，可計算出構材因為溫度變化而變長的長度值。線膨脹係數因物質（構材）不同而有所差異。

因氣溫變動造成的構材變形

①求法

溫度×線膨脹係數×構材長度
＝因溫度而變長的長度

例如，
鐵 10m 在溫度上升 10 度時，
構材的變形量為
$10 \times 1 \times 10^{-5} \times 10 = 10^{-3} m$（1mm）

②主要構材的線膨脹係數

構材	線膨脹係數 α（1／℃）
鐵	1×10^{-5}
混凝土	1×10^{-5}
木材	$3 \sim 6 \times 10^{-6}$（纖維方向） $35 \sim 60 \times 10^{-6}$（與纖維垂直的方向）

10m 構材因氣溫變動而變形的量

	最低溫～最高溫（2010 年）	溫差	10m 的構材的變形量（最高溫與最低溫）		
			鐵	混凝土	木材
北海道（札幌）	-12.6℃～34.1℃	46.7 度	4.67mm	4.67mm	2.10mm（纖維方向）
東京	-0.4℃～37.2℃	37.6 度	3.76mm	3.76mm	1.69mm（纖維方向）
沖繩（那霸）	9.1℃～33.1℃	24.0 度	2.40mm	2.40mm	1.08mm（纖維方向）

⊕ 大規模建築物的溫度應力解析例

大規模的建築物會利用電腦解析應力、進行模擬。然後根據結果製成夏季溫度應力與冬季溫度應力的解析圖。

①設定太陽作用溫度

	T_0	a	α_0	J	T_{SAT}
夏季（最高溫）	40.0	0.8	25	1,000	72.0
冬季（最低溫）	-11.5	0.8	25	0	-11.5

T_o：室外氣溫、a：日照吸收率、α_o：熱傳導率、J：日照量、T_{SAT}：太陽作用溫度

②設定標準溫度

標準溫度做為該處的一年平均氣溫。
（平均氣溫（℃）為 12.85℃→13℃）

③確認每個地點的設計用溫度變化

	位置	氣溫	標準溫度	溫度變化
夏季	區域 1	72.0℃	13.0℃	59.0℃
	區域 2	40.0℃	13.0℃	27.0℃

	位置	氣溫	標準溫度	溫度變化
冬季	區域 1	-11.5℃	13.0℃	-24.5℃
	區域 2	-11.5℃	13.0℃	-24.5℃

④製作解析圖

夏季溫度應力（解析圖）

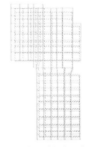

冬季溫度應力（解析圖）

只有柱與樑的建築物真的安全嗎？

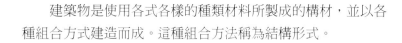

只要牢固組裝骨架就是
相當安全的建築物

建築物是使用各式各樣的種類材料所製成的構材，並以各種組合方式建造而成。這種組合方法稱為結構形式。

必背的結構形式

一開始研讀建築時，首先會聽到的是「框架結構」。由於發音和日文的拉麵相似，所以一下子就可以記住。然而，到底是什麼樣的結構呢？簡單說就是柱與樑牢牢地組合成門型的架構。框架結構可說是現代建築的代表形式，除了高層住宅或辦公大樓等建築物之外，可說幾乎所有的建築物都是採用框架結構組成也不為過。在結構力學上，必須學到計算框架結構的部分為止。

歐洲古老街景可見用石頭或磚塊堆砌而成的砌體造結構建築物。日本住宅則是以木造樑柱構架式工法為代表性的結構形式。此外，利用木材建造的框組壁工法（別名 [2×4 工法]）雖然在日本也非常普及，但在美國或加拿大可是住宅建築的主流。在集合住宅方面，以附加耐震作用的 RC 造耐震壁的框架結構為主流，但也有不少採用稱為承重牆結構這種不用柱只由牆壁做支撐的結構。

各位在小學或國中的老舊鋼骨造體育館裡，應該看過大大的╳記號構材。這種結構形式稱為斜撐結構。此外，體育館的屋頂多以三角形組合而成樑（桁架結構）做支撐的建築物。這種桁架結構也常用在橋樑上。

其他還有許多結構形式。雖然無法全部逐一地介紹，但是除了殼體結構^{譯注1}、圓頂結構、懸索結構^{譯注2}等之外，近年還有用機械方法來控制力量的減震結構和隔震結構。在實際做設計時，必須考慮建築物的用途或成本、安全性、設計性等各種條件，選擇適切的結構形式。

memo

直到不久之前結構形式都被稱為骨架形式。然而為什麼現在改稱為結構形式雖然已不可考，但骨架形式有如動物骨頭般的印象，或許直覺上較容易理解。不過近年的建築物大多可以看到結構，不像動物骨頭被隱藏於皮肉底下，所以以稱做結構形式或許更貼切。

結構形式有許多種類。結構形式是建築基本中的基本，一定要好好記住才行！

譯注：1 以貝殼般的曲面板做成的結構。　2 由柔性受拉索及其邊緣構件所形成的承重結構。

⊕ 建築物的主要結構形式

結構形式從傳統的形式到嶄新的形式應有盡有。
若要舉出具有代表性的結構形式，則有下列幾種。

框架結構

斜撐結構

各種結構的主要結構形式

鋼筋混凝土造（RC造）的主流
框架結構
承重牆結構
含耐震壁的框架結構

鋼骨造的主流
框架結構
斜撐結構

木造結構的主流
樑柱構架式工法
框組壁工法（2×4）

承重牆結構

樑柱構架式工法

⊕ 其他結構形式

殼體結構
木造結構
　木造框架結構
　傳統工法
砌體造結構
整體張拉結構
桁架結構
圓頂結構
張力結構
膜結構

建築結構裡也有開發、
設計的新形式被實際
建造的案例！

砌體造結構

整體張拉結構

桁架結構

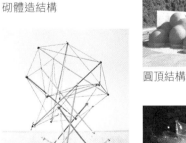

圓頂結構

膜結構

1
結構基礎

首要掌握的結構種類有哪些？

! 認識木造、鋼骨造和 RC 造的差別

鋼骨造

木造　　　　　RC 造

結構種類是用主要的使用材料來做分類，基本上有木造、鋼骨造、以及鋼筋混凝土造三種。首先必須了解這三種結構。

因結構的種類不同，特徵與計算方法也各有所異！

木造指主要結構是以木頭建造的建築物，大多使用在住宅建築。近年也開始被用在小學等大規模建築上。木造不適合用於大跨距建築物上，所以也有在樑的一部分使用鋼材的木造鋼骨併用結構。鋼骨因強度高，所以鋼骨造可用在大跨距結構或高層大樓建築上。東京鐵塔以及日本最高的東京天空樹也是鋼骨造結構。鋼筋混凝土造是常被使用於集合住宅的結構。因抗火災的能力高，也適用於火災容易延燒的地區。

另外，也有將上述結構種類加以組合的混合結構。在積雪量大的雪國，木造房屋一旦被埋在雪裡就容易腐爛，所以 1 樓部分為鋼筋混凝土造、2 樓和 3 樓為木造的建築物也屢見不鮮。

其他還有各種各樣的材料。日本建築基準法認可的結構材料還有紅磚和混凝土磚、不鏽鋼、鋁。此外受到特別認可的膜也可能做為結構材料來使用。

選擇結構種類的重點在於掌握個別特徵。在結構計算上，木造的計算方法、鋼骨造的計算方法、鋼筋混凝土的計算方法等，符合各種特徵的計算方法各不相同，只有強度的比例關係是無法比較斷面大小，這點必須特別注意。

此外，防火或耐久性的研究與實際運用的案例仍不足，所以尚未獲得日本建築基準法的認可，但被漸漸用於結構體的試驗材料還有紙、FRP、竹子等。隨著時代的演變，未來或許會有更多可以做為結構材料使用的材料。

鋼骨鋼筋混凝土造是混合結構？

鋼骨鋼筋混凝土造是在鋼筋混凝土的構材中配置鋼骨（型鋼），因此並不是混合結構。

專有名詞

• S 造　S 是「steel」的縮寫，指鋼骨造。
• RC 造　RC 是「Reinforced Concrete」的縮寫，指鋼筋混凝土造。
• SRC 造　SRC 是「Steel Reinforced Concrete」的縮寫，指鋼骨鋼筋混凝土造。
• PC 造　PC 是「Prestressed Concrete」的縮寫，指預力混凝土造。
• PC$_a$ 造　PC$_a$ 是「Prescast Concrete」的縮寫，指預鑄混凝土造。

先掌握住各式各樣結構材料的特性吧！結構不同時，連結構的計算方法也會不同喔！

⨁ 結構種類的比較

比較建築結構的主要種類木造、鋼骨造、鋼筋混凝土造，結果如下。

各結構的比較

①重量（以建築物做比較的情況）

 > >

②耐震性

 ≒ ≧

③經濟性

 > >

④形狀的自由度

 > >

原注：上述代表一般的傾向，依設計條件而有大幅變化。

其他結構

①每種結構的特徵

結構	特徵
鋼骨鋼筋混凝土造（SRC 造）	鋼骨造與 RC 造的合成結構
紅磚造、混凝土磚	紅磚或混凝土磚的建築結構（砌體造結構）
膜結構	有用鋼骨和木材做主要骨架貼上膜的結構，和利用空氣讓膜膨脹的空氣膜結構
特殊結構	紙、FRP、竹子等做為嶄新結構體的研究或試作材料
混合結構	雖然有主要的結構，但構材的一部分是利用其他結構組成

② SRC 造的示意圖

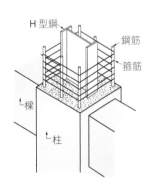

⨁ 結構種類別的行政手續差異

由於結構種類的不同其特性也不同，所以申請建設時的行政手續也不相同。

木造	RC 造	鋼骨造
• 2 層樓的木造建築物、總樓地板面積在 500m² 以下稱為 4 號建築，在申請建築確認時，可獲得簡化審查特例的認可	• 總樓地板面積 200m² 以上的建築物需要申請建築確認 • 高度超過 20m 的建築物必須做適合性判定	• 總樓地板面積 200m² 以上的建築物需要申請建築確認 • 地上超過 4 層樓以上的建築物必須做適合性判定

當建築物的結構不同時，不只是結構的特性會不同，就連結構計算方法與行政手續等也不盡相同，必須特別注意。

什麼是「框架」？

！ 框架是指柱與樑以剛性接合，
使之成為一體化的結構

剛接

剛接

框架結構的接合部分採用剛性接合。

　　對接觸到建築結構的人來說，「框架」是一定要記住的重要專有名詞。日文的框架一詞是從德語翻譯過來的外來語（rahmaen → ra-a-me-n）。

什麼是框架結構？

　　建築的框架結構簡單說來就是以柱和樑所構成的架構。柱和樑的接合必須採剛性接合。若是對剛性無概念的話，只要回想利用鉸接的框架在受到橫向力時，砰地倒在地上的樣子，或許就有點概念了！柱和樑採用剛接時的特徵在於，樑彎曲柱也會同時彎曲。

　　就算同樣是框架結構也有許多不同的種類，因此請見右頁的整理，可因應各種不同的建築計畫來分別使用。實際應用上，在這些框架結構的框架內，有加上耐震壁的含耐震壁框架結構，也有加上斜撐的含斜撐框架結構等都是常見的結構。

框架結構的特徵

　　因為是由柱和樑所構成的框架結構，在建築計畫上的特徵為隔間牆可自由設置、構材雖然體積變大但設置成整面玻璃牆也沒有問題，所以在建築計畫上的自由度高且具有開放性是其特徵。

　　以結構上的特徵來說，結構節點的設計與剛性接合部位的施工可說是特別重要。因為骨架具有優異韌性的結構性能，所以常被用在建築高樓大廈上。另一方面，鋼筋混凝土造必須特別注意各構材的剪力破壞，和因鋼筋握裹力不足產生的裂痕，還有鋼骨造必須特別注意接合部位強度和局部挫屈等。然而這幾年由於高強度剪力補強鋼筋的普及與逐漸確立的設計手法，這些問題也獲得改善了。

memo

日常生活中隨處可見框架結構。例如電線杆等被固定在地面的懸臂樑形式，也可說是一種框架結構。還有，當雙手水平舉起球時，可將身軀當做柱、手臂則為樑，肩膀部分是剛接接合部，也就形成了框架結構。

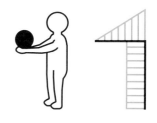

框架結構是建築領域裡的基本中的基本。當然結構的特徵就不用多說了，也必須掌握結構的各種種類！

① 框架結構的特徵與主要種類

框架結構的特徵

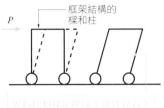

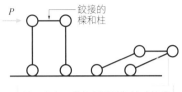

因為柱和樑連動並〔剛性接合〕所以不會傾倒。

另一方面，當柱和樑只設〔鉸接合〕時就容易傾倒。

由於框架結構是用剛性接合將樑與柱接合在一起，所以當水平力作用於樑上時，其應力會直接傳遞到柱上！

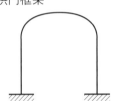

各種框架結構

①門型框架

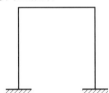

②山型框架

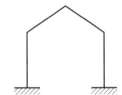

③拱門框架

④不對稱門型框架

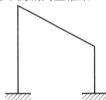

⑤三鉸山型框架

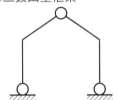

⑥含鋼棒山型框架

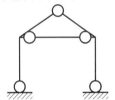

① 從照片看框架結構

門型框架結構（折板）

結合強度表現與經濟效益優異的折板結構組成的框架結構。

拱型框架結構

使用拱型鋼材的框架結構。

斜撐結構的優點與缺點

! 雖然施工簡單，
但必須確保安全性

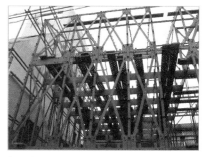
使用扁鋼（flat bar）的斜撐結構。

斜撐結構是以鉸接合連接柱、樑、斜撐的結構，所以垂直載重是由柱與樑承擔，水平力則由斜撐抵抗的結構形式。基本上用於鋼骨造結構。因為所有構材都是以鉸接相連，所以施工簡單。然而，一旦斜撐斷裂的話，架構變得不安定就會導致建築物倒塌，所以必須在確保斜撐保有相當的安全性之下進行設計。為了補足容易不安定的缺點，以剛接接合柱與樑的框架結構為基礎，在框架結構的框架中配置斜撐的框架結構也是相當常見的複合結構。

斜撐結構在設計上的注意點

斜撐材料有圓鋼、扁鋼，以及 L 型、U 型、H 型等型鋼，圓鋼與扁鋼的斜撐被稱為拉力斜撐，因只能有效對抗拉力，所以必須交叉設置。此外拉力斜撐有時會鬆脫，因此圓鋼斜撐需加裝伸縮螺絲以保持斜撐是拴緊的狀態。另一方面，型鋼的斜撐雖然可設計成抵抗拉力與壓力兩種都有效的斜撐，但也有只對抵抗拉力有效的斜撐。若是以能夠有效抵抗壓力的斜撐設計來說，必須對挫屈破壞多加留心。所以為了提高挫屈性能，有時會將斜撐兩端與框架做剛接。在斜撐結構中，經常會利用螺栓接合兩端，所以會有因為螺栓孔的破損，而無法確保斜撐軸斷面性能的情況，必須特別注意。

即使是鋼筋混凝土造也可能設計成斜撐結構，只是因為壓力側的性能與拉力側的性能會有顯著的差異，所以可預料在拉力方向上會因裂縫產生而造成剛性降低，這點會使設計變得困難，因此幾乎不採用。

memo

雖然說鋼骨具有降伏點[譯注]後延展的能力，但做為斜撐時，是以整體框架考慮，因此在降伏點時剛性會急速降低而產生脆性反應的危險。
此外也有使用低降伏點的鋼材，讓斜撐初期就產生降伏，利用其變形能力做為隔震結構的結構形式。

譯注：降伏點為材料不發生塑性變形所能承受的最大應力點。塑性變形之後就無法回復原形。

斜撐結構是相對較容易施工，且具有耐震性的結構。但也不可大意，還是有許多需要注意的地方！

① 斜撐結構的特徵

如右圖所示,斜撐是將柱、樑、斜撐等分散的構材,以金屬板和螺栓組合而成的結構。

特徵有以下兩點:
① 水平力由斜撐承擔
② 若斜撐配置的平衡不佳的話,力量就有可能集中於一處,應該避免

什麼是斜撐結構?

斜撐承擔水平力

① 沒有斜撐

水平力

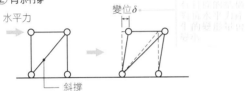

倒塌

② 有斜撐

水平力

變位 δ

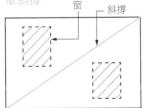

斜撐

要充分理解斜撐結構的長處與優缺點後再進行檢討吧!

---

① 斜撐結構的形狀種類

斜撐結構中有各式各樣的形狀。因形狀不同,對抗水平力或用途、施工的簡易度和經濟效益等也各不相同。有時會根據開口(窗戶、門)的位置來決定斜撐的形狀。

單斜撐

窗　斜撐

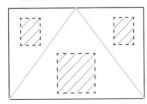

這是最簡單的斜撐。單一斜撐的挫屈長度變長。開口應避開斜撐設置。

交叉斜撐

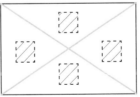

使用圓鋼、平板型鋼等,適合設置在有薄牆壁需求的地方。只能設置小型開口。

V型斜撐

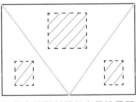

比起交叉型斜撐較容易設置開口,施工簡單且經濟效益高。

K型斜撐

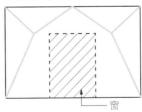

比起交叉斜撐,可以設置較大的開口部。

馬薩式樣斜撐

窗

此斜撐能與挫屈抗衡且耐震性高。與其他斜撐比起來費用較高。可設置門等大型開口部。

斜撐結構也有許多不同的種類呢。若是使用型鋼的話,接合處有可能會因此增加,所以不只是形狀,也要特別注意材料喔!

1

結構基礎

為什麼三角形的結構強度高？

! 如果是桁架結構，
　作用於構材上的應力就只有軸力

日本稚內市溫水游泳池（水夢館）
可見建築物的圓頂分割成許多三角形（右
為桁架形式）。這是將桁架發展成立體型的
例子。

將構材接合成三角形的結構就稱為桁架結構。接合部位稱為節點，在結構設計上採用可自由轉動的鉸接。桁架可設計成大跨距的結構，與鐵製橋的普及同時發展，具有各種各樣的三角形組合形式。

桁架結構強度高的理由

基本上構成桁架的構材不會產生彎矩與剪力，只會傳遞軸力（拉力、壓力）。一般來說鐵或木材等各種材料都有對抗彎曲弱、軸力強的傾向。因此，對只要承擔軸力的桁架結構來說，比起必須負擔彎矩的樑，可做到以少量的構材體積（構材的量）建造出高強度的結構。

實際上利用桁架結構的桁架樑，在建造體育館或工廠等時，經常是做為支撐大跨距屋頂的結構形式。桁架具有各式各樣的組合可能，根據三角形的構成方式，不只具有結構強度，而且在大跨距架構上用裝潢材料遮蓋美化也不是件容易的事，所以也兼具視覺上的設計性。

桁架樑的設計需要高超技術！

設計桁架樑時，需計算傳遞至桁架上的軸力大小、以及確認軸材料的承載力是否大於軸力。由於對抗壓力不能產生挫屈、對抗拉力不能產生斷面缺損，所以不容易設計。簡單的說，考慮到挫屈而將接合部以剛接合的設計相當常見。此外，軸材會受溫度應力而產生大伸縮量，所以充分考慮氣溫變化是必要的，還有接合部位置或現場搬運方法等施工上的檢討也很重要，這些都必須仰賴設計者的高超技術。

memo

如上圖樑，不配置斜撐，而是在節點以剛接接合的結構，稱為「范倫迪爾桁架」。像范倫迪爾桁架一樣，利用細分割框架結構，雖然能造出與桁架樑相同強度的樑，但是節點（接頭）全部採用剛接，嚴格上說來並不是桁架結構。

採用桁架結構的話只需承受軸力，強度會因此提高許多喔！

① 桁架的分類與種類

長方形、台型類型

①普拉特桁架
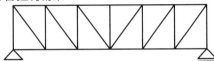

②豪威式桁架
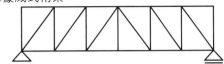

③ K 型桁架
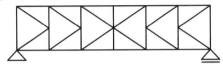

④華倫式桁架
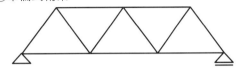

三角形類型

①中柱式桁架
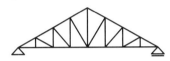

②雙柱式桁架
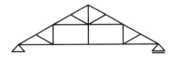

③費因克桁架
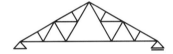

立體桁架

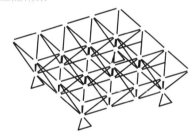

桁架主要可分為三大類。
Ⅰ. 長方形、台型類型
Ⅱ. 三角形類型
Ⅲ. 立體桁架
Ⅰ通常用在橋樑，但也可以應用在大跨距架構的建築上。
Ⅱ通常用在工廠等大架構的屋頂。也稱為「洋式小屋」。
Ⅲ是將桁架組合成立體的結構。比起平面的桁架，施工會變得困難。

① 桁架橋的發展

鋼骨造的初期同時發展造橋的技術。

不列顛大橋

世界第一座煉鐵製箱型桁架橋。煉鐵的產量已經足以建造一座橋，但當時是蒸氣火車，所以排放的廢煙相當驚人。

照片：《新建築的觀點》（齊藤公男、小社刊）

福斯大橋

兩個以上跨距的架構、中央設有鉸練的懸臂橋。

1 一 結構基礎

設計耐震壁的訣竅是什麼？

！ 由於剛性大，
在配置上須特別注意

上色部分的牆壁是耐震壁。

耐震壁是指具有可以對抗水平力（地震或風等的力量）能力的牆壁，受到柱、樑的框架固定住。耐震壁具有大剛性和高強度，是種很容易形成脆性破壞的構材。為了盡可能確保其承受變形的能力，柱、樑的斷面必須是能夠固定住耐震壁的最大面積斷面。

設計耐震壁與耐力牆時的重點

耐震壁的剛性大，因此一旦歪斜地配置，建築物會立刻偏心。設置耐震壁時必須保持平面的良好平衡。此外，立體面也最好設置在同一結構面內較好，若連續牆壁的下一樓層沒有設置耐力牆時，柱會受到很大的軸力，就有可能導致脆性破壞。

如果在耐震壁上設置大開口，牆會因此無法負擔剪力，所以對於開口的大小有其限制。還有，因為開口周圍的應力會變大，所以必須設置牆的開口補強筋。雖然這個開口補強筋非常重要，但是當開關類設置在開口處時也常會妨礙電力設備的設計，必須特別留意。

再者，直角的角落會因應力集中而產生裂縫，所以有時會設置龜裂誘發縫。當開口過大無法當成耐震壁時，也會在與柱或樑的交界處設置防震縫，避免過大的應力作用在柱與樑上。開口的尺寸很重要，在日本建築基準法中有規定開口尺寸必須記載於設計圖上的條款。

另外，與耐震壁作用不同的、在框架架構外的非重力牆也須注意。雖說是非重力牆，但會反應剛性來負擔地震力，所以有時非重力牆本身也會崩壞，或連接非重力牆的小樑或樓板也可能毀損，所以近年也開始會在非重力牆上設置防震縫。

耐力牆與耐震壁

木造的斜撐或貼有結構用合板的骨架——也就是所謂的耐力牆，與鋼筋混凝土造耐震壁相同，都是能抵抗水平力的構材。名稱由來已不可考，但根據推測結果，可能是因為地震力與風載重同樣做為水平力，對木造都有很大影響的關係，所以取名為「耐力牆」。另一方面，鋼筋混凝土造非常沉重，只有地震力的影響較大，風載重幾乎不會被當成問題，也就取名為「耐震壁」。

> 耐震壁具有大剛性與高強度，但另一方面則會因為設計不良而容易產生脆性破壞。所以必須慎重進行設計！

⊕ 耐震壁與耐力牆的特徵

耐震壁與耐力牆是具有對抗水平力（地震或風等的力量）能力的牆壁。為了防止建築物產生扭轉、倒塌，耐力牆不能只設置在建築物的單邊，必須均勻配置。一般來說，當建築物外圍附近有很多的耐力牆時，對抗扭轉的能力會較強。

> 對抗水平力的安全性確保很重要。將耐震壁、耐力牆的特性與種類好好記住吧！

木造耐力牆的種類

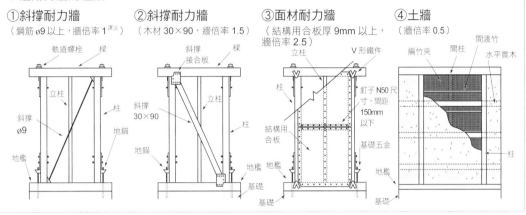

①斜撐耐力牆
（鋼筋 ø9 以上，牆倍率 1[譯注]）

軌道螺栓　梁
立柱
柱
斜撐 ø9
地錨
地檻

②斜撐耐力牆
（木材 30×90，牆倍率 1.5）

斜撐接合板　梁
立柱
斜撐 30×90
柱
地錨
地檻
基礎

③面材耐力牆
（結構用合板厚 9mm 以上，牆倍率 2.5）

立柱　V 形鐵件
柱
釘子 N50 尺寸，間距 150mm 以下
結構用合板
基礎五金
地檻
基礎

④土牆
（牆倍率 0.5）

編竹夾　間柱　間渡竹
水平貫木
柱
地檻
基礎

⊕ 耐震壁開口的尺寸與開口補強

以 RC 造來説，針對耐震壁開口的尺寸已有規範可遵行，像是開口周圍比例必須在 0.4 以下等。此外，開口的四周必須以鋼筋做補強。

受許可的耐震壁開口尺寸

開口周圍比例

$$\sqrt{\frac{h_0\,\ell_0}{h\ell}} \leqq 0.4$$

$$\frac{\ell_0}{\ell} \leqq 0.05$$

$$\frac{h_0}{h} \leqq 0.05$$

耐震壁上設置開口

利用鋼筋進行開口補強

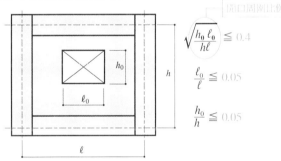

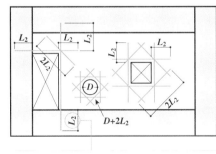

開口補強的例子

譯注：或稱剪力牆倍率，剪力牆水平 1m 時能負擔 130kgf 水平力時的倍率為 1。

1 結構基礎

承重牆結構牆壁的縱筋與橫筋。
承重牆結構的特徵為沒有柱子，
開口的大小也受到限制，從照片
也可感覺開口偏小。

key word 027 承重牆結構

設計承重牆結構的
訣竅是什麼？

！ 因為是很簡易的計算，
所以有各式各樣的規定

即使在鋼筋混凝土造之中，承重牆結構的歷史也較短，是於二次大戰後才普及的結構形式。當時為了解決戰後住宅不足的問題，便以和木造住宅同樣的壁量來計算，做為可簡易確認其安全性的結構，因為這樣承重牆結構的集合住宅才得以大量建造。

承重牆結構的優點與缺點

承重牆結構是確保壁量的結構。這種結構因為配置了許多耐震牆，所以抗震能力強，據說目前為止發生過的大地震也幾乎沒有受災的情況。和含耐震牆框架結構的不同之處在於對垂直載重的承受方法，含耐震牆框架結構是由框架架構；承重牆結構則是由牆壁承擔垂直載重。

承重牆結構的優點在於沒有柱子，房間角落可有效被利用。還有也沒有樑型和柱型的關係，模板的加工簡單，比框架結構更具經濟效益。反之，缺點是開口部的設置方法受到限制、必須將整面壁寬設置為樑所以在配筋上困難、以及牆壁薄不利埋設電線配線等。

設計上須遵守的規定

當設計承重牆結構的建築物時，由於使用的是簡易計算方法，所以必須遵守的設計規範很多。例如樑高必須在 450mm以上、樓高必須在 3.4m 以下、以及牆隅必須做成 T 字型或 L字型等多項規定。若不遵守這些規定的話，就要進行極限水平承載力計算或確保足夠的承載力等，因為是不按規定設計，所以設計上須考慮的事項也會不同。

雖然承重牆結構適用於低樓層建築物的結構形式，但也可能做為中高層建築物的結構。方法有加厚承重牆結構裡相當於桁方向的牆壁，做出有柱作用的壁式框架結構，或是將樑做成平面中層壁式扁樑結構等。

memo

與承重牆結構相同的結構形式還有壁式預鑄鋼筋混凝土造。這是在工廠先做配筋、製作牆壁拼裝板，直接以拼裝板的狀態運送到工地現場後再組裝。因此現場施工工期短，適合大量量產。近年，由於鋼筋工的素質低落，人數也逐漸減少，或許這種結構會是未來大增的結構形式。

若以獨棟建築來看的話，承重牆結構就好比 2×4 工法。一般是RC 造 5 層樓以下建築物採用。

① 承重牆混凝土結構的名稱

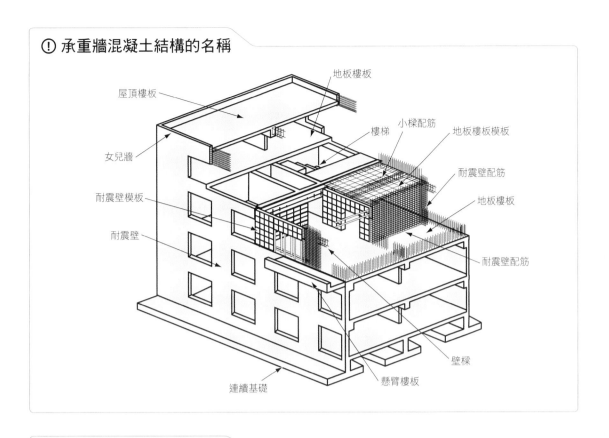

屋頂樓板

地板樓板

女兒牆

樓梯　小樑配筋　地板樓板模板

耐震壁模板

地板樓板

耐震壁配筋

耐震壁

地板樓板

耐震壁配筋

壁樑

連續基礎

懸臂樓板

① 類似於承重牆結構的結構

與承重牆類似的結構有很多種。具代表性的結構有以下六種。

承重牆結構的建築物都沒有柱子，所以可獲得寬廣的空間。

承重牆結構

X方向與Y方向都是由牆壁抵抗應力。

壁式框架結構

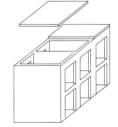

X方向有牆壁，Y方向則配置扁平柱與樑，此結構可以想像成是單方向的框架結構。

壁框架結構

X方向有牆壁，X方向與Y方向都配置了扁平柱和扁平樑，此結構可想像成是雙方向的框架結構。

厚地板牆壁結構
（薄框架結構）

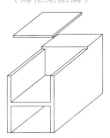

此結構可想像成由水平構材（地板、屋頂）與垂直構材（牆壁）共同組成的框架結構。

中層壁式扁樑結構

扁樑

X方向有牆壁，Y方向則有扁平柱且在水平方向配置了扁平樑（扁樑），是由扁樑來承擔水平力的結構。

厚地板牆壁結構（薄框架結構）建築物是結合承重牆結構與框架結構特性的結構。可設計成大面積和大開口的空間。（Prime建築都市研究所‧前橋的家新建工程）

什麼是殼體結構？

！一種薄的彎曲面板的結構，
　經設計就有可能做成大跨距架構

貝殼和蛋是日常生活中常見的殼體結構。

殼體結構是由薄的彎曲面板建構成的結構，也稱為曲面板結構或貝殼結構。此種結構形式大多都是用適合做成曲面狀的鋼筋混凝土造建造而成，只要能夠適當地消除應力，就有可能實現柱少薄板的大跨距架構。

殼體結構的設計重點

殼體結構（薄殼體）是由連續的曲面，對所承受的垂直載重，藉由拉力與壓力將力量傳遞至地盤。但是，因為薄所以局部施加集中載重的話，就會像打蛋時一樣，有容易崩壞的危險性，通常會在開口部進行補強。還有，為了抵抗這種載重，卻只有考慮到作用於曲面內的應力會非常危險，所以也會考慮板厚度方向的垂直應力，使用較厚的曲板（厚殼體）。

上述已說明鋼筋混凝土造的大致殼體結構。此外，鋼骨造也可能建構成殼體結構，也就是說將鋼板做成曲面狀的結構並非不可能，但一般來說會採用細線材組合成的桁架或拱形所構成的格狀殼體。有將材料做成立體多層格狀曲面，以及利用較厚曲面做成單層格狀曲面等。利用鋼骨的加工技術構成曲面，或像鋼筋混凝土殼體結構一樣也可能變化出各式各樣的曲面。格狀殼體結構是許多巨蛋球場採用的結構。

雖說鋼骨造的強度高，但對於跨距來說高度（圓弧頂點）愈高結構愈安全。只是，這種結構常被使用在大跨距建築上，有必要盡量將高度減小，所以必須邊注意建築物本身的挫屈邊進行設計。

殼體結構抵抗同樣的應力狀態的能力強，但在不同地方上作用的應力相差太大時就容易產生損壞。例如因積雪產生的分布不均載重或因溫度產生的載重、以及因施工順序造成的載重等，有必要針對會改變的應力進行檢討。

memo

戰爭時期，日本各地的戰鬥機停放庫就是利用殼體結構建造而成。當時沒有鋼筋，所以大多是利用竹子代替鋼筋建造的竹筋混凝土造，其中一部分也保存到現在。

殼體結構的挫屈

殼體結構的挫屈不是發生在直線上的構材上，而是構成曲面的構材會產生局部凹陷般的變形。

殼體結構適合做造型自由的曲面。雖然大多是鋼筋混凝土造，但鋼骨造也是可以！

ⓘ 殼體結構的種類與應力的傳遞

薄球形殼體結構	厚球形殼體結構
利用半球形狀的殼體。	將薄球形殼體的厚度加厚的殼體結構。抵抗球面與垂直方向的剪力。

剪力（厚球形殼體結構圖示）
剪力
剪力

圓筒殼體結構	EP（乳膠漆）殼體結構	HP（雙曲拋物面）殼體結構
圓筒形狀的魚板形殼體。	採用 EP 曲面的殼體。	採用 HP 曲面的殼體。

ⓘ 殼體結構的實例

除了愛德華‧托羅佳以外，菲力克斯‧坎德拉或坪井善勝等，
也留下很多結構設計的藝術作品。

東京聖瑪利亞主教座堂（設計：丹下健三、結構：坪井善勝），RC 造、HP 殼體結構。

Los Manantiales 餐廳（設計和結構：菲力克斯‧坎德拉），RC 造、HP 殼體結構。

名古屋巨蛋球場（設計：竹中工務店），S 造、半球殼體結構。

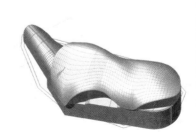
韓國某宅（設計：限研吾建築都市設計事務所，結構：江尻建築構造設計事務所）。

左上和右上照片：《新建築的觀點》（齊藤公男著，小社刊）

在電腦尚未普及之前，計算殼體結構是運用微分、積分，然而現在電腦的能力有大幅進步，分析結構時可運用有限元素分析[*]軟體來計算應力，也可用電腦來設計形狀自由的殼體結構。

譯注：一種用於求解微分方程組或積分方程組數值解的數值技術。

1 結構基礎

東京巨蛋是什麼結構？

空氣膜運用在生活中的例子。利用膜內外的氣壓差與膜的張力保持形狀。

！ 東京巨蛋的結構是
膜結構中的空氣膜結構

膜結構是使用拉力專用構材「膜材」的結構。在通稱膜結構裡有各式各樣結構形式，從競技場這類最具代表性的大空間建築，到像是帳篷這種臨時建築都是膜結構，雖然不屬於特殊結構，卻是廣為利用的結構。

膜結構的種類與特徵

膜本身或是用鋼索做懸掛的懸吊結構，都稱為懸吊式膜結構。這是利用作用於鋼索與膜材上的巨大張力建構而成。露營使用的三角形帳篷也是懸吊式膜結構的一種。其他還有用鋼索編成的繩網方式，以及只用膜做結構的薄膜方式。

東京巨蛋這種利用提高建築物內部的氣壓，使屋頂的膜材產生膨脹的結構則稱為空氣膜結構（單層膜結構）。另外，還有配置雙層膜材，將空氣注入膜與膜之間提高壓力的雙層膜結構。在空氣膜結構中，膜必須依靠空氣壓力，使整體產生拉力。一旦發生局部性的載重使部分的膜材失去拉力時，膜結構就無法成立，所以須事先設想各式各樣的載重狀況再進行設計。

在膜結構中也有骨架式膜結構這種相較簡單的結構。這是利用鋼骨等材料搭起骨架，然後在骨架上包覆上薄膜的結構。基本上是由骨架來承擔水平力與垂直力。

膜的材料與特徵

膜的材料中使用最多的是 PTFE。PTFE 具有透光性，可用來建造大型明亮的空間。近年也有將完全透明的 ETFE 材運到在膜結構中。

日常生活中的膜結構

日常生活中的膜結構，例如炎夏期間常見的小孩用游泳池。在做成圓筒狀的空管中注入空氣來對抗水產生的側壓力。除此之外還有溫室這種最簡單的骨架式膜結構例子，敞篷車的棚子也是相同概念。另外，百貨公司牆壁上用布做的廣告則是懸吊式膜結構的一種，這是利用上下的繩索產生張力，面對風力也可以保持一定的形狀。

膜結構建築物的特徵為量輕、可自由設計出明亮的空間。如果生活周遭有這種建築物的話，一定要去觀摩喔。

① 膜結構的主要形式

奧圖・弗萊是將膜結構正式確立為結構形式的人。膜結構是將做為拉力構材的膜材，結合其他壓縮構材所構成的一種手法。主要的形式有下列三種。

將膜狀的構材懸吊起來，或包覆在骨架上這種做法，在世界各地的帳篷、大幕等結構上都可看到，但在結構力學的世界中首次被使用卻是在 20 世紀以後。

①懸吊結構（懸吊式膜結構）

筑波萬國博覽會 '85 中央車站遮蓋物（1985）。由鋼索與膜組合而成的結構。利用在鋼索上施加張力來決定形狀。照片：《新建築的觀點》（齊藤公男著，小社刊）

②骨架式膜結構

Umbrella-house（2008，義大利米蘭，architect：KKAAlocateion）是利用傘的傘架（骨架）與膜組合而成的結構。

③空氣膜結構

東京巨蛋是採用空氣膜結構（單層膜結構）建造而成。照片：《新建築的觀點》（齊藤公男著，小社刊）

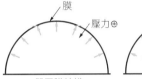
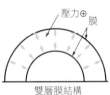

空氣膜結構是利用將空氣注入受到膜包覆的空間中，使內部壓力升高形成空氣膜，來對抗自身重量與外力。分為單層膜結構與雙層膜結構。雙層膜結構是將空氣灌入貼有雙層膜之間形成空氣膜，經此步驟可讓空氣膜變成剛性高的組件，整體可以對抗彎曲。

① 特殊的膜結構

膜結構具有可以隨心所欲地設計、透光性高，而且本身重量輕具有經濟效益、耐震性高等優點，新型的膜結構建築正陸續開發中。

上海 Gallery Project。這是將 ETFE（乙烯 - 四氟化乙烯聚酯物）黏成箱子形狀並將空氣灌入，最後將做好的積木狀構材組裝起來的裝置。屬於砌體造結構與空氣膜結構的複合結構。

什麼是
繩索結構？

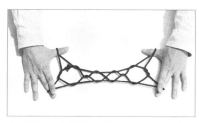

小孩玩的「翻花繩」就是一種小型的繩索結構。

！ 繩索結構是利用繩材構成的結構，
也可以運用在建築上

繩索結構是利用繩索或鋼纜等拉力專用的繩材所構成的結構。由於是適合用來建造大型空間的結構形式，因此許多橋樑都採用這種結構。還有因為用了纖細的材料支撐大型跨距，所以可根據繩索的搭建方法創造出極具代表性的空間。

繩索結構的計算重點

在繩索結構裡也有使用鋼棒組成，但在大多數情況下都是使用一種被稱為絞線的細線編織成的繩材。較粗的繩索則是將絞線再加以組合做成。因為常被用在恆久性的結構上，例如用於橋樑的繩索需要有較大的耐久性，所以表面會再進行包覆。建築上常用的繩索結構是張弦樑結構，上弦用鋼骨或木材等具有剛性的材料；上弦材與下弦的繩材則使用撐竿材（支柱）做連接，藉此讓上弦材變小。下弦因為是繩材，所以可呈現出清爽的空間。

繩索結構的計算有點特殊。一般的鋼骨造或鋼筋混凝土造的建築計算是採小位移理論，也就是指幾乎所有的變形都不能發生為前提。然而，繩索結構因為會產生大的變形，若以小位移理論計算就會變成危險的設計。所以在繩索結構中，計算（稱為「幾何學的非線性分析」）會考慮巨大的變形（大變形）。繩索結構的剛性比大跨距小，所以風的影響較大。美國的塔科馬海峽吊橋就是遭受橫風吹斷橋身因而出名的事件。繩索結構因為剛性小且位移大，所以必須針對分布不均的載重、或受風吹起、以及溫度變化產生的應力進行計算。同時，在施工時張力的導入順序也會對形狀造成很大的影響，所以施工階段的檢討也很重要。

memo

吊床是種能以身體來感覺的繩索結構。還有，已經是日本日常景色的一部分、兩根電線杆之間的電線其本身的重量作用（偶爾也會有小鳥停在上面），這也是繩索結構。

電線也是繩索結構的一種。

日本的繩索結構建築物就屬國立代代木競技場最具名氣。繩索結構一開始只被用在橋樑上，如今也被運用在建築物了！

ⓘ 繩索結構的原理

繩索結構與膜結構都是拉力結構的一種,是靠拉力才能成立的結構形式。活用在橋樑甚至是建築物上。

繩索結構與槓桿原理相同

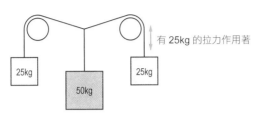

右：有 25kg 的拉力作用著

與槓桿原理一樣都必須取得平衡。

下垂的東西因為拉力而恢復水平

往下垂

右：下垂度(下垂的量)

沒有施力於線(繩索)上的狀態。

將線(繩索)往兩側拉的狀態。力量藉由繩子取得平衡。

繩索材料

①繩索(左:1×19、右:7×19)

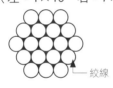
絞線

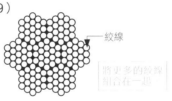
絞線

將更多的絞線組合在一起

②鋼棒

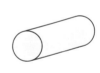

ⓘ 什麼是整體張拉結構?

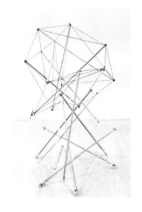

整體張拉是利用鋼索來支撐受壓構材的結構,也可說是繩索結構的一種。受壓構材彼此之間並沒有連接在一起,是靠與受拉構材取得平衡才能成立(依靠壓力與拉力兩方成立)的不可思議結構。
整體拉張(Tensegrity)是從張力(Tension)和統合(Integrity)兩個單字組合成的新語。

當必須將構材減少到極限狀態時,整體張拉結構或許是最適合的形狀之一。

1

結構基礎

磚頭堆疊成的結構是什麼？

❗ 自古以來就有的結構型式，稱為砌體造結構

常岡製絲廠。在木頭框架的內側可見紅磚牆。

卡薩爾格蘭德的陶瓷云。這是將配置成格子狀的磁磚堆砌起來的結構。由磁磚承受載重。

在日本建築基準法施行令 52 條中有規範砌體造結構材料的種類，有紅磚、石頭、混凝土空心磚及其他磚材。但關於其他磚材的具體說明並沒有明確的公開資料。又按日本施行令 52 條之 2 規定，磚材的接縫部位全部必須用砂漿填滿，所以可以想像應該是假定為某種程度上較堅硬的材料。

砌體造結構的材料

雖然在日本基準法中沒有明示，但一般來說砌體造結構會定義為可將某種大小的材料堆砌起來的結構形式。只要材料具有可被堆砌的強度，任何材料都可以用來當做砌體材料。世界上有用曬乾的泥磚、紅磚、石頭、木材、冰等材料堆砌起來的例子。木材的砌體造結構有丸太組工法和校倉造。此外，關於丸太組工法的規定可參考 2002 年日本國土交通省告示 411 號規定。有點令人感到奇怪的是，無鋼筋混凝土造也被視為與砌體造相同的結構形式，納入施行令 80 條規定裡。

砌體造結構在日本無法普及的理由

砌體造結構是從非常古老的時代開始就有的結構形式，金字塔是其中的代表。施工方法相較簡單，但使用的磚材重不利於施工。相反地，即使是外行人也能輕易模仿自行施工。此外，將磚頭稍微做出圓弧角度堆砌在一個平面上的話，就可以利用拱型的效果堆砌成地板面（加泰隆尼亞拱頂）。

可惜的是日本多數的磚造建築都在關東大地震時倒塌了，所以磚造建築是危險建築的觀念根深蒂固，以致無法成為普及的工法。與承重牆結構一樣，砌體造結構本來就是必須確保相當的壁量來抵抗水平力的結構，也就是只要有適當的壁量就可以設計出安全的建築物。

memo

日本的砌體文化有城牆，其中有使用自然石頭隨機堆砌成的石牆，也有整齊堆砌成的石牆，還有石牆是反翹的形狀。雖然有些地方已經倒塌，所幸大多數在經歷長久歲月和地震後仍留存了下來。

雖然砌體造結構被認為對水平力的承受力弱，但也有在構材中穿入鋼筋來強化的施工方法。不過，結構上難以取得大型開口部，所以也存在著高層化困難的問題。

① 砌體造結構的特徵

砌體造結構是將建材堆砌起來做成壁面,再由牆壁支撐屋頂與天花板等上部結構物的重量。在中東地區等,難以取得適合做建材的木材的地方,就會用泥土、曬乾的泥磚或石材等建造建築。即使是在以木造建築為主流的歐洲,從東方傳來的優秀石造技術,以防火為目的等使用砌體式建造的石造建築因而廣傳。

砌體造結構基本上屬於承重牆結構。只要有足以抵抗水平力的強度,就還有很多可能性的結構。

具代表性的砌體造結構建築物

由石灰岩堆砌建造成的埃及金字塔是砌體造結構的建築物。

加泰隆尼亞拱頂

加泰隆尼亞拱頂

加泰隆尼亞拱頂是將磚頭做成曲面狀,經過數層的重疊建造出屋頂或地板的工法。這種工法在西班牙加泰隆尼亞地區的建築物可以看到。
因為採用了加泰隆尼亞拱頂工法,不用設樑單靠磚塊就能建造出屋頂或地板。

① 各式各樣的砌體造結構

砌體造結構雖然是古代就有的結構形式,但不只有古老建築,還有將古老形式活用到現代的新型砌體造結構建物等各式建築物。

使用木材的砌體造結構建築物

①

②

木材的砌體造結構中,有將角材組合成井字形往上堆砌做成牆壁的正倉院寶庫的校倉(Azekura)造建築(照片①),還有現代的木屋(照片②)等。

使用木材堆砌成的新式建築

④

照片③是筆者參與設計的咖啡店「Crayon」(富山縣)。使用一般用在柱的角材所堆砌建造而成(設計:隈研吾建築都市設計事務所)。
照片④是施工中的照片。可看出只用角材堆砌起來的結構。

1 結構基礎

混凝土空心磚可蓋房子嗎?

! 只要插入鋼筋並且用混凝土補強就可能用來蓋房子

混凝土空心磚,將這種空心磚堆疊起來就能建造建築物。

混凝土空心磚造是砌體造結構的一種,是利用有開孔的長方體混凝土空心磚堆疊起來建造成建築物。空心磚價格低廉且因為比實心的混凝土輕,所以能以人力搬運。常被用來建設垃圾場或腳踏車停放處等簡易的建築物。但因為體積小容易搬運,也常被使用在高樓大廈的隔間牆上。其實使用最多的例子是用在獨棟住宅的圍牆。因為施工簡單,人力就可搬運,無論是多麼狹窄的地方都能進行施工。

混凝土空心磚造的特徵與設計方法

雖說混凝土空心磚造能蓋房子,但只有空心磚是很容易倒塌的,所以必須在空心磚的孔洞中配置鋼筋,並且用混凝土填充孔洞。然後,在每一層塗以混凝土來確保水平性,同時將空心磚互相緊緊接合。在地板位置設置鋼筋混凝土造的過樑^{譯注}來支撐地板,也可順便將垂直或水平載重藉此傳遞至空心磚上。

這種建築物的正確名稱是加強混凝土空心磚造。此外,還有比加強混凝土空心磚造的耐震性更高的框架混凝土空心磚造。

雖然本節沒有詳細說明其設計方法,但基本上與壁式鋼筋混凝土造相同,確保愈多的壁量,就愈能確保對垂直載重和地震的抵抗能力。

混凝土磚的種類有 A～C 種。A 種的重量輕且強度小,C 種則是重量重且強度大的混凝土磚。

混凝土空心磚牆的使用相當廣泛,可在很多地方看到。由於過去是在沒有特別嚴格的標準下就進行施工,所以有很多無鋼筋混凝土牆的案例,須加以注意。

memo

混凝土空心磚是砌體造結構(masonry)的一種。用做堆砌的材料除了空心磚之外,還有紅磚、石頭等。較特別的砌體則是以冰塊和泥土磚來建造的房屋。

磚頭的砌體造

冰的砌體造

泥土(曬乾的泥磚)的砌體造

只要用鋼筋和混凝土做補強,並且確保壁量,就有可能建造混凝土空心磚造的建築物!

譯注:於砌體造結構建築的結構牆頂設置鋼筋混凝土造樑,與其上方的樓板剛性連為一體。

⚠ 主要的混凝土空心磚造

混凝土空心磚造的主要特徵有下列兩項。
①在工地現場堆砌工廠製造好的混凝土
　空心磚。
②先插入鋼筋做補強後再疊砌。

日本建築基準法規定，
將混凝土空心磚當做
磚牆時，牆高必須為
2.2m 以下，並且每隔
一定距離設置扶壁。

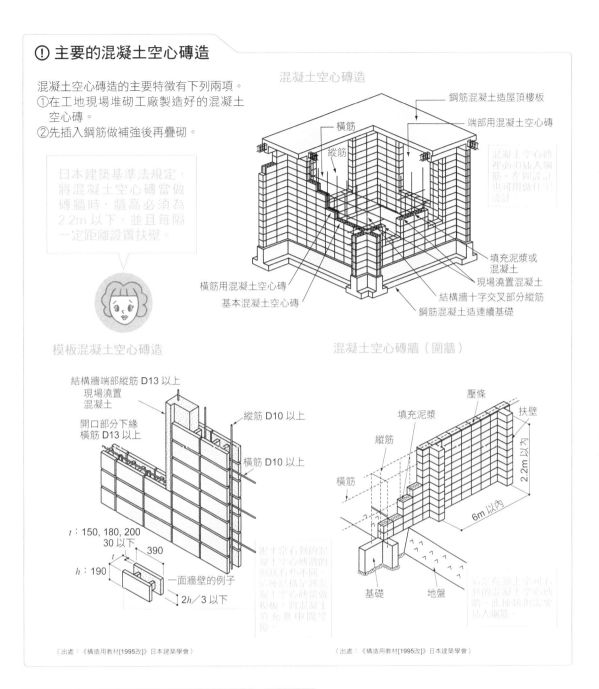

混凝土空心磚造

鋼筋混凝土造屋頂樓板
端部用混凝土空心磚
橫筋
縱筋
混凝土空心磚
裡必須插入鋼
筋。右圖設計
也可用做住宅
設計。
橫筋用混凝土空心磚
基本混凝土空心磚
填充泥漿或
混凝土
現場澆置混凝土
結構牆十字交叉部分縱筋
鋼筋混凝土造連續基礎

模板混凝土空心磚造

結構牆端部縱筋 D13 以上
現場澆置
混凝土
開口部分下緣
橫筋 D13 以上
縱筋 D10 以上
橫筋 D10 以上

t：150, 180, 200
30 以下
390
h：190
t
一面牆壁的例子
2h／3 以下

泥土常看到的混
凝土空心磚牆的
形狀有些不同。
這種結構是將混
凝土空心磚當做
模板，將混凝土
的充進中間空
隙。

混凝土空心磚牆（圍牆）

壓條
填充泥漿
扶壁
縱筋
橫筋
2.2m 以內
6m 以內
基礎
地盤

但是在這土堆可在
看到的混凝土空心磚
牆，此種結構並不需
要插入鋼筋。

（出處：《構造用教材[1995改]》日本建築學會）　　（出處：《構造用教材[1995改]》日本建築學會）

⚠ 混凝土空心磚造的直縫式與勾釘式砌法

直縫式

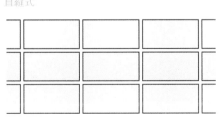

在混凝土空心磚的孔洞裡穿入鋼筋時，通常
是採用縱、橫的接縫都是直線的直縫式砌
法。

勾釘式

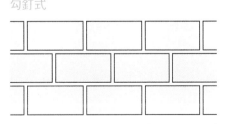

不插入鋼筋的混凝土空心造會採用勾釘式
（丁式砌法），無論是剛性還是強度都會增
加。

1
結構基礎

比較建築物的重量與 日常生活中的物品重量

重量（載重）的計算是確認結構安全性的第一步。因此，知道重量的大小，也可以説是建立結構概念的第一步。首先知道身邊物品的重量，只要做各種比較就能知道建築物所承受的載重有多少。

$$1[kgf] = 9.8[N]$$

質量 × 加速度＝力
也就是説，質量為 1[kg] 的東西的話，
$1[kg] \times 9.8[m/s^2] = 9.8[kg \cdot m/s^2] = 9.8[N]$

日常生活中的物品重量

[SI 單位制 譯注]

人的體重		60[kgf] →	588[N]
一台車子		1[tf]·1,000[kgf] →	9,800[N]
摩托車		100[kgf] →	980[N]
10 公升的水		10[kgf] →	98[N]

日常生活中的住宅重量

屋頂

100[kgf／m²]
→ 980[N／m²]

鋪瓦（有鋪土）
（根據日本建築基準法施行令 84 條（固定載重））

外牆

65.3[kgf／m²]
→ 640[N／m²]

鐵網灰泥塗裝（包含打底層；不包括骨架）
（根據日本建築基準法施行令 84 條（固定載重））

地板

34.7[kgf／m²]
→ 340[N／m²]

榻榻米
（根據日本建築基準法施行令 84 條（固定載重））

譯注：國際度量衡總會制定的國際單位。

2

結構力學

建築使用的 SI 單位是什麼？

! SI 單位是世界共通的基本單位

一直到不久之前，結構計算還是用工程單位制（mks 單位制）或 cgs 單位制。實際上過去對單位制的規定並不嚴格，計算架構應力時用的單位是 t 或 m，而計算構材斷面時則用 kg 或 cm。直到 1991 年 JIS Z 8203（國際單位制 [SI] 及其使用方法）做了統一規定，才慢慢地改用 SI 單位制。

隨著 1999 年單位統一過渡期結束，直至今日日本建築基準法也全部採用 SI 單位。甚至在確認申請業務上也有規定使用 SI 單位的義務。

在建築上需要的單位 —— SI 單位與尺貫法

在 SI 單位中，應力等力的單位所使用的是 mm、N。N（牛頓）定義是讓具有 1kg 質量的物體，產生 $1m/s^2$ 加速度的力量單位。與表示人的體重等日常中經常使用的 kgf 單位的比值是 1kgf = 9.80665N。只要記 1kgf ≒ 10N 就好。SI 單位制也會使用 kg，但 kg 是表示質量的單位。也就是 kgf 與 kg 是不同的單位，必須特別注意。kgf 是表示重力所作用的重量單位。

日本古代曾經使用尺貫法，這種計算方法雖然沒有使用在結構上，但有不少使用在設計住宅時或檢討傳統建築物時等尺寸標示上，所以有必要知道。此外，木造住宅的圖面雖然是用 mm 標示，但在窗戶或柱間距等會以尺貫法的單位做為模矩的習慣到現在依然不變。

還有像是在結構設計業務工作上雖然不會使用到，但在估算或檢討建築成本時，做為慣例也會使用「每坪單價」，所以表示面積的「帖（榻榻米）」與「坪」也是建築業界需要的單位。

SI 單位的問題點

即便是現代使用的 SI 單位制，也仍然存在許多問題。通常對體重會使用 kgf，但在結構計算時則會使用 N，所以似乎憑感覺也比以前更難掌握到底有多大的載重。此外，彎曲應力等是用 N/mm^2 這個非常小的單位，在經常需要計算幾十噸、幾百噸的結構計算世界中，也就等於必須將非現實性的有效數字當做計算的對象。

> SI 單位與日常使用的單位不同，須特別注意。首先最重要的就是先習慣 SI 單位！

① 建築使用的單位

建築使用的單位如下表所示。最初會感到困惑的，或許是「質量」與「重量」的差別。質量與重量的關係是〈重量＝質量 × 重力加速度〉，重量會因為重力加速度的不同而改變。重力加速度為 9.80665m／s²，算式如下：

$$1kg \times 9.80665m/s^2 = 1kgf（公斤重）= 9.80665N$$

因為會出現小數點，所以實際上會以 1kgf ≒ 9.8N 或 1kgf ≒ 10N 計算。

國際單位制（SI）[基本單位]

分類	單位記號	備註
長度	m	公尺　meter
質量	kg	公斤　kilogram
重量	kgf	重量公斤　kilogram-force
力	N	牛頓　newton
時間	s	秒　second

結構力學相關的單位

分類	單位記號（括弧內為 CGS 單位制）	關聯用語
靜力矩	cm^3, mm^3	重心
慣性矩	cm^4, mm^4	撓度、剛度
斷面模數	cm^3, mm^3	彎曲強度
彎曲應力	$N/mm^2（kg/cm^2, t/m^2）$	斷面模數
楊氏係數	$N/mm^2（kg/m^2, t/m^2）$	撓度、彎曲剛度等
剛度	cm^3, mm^3	剛度比、慣性矩

建築使用的單位是「SI單位」。為了對 SI 單位有熟悉的日常感覺，平時就得多留意一下吧。

① 須知的日本單位

日本的單位除了用在傳統建築上以外，也有不少用在住宅建築上的例子。
不只是建築現場，很多建材也是利用「尺貫法」的尺寸系統製作而成。
所以也來熟悉一下日本的單位吧。

建築界使用的日本單位（尺貫法等）

分類	單位	備註
長度	間（ken）	6 尺＝ 1.818 m
	尺（shaku）	1 尺＝ 0.303m
	寸（sun）	1 寸＝ 0.1 尺＝ 0.0303m
	分（bun）	1 分＝ 0.1 寸＝ 0.00303m
面積	坪（tsubo）	1 坪＝ $3.305m^2$
	疊・帖（jou）	1 帖＝ 0.5 坪＝ $1.6525m^2$
細長物體	束（soku）	用於計算成束的東西
	丁（chou）	用於計算木材類的細狀物
	本（hon）	用於計算柱或樑
其他	石（koku）	用於計算木材的體積
	組（kumi）	用於計算隔間門窗等

經常會到利用的是面積「坪」吧。約兩塊榻榻米大小，將其他日本單位也記起來，不要被混淆了喔。

建築物變形的原理是什麼？

! 建築物也跟彈簧一樣
! 會伸縮！

在結構計算上虎克定律（下列公式）是非常重要的概念。與高中物理課上學到的 $F = kx$ 彈簧公式是同樣的基本觀念。在建築結構中，雖然是以每微小單位面積的力（應力）與變位（應變）來思考，但只要做比較就可以知道是同一個公式。

$\sigma = E\varepsilon$（σ：應力度，E：彈性係數，ε：應變）…虎克定律

斷面是當做不會產生變化的物體來進行計算

在結構計算上必須記住一個既定規則，如右頁圖所示，材料無論是哪種材質一般只要被拉長時斷面就會縮小，相反受到擠壓時斷面則會變大。

但是，在建築領域因為材料都有某種程度的硬度，受到膨脹或縮小的影響不會太大，所以會使用「保持平面的假設」這個概念，將材料當做即使產生伸縮其斷面也不會變化的物體來進行計算。這個假設不只是用在承受軸方向的力時，包括剪力與彎矩等，在建築結構的世界裡所有的應力都適用此原則。

相同材料下長度愈長，變形量愈大

因為斷面保持不變，所以只要將每單位長度的應變量往長度方向相加，就可得到材料整體的伸長量或減短量。以數學記號的積分來表示。若做概念性敘述的話，可以想成受到相同力量的材料，其長度愈長則變形量愈大。

用來表示材料的伸縮性質的彈性係數 E 稱為楊氏係數，在建築界使用的材料當中，鋼鐵的彈性係數最大，有 $2.05 \times 10^5 \text{N}/\text{mm}^2$，混凝土大約是它的 10 分之一，木材則約為 20 分之一～30 分之一。

memo

彈簧的公式為：

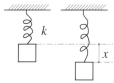

$F = kx$

F：力
k：彈性常數、彈簧常數
x：變形

建築結構使用的虎克定律與彈簧的公式相同。

虎克定律

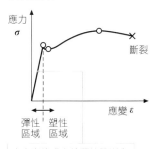

應力 σ

斷裂

應變 ε

彈性區域　塑性區域

虎克定律成立於彈性範圍內

想起彈簧公式了嗎？虎克定律是結構力學中的重要事項，好好記牢喔！

⚠ 什麼是虎克定律？

羅伯特·虎克（Robert Hooke）於 1678 年，從彈簧的伸長與載重力相關的實驗中發現「在彈性範圍內，應力與應變成正比」。將此關係用公式表示的話，

$$\frac{應力}{應變}=比例定數（彈性係數）\cdots 虎克定律$$

這個公式中的比例定數被稱為彈性係數，也是材料固有的數值。

第一個測量彈性係數的是湯瑪斯·楊（Thomas Young），所以彈性係數也稱為楊氏係數。楊氏係數的符號通常用 E 表示。套用在上述公式的話，

$$E=\frac{\sigma}{\varepsilon}\quad（E：楊氏係數、\sigma：應力、\varepsilon：應變）$$

主要結構材料的楊氏係數 E 如下。

木材	$E = 8 \sim 14 \times 10^3$ [N／mm²]
鋼鐵	$E = 2.05 \times 10^5$ [N／mm²]
混凝土	$E = 2.1 \times 10^4$ [N／mm²]

羅伯特·虎克
（1635～1703）

湯瑪斯·楊
（1773～1829）

虎克定律是應變與彈性係數相乘的值，但也可說是與應力成正比的關係！

⚠ 構材內部產生的應力與應變

在構材上施加載重（外力）時，構材內部就會有應力產生，並發生應變。應變如果是發生在同個構材上的話，其長度愈長變形量也會愈大。

在構材上施加載重
①拉力

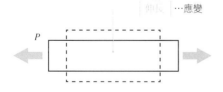

…應變

②壓力

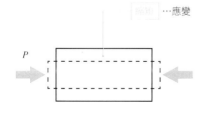

…應變

計算發生在構材上的應變量
①每單位面積上的應力 σ

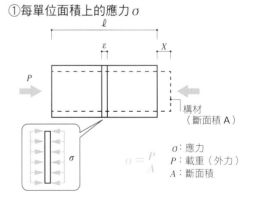

構材
（斷面積 A）

$\sigma=\dfrac{P}{A}$

σ：應力
P：載重（外力）
A：斷面積

②應變量 X 的算式

$$X=\int \varepsilon\, dx$$

X：應變（變形）量
ℓ：構材長度
ε：應變

用同樣的力量拔河時
繩子不會移動。

翹翹板上的離支點較遠的
一個人與離較近的兩個
人取得了力的平衡。

key word 035 力的平衡

計算力的平衡時
需要什麼？

！ 力量取得平衡時，
代表各種力量的合力等於零

為了讓建築物保持安定，作用於上的力與反力必須取得平衡。結構計算就是利用靜力平衡方程式，確認作用力與反力是否取得平衡。

理解靜力平衡方程式的原理

靜力平衡方程式是確認所有方向（垂直、水平、轉動方向）的作用力與反力相加後為零的計算式。

靜力平衡方程式的原理：
作用於所有方向上的力＋反力＝0

當力不平衡時，物體就會開始移動。但不能讓建築物移動，所以作用力與反力絕對要取得平衡。

當考慮作用於直線上的力時，必須確認作用力在垂直和水平方向合成、分解後求得的力，應相當於產生的反力，而此反力會產生於支點（相反方向的力產生的作用點）的各個方向上。

對**轉動方向的力（彎矩）**產生於各支點上的反力，是彎矩除以支點間的距離得出的數值。即使彎矩作用的位置改變，產生於兩支點上的支點反力的值也不會變。

結構計算的確認重點

實際上做結構計算時，最常需要做確認的是長期的垂直載重。只要計算固定載重與移動載重就能簡單求出建築物的總重量，所以必須確認支點上垂直方向的反力全部加總起來的力，是否與建築物的總重量相同。

什麼是力矩？

能使物體繞轉軸產生轉動的物理量。力矩的大小是作用力與力臂相乘的積。此外，一對平行且大小相等、相反方向的力一起作用時也會產生力矩。這種兩個力的稱為力偶。

為了蓋安定的建築物，必須確保力量的平衡！

$$\Sigma X = 0$$
$$\Sigma Y = 0$$
$$(\Sigma Z = 0)$$
$$\Sigma M = 0$$

所有的方向（X、Y、Z）的合力為0
（Z只以立體思考時）

對任一點力矩（M）的總和都是0

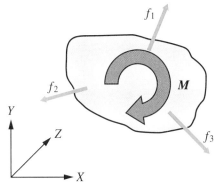

力必須用座標思考，雖然用算式書寫感覺很困難，但上面的算式只是單純地表示出不動的靜止物體，在所有方向上的力皆保持平衡狀態。

此外，M 表示轉動力矩，所以，若是立體就是有 X 軸上的轉動、Y 軸上的轉動、Z 軸上的轉動。

① 自古發現的力的平衡

力的平衡是結構力學的第一步。先人從紀元前就思考這個問題。

阿基米德（Archimedes）證明了「槓桿原理」

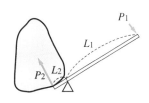

在由旋轉軸支點較遠的 L_1 點上小的力量 P_1，會在距離支點較近的 L_2 點上產生大的力量 P_2（槓桿原理）

只要利用槓桿原理，用小的力量就能移動重物。

達文西（Leonardo da Vinci）活用了「槓桿原理」

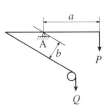

達文西思索出複雜的槓桿。

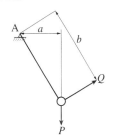

這就是所謂的向量問題！

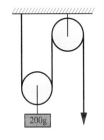

滑輪的問題。用小的力可將重物舉起。

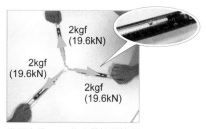

2kgf
(19.6kN)

2kgf
(19.6kN)

2kgf
(19.6kN)

當三人用 2kgf 的力量拉彈簧秤時，三個彈簧秤上的數值分別會產生怎樣的變化？

三人同時拉彈簧秤時會發生什麼事？

! 力的方向與大小是用向量
來做計算

　　當結構計算處理到力的計算時，不只是計算大小（量）也必須檢討作用方向。而且力的方向與大小是以向量概念來思考。建築物上有許多向量作用著，所以結構計算必須一邊將這些向量做結合、分解，一邊確認構材的安全性。

力的向量概念

　　向量會用箭頭表示。一般以箭頭的長度代表力的大小；箭頭的方向代表力作用的方向，但向量的長度並沒有 10kN 等於幾公分的規定，所以可任意決定。

　　力可合成是向量的重要性質之一。當複數的向量位於同一條線上時，力量的和（或是差）就是向量合成後的力（合力）。舉個例子來說明，小孩從推著樹的大人背後，也向同個方向施加力量，因為大人推樹的大力量，和小孩推大人的小力量是作用在同一條線上，這兩種力相加就是在樹上產生的向量（力）總量。反之，如果小孩和大人站在與對方相反的方向推樹時，樹上產生的向量就變成是小孩的力量與大人的力量的差。

　　複數的向量不在同一線上的情況下，若有兩個力存在時，將兩個向量分別做為一個邊，所畫出來的平行四邊形的對角線長度，就是合成後的向量和，其方向就是合成向量的方向（平行四邊形法）。

　　當合成兩個以上的力時，先畫出其中任意兩個向量為邊的平行四邊形，求出其向量的方向與向量和。接著將剛才的對角線向量與剩下的向量當做邊，畫出平行四邊形，並求其對角線。只要重複這個步驟，最後的對角線長度就是所有向量合成的向量和以及方向。

memo

撞球是較容易了解的向量例子。

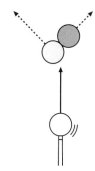

向直線方向打出去的白球碰撞到有角度的紅球與黑球後，其力量會分散（分解）出去。

平行四邊形的法則

兩個力合成的力是兩個力分別做為平行四邊形的邊時的對角線長度與方向。

力的方向與大小是利用向量計算出來的。首先必須理解向量概念！

① 向量是什麼？

向量就是具有方向與大小的量，以下圖箭頭表示。箭頭的方向是力作用的方向，箭頭的長度則是力作用的大小（箭頭的長度＝力的大小可任意決定）。

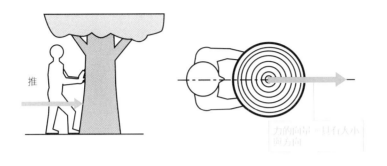

約書亞‧威拉德‧吉布斯
Josiah Willard Gibbs
（1839～1903）

美國的物理學家吉布斯對向量分析理論的研究貢獻良多。

① 各式各樣的力的合成

具有方向與大小的力可用向量表示。如下圖所示利用向量算出兩力的合力。

合成作用於同一方向的兩個力

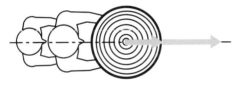

合成作用於同一點上的兩個力

小的向量

合成的力

大的向量

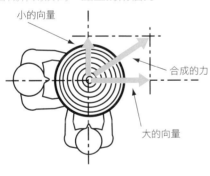

合成作用於同一點上的三個以上的力

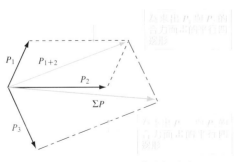

重複上面的步驟就可以合成複數的力。

平行方向的力的合成

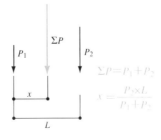

$\Sigma P = P_1 + P_2$

從合力也能反求出分力，可用相同方法「分解」力。

2
結構力學

哪個是
鉸接？

! 視什麼種類的支點而論

OR

OR

直排輪　　　　　　　圓規　　　　　　　電線桿

在某個物體上由某個方向施加力量時，如果該物體沒有移動的話，就是在與施力方向相反的方向上產生了相同的力量。這個力量稱為反力。例如在桌上放本書時，重力的作用會對桌子產生向下的力量。由於桌子承受重力支撐起書本，所以在書上就產生了與重力反方向的力（反力）。

求產生於支點上的反力

反力根據作用方向的不同，可分為垂直反力（V）、水平反力（H）、反作用力矩（M）三種。若以力是可自由分解這點來看，當然也能分成哪些方向，但實際設計建築物上分做三類來思考較為方便。

反力會產生於支點上。支點有滾軸支撐、鉸支撐、以及固定支撐等許多種類。因該支點的種類不同，所產生的反力也不同。從鉸支撐（鉸支點）來看，由於鉸支撐可自由地轉動，所以不會產生轉動（力矩）反力，但水平、垂直方向都受到限制的關係，在這兩個方向上會產生反力。滾軸支撐（滾動支點）則可向特定方向自由水平移動，但向垂直方向的移動會受到限制，所以只會產生垂直反力。

另外，固定支撐在垂直、水平、轉動的任一方向都無法移動，所以會在所有方向產生反力。

求反力時，只要是在物體不移動的情況下，就可利用力的平衡性質（各方向上力的合計為零）進行計算。

靜力平衡方程式： $\Sigma X = 0$（水平方向的力的總和為零）

$\Sigma Y = 0$（垂直方向的力的總和為零）

$\Sigma M = 0$（在支點上產生的反力矩總和為零）

memo

垂直反力以 V、水平反力以 H、反作用力矩則以 M 表示。基本上用什麼記號都沒關係，但上述這些記號經常使用，是取英文第一個字母，如下：

V：vertical reaction
H：horizontal reaction
M：moment of reaction

像這種用在結構中的慣用記號還有很多。例如：

L：length
P：power
T：tertion

等都是取英文第一個字母為代表。

因支點的種類不同所產生的反力也隨之不同，須特別注意。接下來，要將反力的算法也融會貫通喔！

① 什麼是支點的反力？

具代表性的支點有滾軸支撐、鉸支撐、固定支撐。滾軸支撐上只有垂直反力、鉸支撐上有垂直與水平反力，而固定支撐上則有垂直反力、水平反力和反力矩全部的反力作用著。

滾軸支撐

例如：直排輪

鉸支撐

例如：圓規

固定支撐

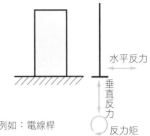

例如：電線桿

從建築物檢視的話

①鉸支撐的例子

鋼骨柱

鋼骨造的露出型柱腳設計是利用鉸支撐。

②固定支撐的例子

鋼骨柱

鋼骨的埋入型柱腳設計是利用固定支撐。

> 支點上會產生反力，因支點的種類不同，產生的反力也會不同，所以好好把個別支點的情況牢記喔！

① 反力的求法

簡支樑的情況

①對抗垂直方向力量的反力

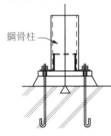

反力（V_A）　　　反力（V_B）

利用靜力平衡方程式
$$\begin{cases} V_A + V_B - P = 0 \\ \dfrac{L}{2}P - L \times V_B = 0 \end{cases}$$
由上述算式求得 $V_A \cdot V_B$

②彎矩作用在中央時的反力

彎矩（M）

反力（V_A）　　　反力（V_B）

利用靜力平衡方程式
$$\begin{cases} V_A + V_B = 0 \\ M - V_B \times L = 0 \end{cases}$$
由上述算式求得 $V_A \cdot V_B$

③對抗斜角方向力量的反力

反力（R_A）

反力（R_B）

反力（R_B）

反力（R_A）

如左圖，求支點 A·B 上產生的反力 $R_A \cdot R_B$ 時，可先將外力 P 分解為 $R_A \cdot R_B$ 方向再畫出平行四邊形。

框架的情況

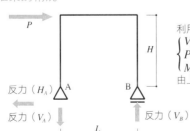

反力（H_A）

反力（V_A）　　反力（V_B）

利用靜力平衡方程式
$$\begin{cases} V_A + V_B = 0 \\ P + H_A = 0 \\ M_A = P \times H - V_B \times L = 0 \end{cases}$$
由上述算式求得 $V_A \cdot V_B \cdot H_A$

> 為了保持建築物的安定，必須使作用力與反力兩者取得平衡。結構計算上可利用靜力平衡方程式進行確認。

key word 038 力與應力

承受載重的樑上
作用著什麼力？

! 載重愈大作用於構材上的
力也愈大

在構材上施加載重（外力）時，與外力取得平衡的力就會在構材內部產生，此種力量稱為應力。因外力作用而產生的應力基本上可分為「軸力（N）」「彎矩（M）」「剪力（Q）」三種。實際上還有「扭轉應力（T）」，但本節暫且不提，留在 P98 詳加說明。

應力分為軸力、彎矩、剪力！

軸力是只作用在構材軸方向上的力量，有拉力與壓力兩種。拉力是當構材拉長時所產生的應力；壓力則是當擠壓構材時在內部產生的力量。在結構計算上，軸力被視為均等作用於構材斷面上的應力。

彎矩是構材折彎時產生的應力。此種應力不會均等產生在構材的斷面上，而會在彎曲的凹面側產生壓力、在彎曲的凸面側產生拉力。

比起軸力與彎矩，較難以理解的是剪力。剪力是當構材往軸方向與垂直方向錯開（切斷）時產生的力。日常生活中就有應用剪力原理的物品例如剪刀，利用兩片刀片將紙張往上下兩方向切斷的力量就是剪力。當產生剪力時，構材會變形為平行四邊形。這裡必須特別注意的是，軸力會單獨產生但剪力的大小與彎矩的大小卻有非常密切的關係（參閱 P94）。

也就是說彎矩與剪力不會個別單獨產生。舉樑的例子來說明，當載重作用在樑上時，在樑與支撐樑的柱上就會同時產生彎矩與軸力兩種應力。因此，確認構材的安全性時，須將軸力、彎矩和剪力綜合考慮到結構計算中。

代表應力的符號

在日本，一般分別以 M、Q、N 代表彎矩、剪力、軸力，但乍看之下或許會不解其意。彎矩（Bending Moment）可大致理解是由彎曲（Moment）而來，但剩下的兩個詞彙就讓人感到較難理解。剪力和軸力據說是取自德語。

- 剪力 Q：Querkraft（德）
- 軸力 N：Normalkraft（德）
- 扭轉應力 T：Torsion（英）

memo

彎矩的壓力和拉力交界處稱為「中立軸」（詳細參閱 P92）

如果不懂應力就無法進行結構計算，所以一定要充分理解這三種應力喔！

⊕ 什麼是應力（軸力、剪力、彎矩）？

軸力（N）

①承受拉力載重時

②承受壓力載重時

物體受到壓縮或拉扯時產生的力。

剪力（Q）

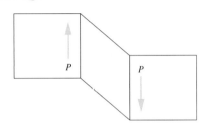

物體變形為平行四邊形時產生的力。

彎矩（M）

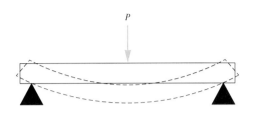

物體被彎折成曲線狀時產生的力。

扭轉應力（T）

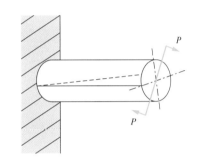

如擰抹布的動作，物體受到扭曲時產生的力。

⊕ 庫門的懸臂樑的應力軌跡

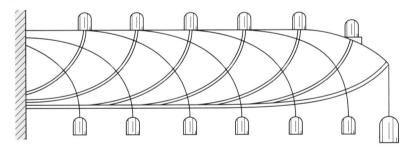

上圖是庫門所想出來的應力軌跡圖。雖然這張應力圖有點難懂，但可看到他嘗試將力的動向以繪圖方式進行視覺化所做的努力。

庫門
Karl Culmann
（1821～1881）

試圖以圖解法對所有種類的結構進行分析。以鐵路橋樑的解析最為有名。

這張圖畫出了懸臂樑的應力與撓度，但計算起來似乎很困難……

2 ─ 結構力學

什麼是彎矩？

! 構材產生彎曲是因為彎矩的關係？

在薄的板子上坐上重物的話，板子會變彎。

具有厚度的板子即使坐上重物也不會彎曲。

彎矩就是構材產生折彎時產生的應力。產生彎矩的構材會彎曲變形。很多人應該都有站在薄板上時，感受到板子變彎曲的經驗吧！彎矩具有在愈長的樑上會變愈大的性質。

掌握住彎矩的分布！

和軸力、剪力不同在於，彎矩這種應力在構材的斷面上並非均等分布，會在變形的凹面側產生壓力；變形的凸面側產生拉力。壓力與拉力的交界稱為「中立軸」。

在實際進行結構設計時首先針對的就是彎矩，構材必須設計成即使產生毀損，也只會是因彎矩而引起的毀損。另外，鋼骨造的接合部位或鋼筋的續接位置，最好設置在彎矩小的部分較安全。總地說來，在建築物各部位的彎曲（變形）也深受彎矩的影響，所以有效掌握彎矩的分布，才是結構設計裡最基本的要點。

彎矩圖的繪製方法

彎矩圖一般會將拉力作用的那一側繪製成凸狀。例如兩端為鉸接的簡支樑，由於中央部產生下方拉力，所以彎矩圖會呈現下側膨脹的曲線。又例如承受均布載重的框架架構的樑，在兩個端部會產生上方拉力；在中央則會產生下方拉力，繪製時就會形成兩端在上側、中央在下側的彎矩圖。

此外，由正面來看往右方轉動的力為「＋」，往左方轉動的力則標示為「－」。

掌握彎矩的分布很重要。也要學會繪製應力圖喔！

① 什麼是彎矩？

以懸臂樑做彎矩說明會比較容易了解。
雖然固定端的構材呈直線狀態，但愈往前端曲度會愈大。

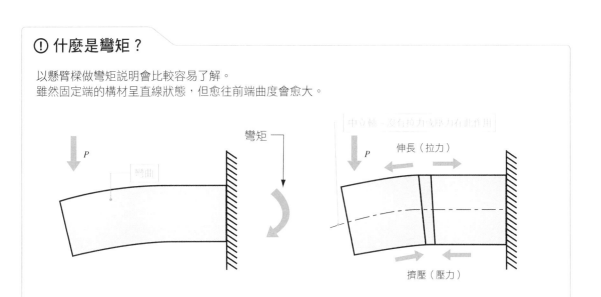

① 彎矩的應力圖

彎矩圖除了標示應力的大小之外，也要標示出由正面看來往右邊轉動的力「＋」（拉力）、以及往左邊轉動的力「－」（壓力）符號。彎矩圖是將彎矩產生變化的點（支點、節點、自由端、施加載重的點）以線段相連繪製成應力的分布圖。

不只是彎矩，所有的應力圖都常出現在建築師資格考題，一定要好好融會貫通！

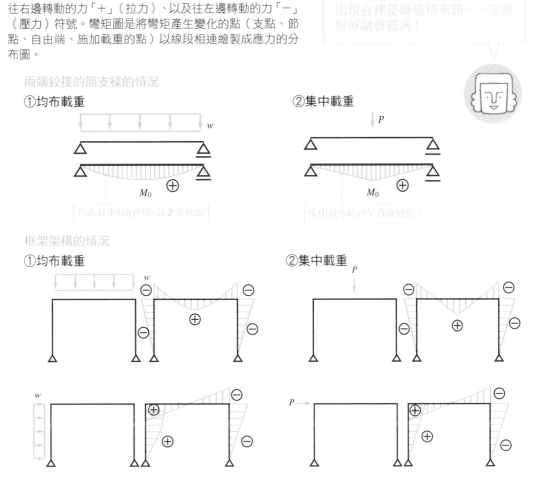

什麼是「剪力」?

無載重狀態。

施加與中載中的狀態。因為外力而產生了彎曲變形。

! 使構材產生相對位移的力
  就是剪力

相較於軸力和彎矩,剪力較難理解,所以讓人對它敬而遠之。然而,剪力卻是非理解不可的重要原理。舉個例子說明,即使柱或樑產生彎曲破壞,建築物也不會馬上倒塌,但是若構材產生剪力破壞的話,導致建築物倒塌或構材落下的可能性就很高,所以必須設計不會產生剪力破壞的結構。

剪力＝變形成平行四邊形時的力

剪力是構材往軸向與垂直方向錯位(切斷)時產生的力。常被用來說明剪力的例子是剪刀。剪刀是利用兩片刀片讓紙往上下方向產生錯位將紙切斷。而剪斷時在紙上產生的力就是剪力。

細微觀察下會發現產生剪斷力後,構材就會變形成平行四邊形。所以也可以解讀成構材變形成平行四邊形時的力就是剪力。

想必各位都有看過大地震後牆壁或柱上出現斜向裂痕或龜裂的照片,這是由於強迫四方形的物體斜向變形,所以在對角線上產生了巨大的力量,以致出現斜向裂痕。

樑的剪力圖繪製方法

繪製樑的剪力圖時,將施加於構材上的剪力分為上與下,一半畫在構材的上方、一半則繪製成凸出於構材的下方。例如,在簡支樑上施以集中載重時,必須將施加載重的點做為中心,上下均等地畫上剪力。以平行四邊形做為假設,當產生往右邊方向轉動的應力時標記成「＋」;往左邊轉動時則為「－」。一般來說樑的上方為「＋」,柱的左邊為「＋」。

memo

彎矩與剪力有著密不可分的關係。

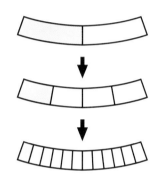

將幾個小平行四邊形集中,就會出現因彎矩而產生的變形。

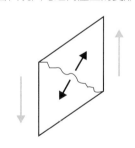

往斜向變形時會在中央對角線上產生大的力量。

設計建築物前必須充分理解剪力!好好把本節的內容搞清楚吧!

① 什麼是剪力？

剪力就是讓物體變形成平行四邊形的力。

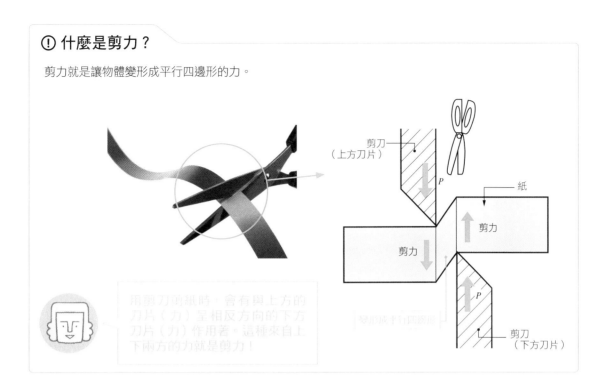

剪刀
（上方刀片）

P

紙

剪力

剪力

P

剪刀
（下方刀片）

用剪刀剪紙時，會有與上方的
刀片（力）呈相反方向的下方
刀片（力）作用著。這種來自上
下兩方的力就是剪力！

① 剪力的應力圖

應力是用「應力圖」表示。繪製剪力的應力圖時，為了理解在構材上產生了什麼應力，以及應力的大小，會在圖中加上符號（＋或－）。均布載重與集中載重的應力圖形狀並不相同，必須特別注意。

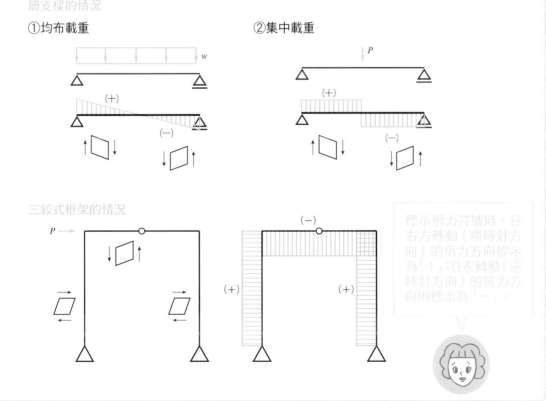

簡支樑的情況

①均布載重

②集中載重

三鉸式框架的情況

標示剪力符號時，往
右方轉動（順時針方
向）的剪力方向標示
為「＋」；往左轉動（逆
時針方向）的剪力方
向則標示為「－」。

什麼是軸力？

! 軸力有壓力與拉力
兩個種類

壓力作用在軸方向上的狀態。　拉力作用在軸方向上的狀態。

軸力是作用於構材軸方向上的力，有拉力與壓力兩種。拉力產生於拉長構材時；壓力則是擠壓構材時，分別在構材內部產生的力。軸力會均等地作用於構材的斷面上。實際上物體受到擠壓時正中央會膨脹、受到拉扯時正中央會縮小，但結構計算上會將中央部位的斷面當做不會產生變化的物體。

軸力的應力圖繪製方法

軸力的應力圖必須沿著構材畫出應力。雖然應力畫法的說明中也有「壓力畫在內側、拉力畫在外側」這樣的說法，但即使柱子的應力畫在構材的左或右，或樑的應力畫在上或下其中一方，只要不把壓力和拉力方向混在一起就不會有問題。

只是，針對壓力側畫「－」（負）記號；拉力側畫「＋」（正）記號這點是所有書籍都一樣的，所以必須畫上記號做區別。

綜合地考慮軸力、彎矩、剪力

軸力、彎矩、剪力不會各自單獨產生。例如在框架上施加載重時，樑與支撐著樑的柱上會同時產生彎矩與軸力。軸力容易被忽略，所以在確認結構的安全性時，必須在綜合地考量軸力、彎矩、剪力之下進行結構計算。

此外，特別需要注意的是壓力，當構材很長的情況下，就會產生「挫屈」現象（參閱 P100）。

桁架構材上有軸力？

桁架構材是以全部的軸方向的力來抵抗軸力，但就整體來看則是以彎矩來抵抗。

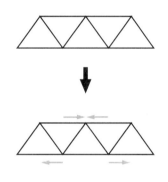

計算時把軸力想成是平均分布於構材斷面上，把斷面中央部當做不會產生變化就不會出錯！

① 什麼是軸力？

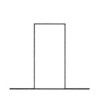
軸力為零的構材

一擠壓就會產生壓力

一拉長就會產生拉力

沒有施加軸力的狀態。

P

構材往下擠壓的壓力，使構材的中央部受到壓縮變形。

壓力

P

構材往兩端拉長的拉力，使構材的中央部受到拉長變形。

拉力

即使是同樣大小的拉力，作用在愈長的物體上伸展的量也愈大！

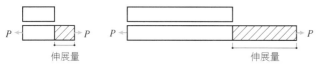
P ← → *P*　　　*P* ← → *P*
伸展量　　　　　　　　伸展量

當同樣大小的壓力作用在複數的構材上時，會出現與拉力相反的結果，愈長的物體受到壓縮的量也愈大，所以會變得愈短。

---

① 軸力的應力圖

應力圖是用來表示構材上的應力，記得將應力符號（＋或－）也標在圖上。軸力的壓力為「－」，拉力為「＋」。

承受垂直方向均布載重的情況

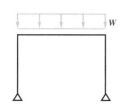
W

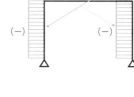
軸力的方向難以判斷，在應力圖中，記得在拉力側加上＋，壓力側加上－，以記號做為區別

（－）　　　　　　　　（－）

承受水平載重的情況

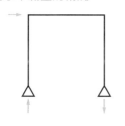

（－）
（＋）　　（－）

繪製軸力的應力圖時只要注意應力的方向與符號就不會出錯！

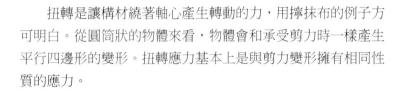

keyword **042** 扭轉應力

什麼是
扭轉應力？

!! 好比擰抹布時讓物體產生
變形的力就是扭轉應力

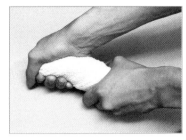

擰抹布這個動作，就是在抹布上施加扭
轉應力。

扭轉是讓構材繞著軸心產生轉動的力，用擰抹布的例子方可明白。從圓筒狀的物體來看，物體會和承受剪力時一樣產生平行四邊形的變形。扭轉應力基本上是與剪力變形擁有相同性質的應力。

扭轉應力的例子

例如架設於懸臂樓板上的樑，當樓板上產生反力時就會產生扭轉。同樣原理的例子還有馬路上的紅綠燈，由於容易因為風載重而扭轉，在颱風等風大的時候前端會往扭轉方向大幅地轉動。

計算扭轉應力的方法

將扭轉應力想成圓形棒狀物體呈現扭轉的狀態會比較容易理解。當物體被扭轉時，一般會理解成從圓軸中心到同一長度半徑的部分產生了均一變形。在軸方向上也會有變形情況發生，但因為量很小所以可忽略掉。

考慮圓周上的變形時，就像右頁圖所示畫出平行四邊形，利用扭轉公式計算其值。轉動方向的扭轉角為 φ，扭轉剪力 γ 的算法見右頁公式（1），扭轉公式也可用公式（2）來表示。θ 為沿長度方向每長度單位上的扭轉角。由這些算式可演算出剪力與扭矩的關係式（公式（3））。

這裡的 I_p 是慣性矩。在此省略慣性矩的詳細說明，不過計算公式很簡單，值為強軸方向與弱軸方向的慣性矩相加的和。

memo

較為特別的，RC 造樑是以縱向鋼筋與箍筋抵抗扭轉力。

RC 造樑的扭轉

$$T \leq \frac{4b_T^2 D_T f_s}{3}$$

T：設計用扭矩
b_T：樑寬度
D_T：樑高度
f_s：容許剪力

抵抗扭矩所需的閉合箍筋的每一根斷面積 a_1 可用下列公式算出。

$$a_1 = \frac{T_x}{2_w f_t A_0}$$

T：設計用扭矩
x：閉合箍筋的間隔
$_w f_t$：剪力補強用箍筋的容許拉應力度
A_0：受到閉合箍筋包圍的混凝土核心的斷面積

抵抗扭矩所需的縱向鋼筋全斷面積 a_s 可用下列公式算出。

$$a_s = \frac{T \varphi_0}{2_s f_t A_0}$$

T：設計用扭矩
φ_o：受到閉合箍筋包圍的混凝土核心的周長
$_s f_t$：縱向鋼筋的容許拉應力度
A_o：受到閉合箍筋包圍的混凝土核心的斷面積

① 扭轉變形（扭轉）的原理

何謂扭轉變形？

RC 樑上的扭轉應力例子

當 RC 樑端部架設懸臂樓板時，若於懸臂樓板上施加力量的話，樑上會產生扭轉應力。

鋼骨樑上的扭轉應力例子

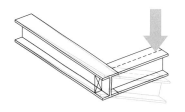

當鋼骨樑的頂端架設懸臂樑時，樑上會產生扭轉應力。因為構材會產生像這樣的變形，所以就有考慮扭轉應力的必要性。

① 扭轉的計算方法

扭轉應力基本上就是讓物體產生轉動的力（應力）。可從斷面內的轉動（扭矩）求出剪應力度。一般應力度是以正方形的單位面積做考慮，但扭轉應力則是以圓周上的每單位大小做考慮。

受到扭轉後的圓棒的微小面積 d_A 上作用的剪應力度 τ

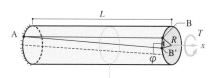

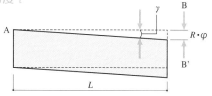

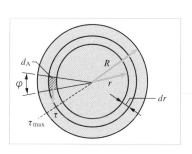

微小面積的定義

考慮扭轉應力時，必須注意微小面積的取法。

①彎曲應力度的情況

微小面積（單位面積）

②扭轉應力度的情況

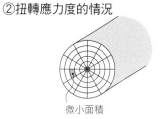

微小面積

$$\gamma = \frac{R \cdot \varphi}{L} = R \cdot \theta \quad \cdots\cdots(1) \qquad \frac{\varphi}{L} = \theta$$

$$\tau_{max} = G \cdot \gamma = G \cdot R \cdot \theta \quad \cdots\cdots(2) \qquad \tau = G \cdot r \cdot \theta$$

$$dM_t = \tau d_A \cdot r = G\theta r^2 d_A$$

剪應力集合在一起就成為扭轉應力。

$$T = G \cdot \theta \cdot I_p \quad \cdots\cdots(3)$$

$$\tau = \frac{T}{I_p} - r$$

$$I_p = \int_A r^2 d_A = I_x + I_y$$

為圓棒時的斷面矩：

$$I_p = \frac{\pi d^4}{32}$$

I_p：慣性矩
G：剪力剛性
T：扭轉應力

什麼是挫屈？

！ 從空罐上方
用力往下踩看看

將空罐踩扁時，罐子的側面（圓筒部分）會產生彎曲。此種現象稱為挫屈。

在豎立於垂直方向的棒子軸方向上施加壓力載重的話，會產生壓應力。當棒子的長度為柱寬的 4 倍以上時，不只會產生單純的壓應力，還會在棒子的中央部產生彎曲，柱子因為受到比構材的壓縮強度小的力而產生彎折。這種現象稱為挫屈。

挫屈載重與挫屈強度的計算方法

挫屈會發生在許多地方。例如，發生在板子時會產生像海草波浪般的形狀；在空罐時則會產生不規律皺褶，呈現壓扁的狀態。小時候應該都有將空罐踩扁後踢著玩的經驗吧？其實挫屈現象無所不在，只是沒意識到它的存在。

尤拉公式是計算挫屈的基本算式（見右頁）。挫屈最不可思議的是並非與構材的強度為正比，而是與構材的剛性（硬度）成正比。構材愈容易由軸心往橫向彎曲的話，就愈容易產生挫屈，所以與剛性有很大的關係。此外，構材端部的條件也與是否容易彎曲有很大的關係，也會對挫屈載重產生很大的影響。

雖然鋼骨構材的強度大，但鋼骨結構用的型鋼容易受到挫屈的影響。也就是說 H 型鋼樑容易像右下圖那樣往弱軸方向產生彎曲，所以必須設置側向支撐、或是設置蓋板借以抵抗挫屈。另外，針對柱方面有規定細長比，構材長度除以迴轉半徑的值（細長比）必須設計在 200 以下。

相較之下，鋼筋混凝土構材雖然沒有這些問題，但為了防範未然，日本建築基準法施行令 77 條中有規定柱的寬度必須是高度（支點間的距離）的 1／15 以上。此外，當混凝土產生裂痕時，樑或柱的剪力補強鋼筋還必須具有防止挫屈產生的主筋外露的作用。

memo

李昂哈德・尤拉
Leonhard Euler
（1707 ～ 1783）

數學家尤拉不僅對物體的變形感興趣，在物理學領域更是留下了卓越的功績。他深入研究撓度曲線並建立了在現代也依然是基礎的挫屈載重公式。

決定挫屈強度的條件

①柱的構材端部條件
②柱的材質（楊氏係數）
③柱的長度
④慣性矩小則容易以中立軸為中心產生挫屈

memo

H 型鋼有容易往弱軸方向彎曲的特徵（如下圖所示）。

弱軸

⊕ 因形狀不同所產生的挫屈差異

因挫屈產生的變形，會因為各種物體的形狀而有所差異。嘗試對日常身邊的物體施加力量，從中掌握物品是否會產生挫屈變形。

圓筒的挫屈　方形筒的挫屈　十字形的挫屈　鋼筋的挫屈

有箍筋　　　　　沒有箍筋

有箍筋的因挫屈會受到抑制（不會變形）

⊕ 挫屈載重與挫屈長度的計算公式

引發挫屈的極限載重稱為挫屈載重，是利用細長比等以下公式算出。所謂細長比是為了防止柱產生挫屈，設計其粗細及長度時的大致依據。再者，挫屈現象與構材端部的支撐條件有很大的關係。

細長比 λ 的求法

$$\lambda = \frac{\ell_k}{i}$$

λ：細長比
ℓ_k：挫屈長度
i：迴轉半徑

挫屈載重的求法

$$N_k = \frac{\pi^2 EI}{\ell_k^2}$$

N_k：挫屈載重
I：慣性矩
E：楊氏係數
π：圓周率
ℓ_k：挫屈長度

迴轉半徑 i 的求法

$$i = \sqrt{\frac{I}{A}}$$

i：迴轉半徑
I：慣性矩
A：斷面積

因構材端部的支撐條件而改變的挫屈長度 ℓ_k

支撐條件	固定／固定	鉸接／固定	鉸接／鉸接	固定 水平移動／固定	鉸接 水平移動／固定	自由 水平移動／固定
挫屈形狀						
挫屈長度 ℓ_k	0.5ℓ	0.7ℓ	ℓ	ℓ	2ℓ	2ℓ

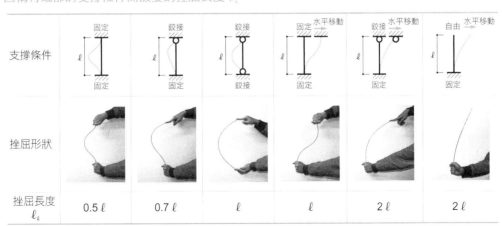

應力公式中最重要的是哪個？

! 簡支樑與兩端固定樑的公式
一定會用到

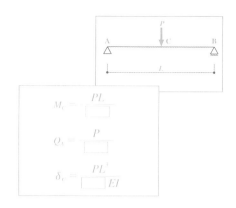

$$M_c = \frac{PL}{\boxed{}}$$

$$Q_A = \frac{P}{\boxed{}}$$

$$\delta_c = \frac{PL^3}{\boxed{}\ EI}$$

在決定樑的斷面上，必須了解當樑承受載重時，於樑上產生的應力（彎矩或剪應力）有多大。右頁會說明樑的應力（M、Q）與撓度（δ）計算公式。根據樑端部的固定方法不同，公式也各不相同，但只要先記住簡支樑與兩端固定樑的公式，就可以算出基本的樑的應力。此外，做為樑端部的支撐條件，除了固定、鉸接之外還有連續樑，但連續樑受到相鄰的樑的剛性影響，其應力變化複雜，通常會用電腦做計算。所以這裡省略不加以說明。

應力公式的使用方法

①簡支樑的公式

簡支樑是樑只用兩端支點做支撐的靜定結構，一端是可自由轉動的鉸支撐（鉸接），另一端則是可往水平方向移動的移動支撐（滾軸支撐），因此應力在中央部最大。在設計像木造樑這種很難將端部固定住、或 RC 造、S 造的小樑時，會利用簡支樑公式。

②兩端固定樑的公式

兩端固定樑是指樑的兩端部都是剛接的樑。只是，實際上很難將柱樑的接合部位做到完全固定狀態，所以會將固定端看做是具有大約介於鉸接與剛接中間的性質。計算銜接於剛性高的柱子等樑時，會用到兩端固定樑公式。

③樑上承受的載重

計算應力時會因載重種類不同而使用不同公式。所以當計算因樑的自重或施加於樑上的地板載重而產生的應力時，通常會將樑上所承受的載重視為均布載重。另外，當大樑上架有小樑時，從小樑傳遞來的載重則會視為集中載重。

memo

地板的載重雖然視做均布載重，但實際上會因為地板的長邊與短邊比例而改變。地板的載重分布以三角形分布和梯形分布為大宗，但實務上當長邊與短邊的比超過 2 時，還是會以均布載重來做應力計算。

①三角形分布載重（為正方形地板時）

②梯形分布載重（為長方形地板時）

③均布載重（地板短邊與長邊的比為 2 以上時）

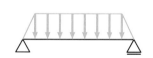

計算產生於樑上的應力有各種不同公式，最必要牢牢記住的就是簡支樑與兩端固定樑的公式！

① 載重的狀態

	示意圖	圖例	內容說明
①集中載重	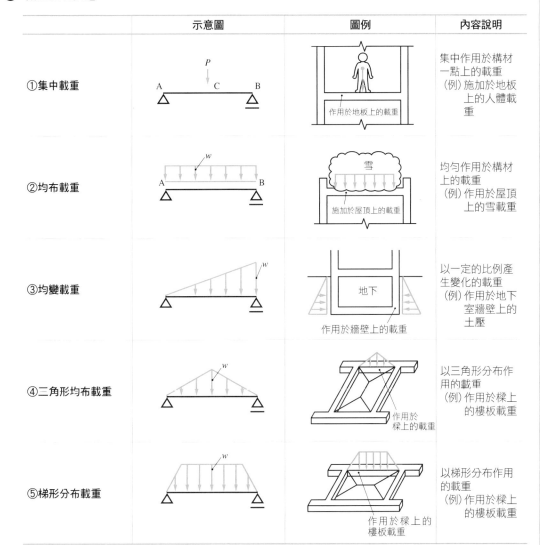		集中作用於構材一點上的載重 (例)施加於地板上的人體載重
②均布載重			均勻作用於構材上的載重 (例)作用於屋頂上的雪載重
③均變載重			以一定的比例產生變化的載重 (例)作用於地下室牆壁上的土壓
④三角形均布載重			以三角形分布作用的載重 (例)作用於樑上的樓板載重
⑤梯形分布載重			以梯形分布作用的載重 (例)作用於樑上的樓板載重

① 集中載重的公式（簡支樑）

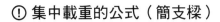

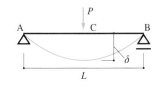

彎矩　$M_C = \dfrac{P \times L}{4}$

載重
A B 間的距離

代表「C 點上的彎矩」，並不是用 M 來以 C 的數學算式

剪力　$Q = \dfrac{P}{2}$

撓度　$\delta_C = \dfrac{PL}{48 E I}$

慣性矩：依構材的形狀來訂定的

楊氏係數：根據不同材料訂定的定數

作用於 C 點上的高度大小

什麼是
簡支樑？

! 只用兩端的支點支撐的樑。
如果在這種樑上施加載重的話⋯⋯

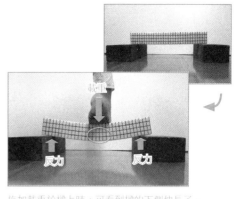

施加載重於樑上時，可看到樑的下側伸長了⋯

簡支樑是只由樑兩端的支點來支撐的靜定結構。進一步說明的話就是一端可自由轉動的支撐（鉸接），另一端則既可自由轉動也可水平移動的移動支撐（滾軸支撐）所構成的結構。但是在初級的結構力學階段，像照片中兩端都是鉸接的情況，也必須視為會產生相同的撓度與應力。

均布載重與集中載重的計算重點

如右頁的圖示，當簡支樑上有均布載重作用時，彎矩圖呈現中央變成反曲點（彎矩為零的點）的拋物線形狀，彎矩在中央部為最大值。剪力的分布會隨著由中央向端部傳遞的載重而等比增加，所以呈現以中央的點（剪力為零）為對稱中心的點對稱三角形分布圖。

當載重集中於中央時，彎矩會呈現三角形分布。剪力會隨著中央載重向兩端的支點遞減，其分布為由中央至支點為止的剪力大小，皆等於 $1／2P$。

撓度公式在均布載重下，與跨距的 4 次方成正比；在集中載重下則因載重的狀況不同，其係數會跟著改變，但會與跨距的 3 次方成正比。此外，無論是均布載重或集中載重，都會與楊氏係數與慣性矩成反比。

簡支樑的計算在實務上也相當重要的原因

簡支樑的計算在實務上也用得到。比方，建造木造住宅時，由於不易固定樑的兩端，兩端會呈鉸接狀態，所以必須利用簡支樑公式計算出樑的應力與撓度。還有，鋼骨造或 RC 造的小樑同樣都當做簡支樑來進行設計。此外，撓度和地板的搖晃程度或水平性有很大的關係，不可忽視。

memo

簡支樑的彎矩如下圖所示，可由懸臂樑的公式推算出來。

懸臂樑

簡支樑

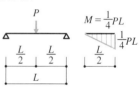

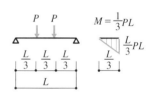

簡支樑的計算在實務上也是不可或缺的知識。一定要好好將計算方法融會貫通！

① 簡支樑的公式

載重狀態圖	彎矩圖	最大彎矩 M	最大剪力 Q	最大撓度 δ
①均布載重		$M=\dfrac{wL^2}{8}$	$Q=\dfrac{wL}{2}$	$\delta=\dfrac{5wL^4}{384EI}$
②1點集中載重		$M=\dfrac{PL}{4}$	$Q=\dfrac{P}{2}$	$\delta=\dfrac{PL^3}{48EI}$
③2點集中載重		$M=\dfrac{PL}{3}$	$Q=P$	$\delta=\dfrac{23PL^3}{648EI}$
④3點集中載重		$M=\dfrac{PL}{2}$	$Q=\dfrac{3}{2}P$	$\delta=\dfrac{19PL^3}{384EI}$

w：每單位長度上的載重、P：載重、E：楊氏係數、L：樑長度、I：慣性矩

① 挑戰看看簡支樑的計算

例題 如右圖，長 6m 的簡支樑承受了 2kN／m 的均布載重，求作用於樑上的最大彎矩、剪力、撓度（假設 $E = 2.05×10^5$（N／mm^2）、$I = 2.35×10^8$（mm^4））。

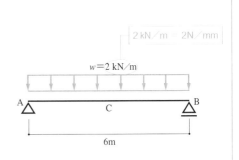

2 kN／m ＝ 2N／mm

$w=2$ kN／m

6m

解答

①求作用於 C 點上彎矩

$$M_C=\frac{wL^2}{8}=\frac{2\times 6^2}{8}=9 \text{ kN·m}$$

②求作用於樑 AB 上的最大剪力

$$Q=\frac{wL}{2}=\frac{2\times 6}{2}=6 \text{ kN}$$

③求 C 點上的撓度

$$\delta=\frac{5wL^4}{384EI}=\frac{5\times 2\times\left(6\times 10^3\right)^4}{384\times 2.05\times 10^5\times 2.35\times 10^8}=0.70 \text{ mm}$$

2 — 結構力學

兩端固定樑的公式為何？

！均布載重與集中載重的公式不同

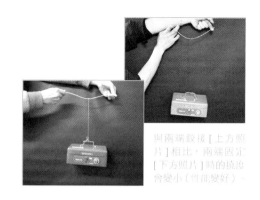

與兩端鉸接[上方照片]相比，兩端固定[下方照片]時的撓度會變小（性能變好）。

　　兩端固定樑是指樑的兩端部位以剛性非常高的構材來做剛接的樑。在結構力學中，兩端固定樑的公式與簡支樑的應力並列為基本的算式。

兩端固定樑的性能較簡支樑優異

　　兩端固定樑的兩端部不會產生彎曲，所以撓度會因此變小。和簡支樑做比較的話（參閱P104），在均布載重狀態下撓度變成1／5，最大彎矩也只有2／3左右，所以做為樑的性能來看相當好。此外，在集中載重狀態下，撓度是簡支樑的1／4、彎矩則變成1／2。

　　兩端固定樑在均布載重狀態下的彎矩圖畫法與簡支樑一樣，都是畫成拋物線形狀。但是簡支樑的樑端彎矩為零（與樑軸的端點一致），而固定樑在樑端也會產生彎矩，所以會出現像右頁圖這樣拋物線的終點在樑軸的上方。再者，彎矩的曲線是畫在沿著樑軸產生拉力的方向上，然後兩端固定樑的剪力與簡支樑一樣都是兩個樑端部位形成對稱，所以其剪力分布與簡支樑相同。

　　至於兩端固定樑在集中載重狀態下的彎矩圖則如右頁圖所示，與簡支樑同樣呈三角形分布，但和上述均布載重狀態下一樣會於樑端產生彎矩，所以在樑軸上方（拉力作用的方向）畫上彎矩線。剪力分布則與均布載重一樣，與簡支樑呈相同分布。

　　但實際上構材的接合部位很難做到完全固定的狀態，所以會將固定樑當做具有介於兩端鉸接與兩端剛接中間左右性質的樑。因此基於安全起見，兩端固定樑的公式使用的機會非常少。但若是樑與剛性高的柱做接合，則會非常近似於兩端固定，所以用兩端固定樑的公式進行設計也就不無可能。

什麼是半剛性接合？

介於鉸支撐與剛性支撐中間性質的構材端部稱為「半剛性支撐」。

繪圖時會像上圖一樣，在樑端畫上彈簧圖示做表示。當設計小樑時，大多會將兩個樑端設計為鉸接，但是實際上完全的鉸接並不存在，所以為了確保就算在樑端產生彎矩也能維持其安全性，保留些許空隙是必要的。

兩端固定樑的均布載重與集中載重的計算公式非常重要。一定要學會使用喔！

⚠ 兩端固定樑的公式

載重狀態圖	彎矩圖	彎矩 M （中央 M_C） （端部 M_E）	最大剪力 Q	最大撓度 δ
①均布載重 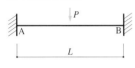	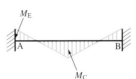	$M_C = \dfrac{wL^2}{24}$ $M_E = -\dfrac{wL^2}{12}$	$Q = \dfrac{wL}{2}$	$\delta = \dfrac{wL^4}{384EI}$
②1點集中載重 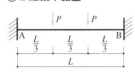	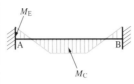	$M_C = \dfrac{PL}{8}$ $M_E = -\dfrac{PL}{8}$	$Q = \dfrac{P}{2}$	$\delta = \dfrac{PL^3}{192EI}$
③2點集中載重 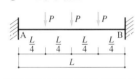	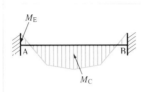	$M_C = \dfrac{PL}{9}$ $M_E = -\dfrac{2PL}{9}$	$Q = P$	$\delta = \dfrac{5PL^3}{648EI}$
④3點集中載重		$M_C = \dfrac{3PL}{16}$ $M_E = -\dfrac{5PL}{16}$	$Q = \dfrac{3}{2}P$	$\delta = \dfrac{PL^3}{96EI}$

w：每單位長度的載重、P：載重、E：楊氏係數、L：樑長、I：慣性矩

原注：M_C 的 C 是中央（Center）的縮寫，M_E 的 E 是端部（End）的縮寫。

⚠ 挑戰看看兩端固定樑的計算

例題 如右圖，在長 6m 的兩端固定的簡支樑上施加了 2kN／m 的均布載重，求作用於樑的最大彎矩、剪力、撓度（假設 $E = 2.05 \times 10^5$（N／mm²）、$I = 2.35 \times 10^8$（mm⁴））。

解答

①求 C 點上的彎矩

$$M_C = \frac{1}{24}wL^2 = \frac{1}{24} \times 2 \times 6^2 = 3 \text{ kN·m}$$

此外， $M_A = M_B = -\dfrac{1}{12}wL^2 = -\dfrac{1}{12} \, 2 \times 6^2 = -6 \text{ kN·m}$

②求作用在樑 AB 上的最大剪力

$$Q = \frac{wL}{2} = \frac{2 \times 6}{2} = 6 \text{ kN}$$

③求 C 點上的撓度

$$\delta = \frac{wL^4}{384EI} = \frac{2 \times \left(6 \times 10^3\right)^4}{384 \times 2.05 \times 10^5 \times 2.35 \times 10^8} = 0.14 \text{ mm}$$

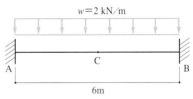

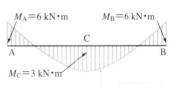

2 — 結構力學

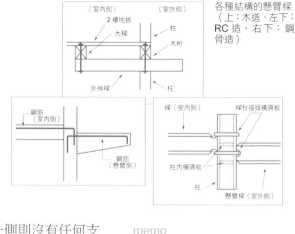

各種結構的懸臂樑
（上：木造、左下：
RC 造、右下：鋼
骨造）

keyword 047 懸臂樑

設計懸臂樑

！ 懸臂樑的設計著重於樑與
軀體的接合部位

　　懸臂樑是一側固定於柱或其他樑上，另一側則沒有任何支撐的樑。懸臂樑的自由端容易彎曲，一旦產生變形也會破壞建築物給人的印象。木造屋頂也有可能因為彎曲變形而漏雨，因此與簡支樑相較之下，比起應力更著重於撓度。以鋼骨懸臂樑的例子來看，撓度與跨距的比例必須設計為 1／250 以下。還有一項僅供參考的例子，為了防止 RC 造的懸臂樓板產生彎曲，通常樓板的厚度最好確保在跨距的 1／10 以上。

木造、鋼筋混凝土造、鋼骨造的懸臂樑

　　雖然同樣是懸臂樑，但因為結構種類不同，實際的形狀也有所差異。

　　在木造結構中，懸臂部分與軀體的接合部位非常重要。一般做法有：將樑由內部穿過木桁條下方凸出於外、在懸臂樑與木桁接合部位裝上金屬扣件，或是用角撐搭配螺栓做支撐等。

　　鋼筋混凝土造必須特別注意配筋方法。在懸臂樑上產生的拉力會透過鋼筋傳遞至樑或柱。若懸臂樑的高度與建築物內部的大樑有落差的話，在搭接懸臂樑的鋼筋於柱上時，必須在懸臂側與相反方向的柱主筋附近做錨定。相反的，若是在同一高度上且為直接延伸的話，懸臂樑上產生的應力會依照柱與大樑的剛性大小傳遞於上，所以必須依其剛性大小來決定個別的錨栓鋼筋數量。

　　鋼骨造懸臂樑的接合做法比木造或鋼筋混凝土造容易，所以可以有很大的懸臂。只不過鋼骨造容易產生震動，所以懸臂樑必須有更大的剛性，也盡可能減少彎曲的產生機率。當懸臂樑與大樑之間出現高低落差時，橫隔板的收整會變得困難，所以落差必須確保在 200mm 以上。

memo

懸臂樑是種只有單側支撐樑的不安定結構。雖然是結構構材的一種，但因為搭接於外部，所以也是營造建築物風格的重要構材。

機翼是懸臂樑？

如上圖所示，飛機的機翼是懸臂樑的結構。浮力將往上的力量施加於機翼上。

在設計懸臂樑時必須著重在與軀體的接合部位。接合做法因結構種類而不同，須特別注意！

① 懸臂樑的公式

載重狀態圖	彎矩圖	最大彎矩 M	最大剪力 Q	最大撓度 δ
①均布載重		$M=-\dfrac{wL^2}{2}$	$Q=-wL$	$\delta=\dfrac{wL^4}{8EI}$
②1點集中載重		$M=-PL$	$Q=-P$	$\delta=\dfrac{PL^3}{3EI}$
③2點集中載重		$M=-Pb$	$Q=-P$	$\delta=\dfrac{PL^3}{3EI}\left(1+\dfrac{3a}{2b}\right)$

w：每單位長度的載重、P：載重、E：楊氏係數、L：樑長、I：慣性矩

① 挑戰看看懸臂樑的計算

例題 如右圖，長 6m 的懸臂樑承受了 2kN／m 的均布載重，求作用於樑上的最大彎矩、剪力、撓度（假設 $E = 2.05 \times 10^5$（N／mm²）、$I = 2.35 \times 10^8$（mm⁴））。

解答

①求作用於 B 點上的彎矩

$$M_B = -\frac{wL^2}{2} = -\frac{2 \times 6^2}{2} = -36 \text{ kN·m}$$

②求作用於樑 AB 上的最大剪力

$$Q = -wL = -2 \times 6 = -12 \text{ kN}$$

③求 A 點上的撓度

$$\delta = \frac{wL^4}{8EI} = \frac{2 \times \left(6 \times 10^3\right)^4}{8 \times 2.05 \times 10^5 \times 2.35 \times 10^8} = 6.73 \text{ mm}$$

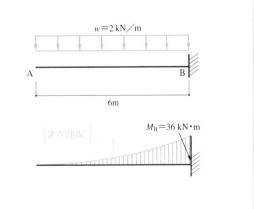

什麼是應力度？

!️ 作用於每單位面積上的應力大小主要有三種

單位面積
（1mm×1mm）

應力度是指於構材上施加力量（應力）時，於該構材上產生的每單位面積的應力。由於建築用的構材有各式各樣的大小與材料，所以為了確認定量上的安全性，會使用應力度（作用於每單位面積上的應力）來進行比較。

什麼是軸應力度、彎曲應力度、剪應力度？

這裡所說的應力度，基本上有軸應力度、彎曲應力度、剪應力度三種。每種力的作用方式各不相同。此外，受到力的作用時構材會產生變形，但並不是用變形後的斷面來計算應力度，而是用變形前的斷面來考慮應力度。

軸應力度是構材向軸方向擠壓或拉伸時產生的應力度，前者狀態下的每單位面積的應力稱為壓應力度，後者則稱為拉應力度。應力度的計算方法很簡單，應力除以斷面積就可求出數值。

彎曲應力度則較為複雜。由均質的材料做成的構材受到彎曲時，應力度的分布就如同右頁的彎曲應力度圖。雖然壓縮側與拉伸側力量產生的方向並不相同，但會呈現兩個相同大小的三角柱狀分布。此外，壓縮側與拉伸側的值變為零的部分稱做中立軸。彎曲應力度並非均勻分布，在構材的最外側部位的應力度會變大，所以此部位的應力度稱為容許彎曲應力度或是最外纖維應力度。計算方法是用彎矩除以斷面模數求出數值。

剪力不像軸力或彎矩是產生於軸方向上的應力，而是產生在切斷面上的力。通常剪力是隨著彎矩而產生，若單純只產生剪力時則稱為純剪應力度，是剪力除以斷面積得出的值。

應力的基本

應力度是指在構材上施加力量時的「每單位斷面積上的應力」，可用下列公式算出。

$$應力度\ (\sigma) = \frac{應力\ (N)}{斷面積\ (A)}$$

$$(N ／ mm^2)$$

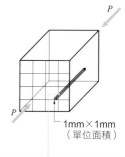

1mm×1mm
（單位面積）

應力度是指位於每單位面積上的應力

① 應力度的種類與求法

軸應力度（σ：Sigma）的算式

①拉應力度（σ_t）

拉應力度 σ_t 的 t 是 tention（拉緊）的縮寫。

$$\sigma_t = \frac{拉應力（N）}{斷面積（A）}\quad（\text{N／mm}^2）$$

②壓應力度（σ_c）

壓應力度 σ_c 的 c 是 compression（壓縮）的縮寫。

$$\sigma_c = \frac{壓應力（N）}{斷面積（A）}\quad（\text{N／mm}^2）$$

膨脹 縮小

壓應力的示意圖

彎曲應力度（σ_b：Sigma）的算式

容許彎曲應力度（σ_b）的 b 是 bending 的縮寫。

$$\sigma_b = \frac{彎矩（M）}{斷面係數（Z）}\quad（\text{N／mm}^2）$$

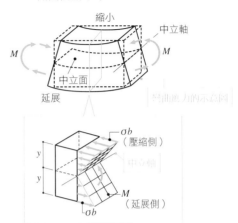

縮小 中立軸 中立面 延展

彎曲應力的示意圖

σb（壓縮側） 中立軸 σb（延展側）

剪應力度（τ：tau）的算式

最大剪應力度（τ）可用下列算式求得。

$$\tau = \frac{剪力（Q）}{橫材的斷面積（A）}\quad（\text{N／mm}^2）$$

剪力作用下，構材如右圖所示變形為平行四邊形。

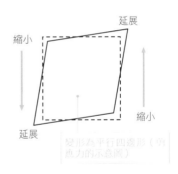

延展 縮小 縮小 延展

變形為平行四邊形（剪應力的示意圖）

樑材的剪應力度

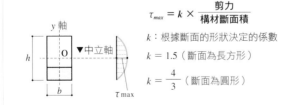

y 軸

▼中立軸

h o

b

τ_{max}

$$\tau_{max} = k \times \frac{剪力}{構材斷面積}$$

k：根據斷面的形狀決定的係數

$k = 1.5$（斷面為長方形）

$k = \dfrac{4}{3}$（斷面為圓形）

樑的剪應力度必須將受到彎矩影響這點也納入計算。也就是係數 k。

彎矩會與剪力同時作用在樑上。因此樑斷面的剪應力度（伴隨彎矩產生的剪應力度）不會呈現和純剪應力度相同的分布，會像上圖這樣呈現拋物線狀分布。求最大剪應力度（τ_{max}）時，若為一般斷面可由上述算式求得。

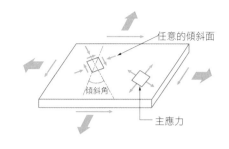

任意的傾斜面

傾斜角

主應力

什麼是
莫爾應力圓？

以剪力為 X 軸、軸力為 Y 軸畫成的圓形圖
稱為莫爾應力圓

莫爾應力圓（Mohr's stress circle）是將任意點的任意方向上的應力狀態用圖來表示的手法。在確認地下（地盤）的應力狀態時常使用到，但除了地盤之外，思考結構體所有的應力狀態也可能利用莫爾應力圓。平面板的應力可用有限元素分析等計算，但平面板內部的應力狀態就必須遵循莫爾應力圓的原理。

莫爾應力圓的原理

很多人都覺得莫爾應力圓難以理解。其實理解的第一步是體會「應力會因為看的地點、看的方向而改變」。假設在河中放進一塊板子的例子來進一步說明。若與水流成垂直方向放入的話會產生大的阻力，相反的，朝水流平行的方向放入板子則抵抗力就會消失。即使是同一條河，因為板子的角度不同，對水流產生的抵抗力量也會改變。應力也是一樣。

承受載重的物體內部的應力，若是處於物體靜止不動的平衡狀態下的話，內部的應力在任意點的任意斜角（任意傾斜斷面）上必定是互相平衡。莫爾應力圓就是利用這個性質。繪圖時，會將 X 軸做為剪應力，Y 軸做為軸應力（拉力方向）。

讓傾斜斷面的角度持續變化的話，就會成為中心座標為（($\sigma_X + \sigma_Y$)／2,0），半徑為 r（右頁公式（1））的圓。

斜角持續轉動下去的話，就會產生剪力為零的斜角角度。這個斜角上的應力度稱為主應力度。此外，圓最頂端的剪應力度會為最大值，此時的斜角與主應力斷面會成 45 度角。以右頁的公式（2）來表示此圓。

在特殊的平面應力狀態下有純剪力。在純剪力狀態的莫爾應力圓會變成以 $\tau = 0$、$\sigma = 0$ 為原點的圓。

memo

在利用有限元素分析輸出平板的應力狀態來進行斷面計算之前，必須確認有限元素分析軟體的應力狀態是輸出多少斜角的應力。一般來說以要素的直角座標輸出的情形較多。從莫爾圓可知也必須檢查變成最大值的主應力方向。

即使是在相同的板子或地盤中，應力狀態會因為考慮的斷面不同而改變。

① 莫爾應力圓的表示方法

基本的應力狀態

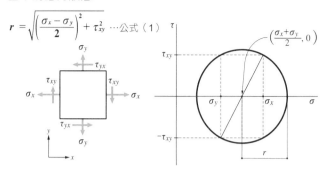

$$r = \sqrt{\left(\frac{\sigma_x - \sigma_y}{2}\right)^2 + \tau_{xy}^2} \quad \cdots 公式（1）$$

連續改變傾斜斷面的角度時，會產生中心座標為（（σ_x＋σ_y）／2,0），半徑為 r 的圓。

在主應力斷面上的應力狀態

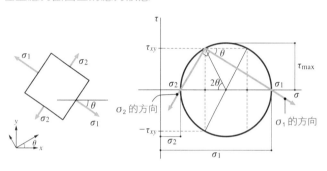

主應力狀態是指剪力 τ 為 0，軸方向應力 σ 為最大（或最小）的角度時的應力狀態。σ 的最大值（最小值）在莫爾應力圓中的座標圖上位於 τ 軸的 0 的位置。此外，此時的角度會如左圖所示。

任意的傾斜斷面的應力狀態

$$\left(\sigma_v - \frac{\sigma_x + \sigma_y}{2}\right)^2 + \tau_{uv}^2 = \left(\frac{\sigma_x - \sigma_y}{2}\right)^2 + \tau_{xy}^2 \quad \cdots 公式（2）$$

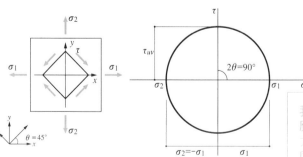

任意角度的應力狀態都可以簡單地算出來。計算公式如左邊公式相當複雜，但如果從座標圖來看就可以簡單地求出數值。

純剪力的應力狀態

這種是特殊的情況，有時只會產生剪力。此應力狀態為 $\sigma_1 = \sigma_2$，與 σ_1 以及 σ_2 成 45 度傾斜。以莫爾應力圓表示的話會如左圖所示。

我們可由此座標圖上看出來，主應力的一個方向為拉力方向的應力，其直角方向則為與拉應力相同大小的壓應力。此外，若為純剪力狀態的話，主應力方向的 45 度會呈傾斜狀態的斷面。

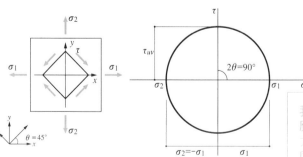

2 ─ 結構力學

什麼是馬克士威．貝提互換定理？

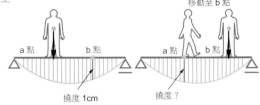

移動至 b 點

a 點　　b 點　　　　　　　　　a 點　b 點

撓度 1cm　　　　　　　　　撓度？

❗ 載重作用時的撓度利用
簡單公式就能求出數值

什麼是馬克士威．貝提互換定理？

在結構力學中，會用各種定理來做計算。馬克士威．貝提互換作用的定理（互換定理）是數個著名的定理中的其中一個。

馬克士威．貝提互換定理（Maxwell-Betti's theorem）正確來說，應該是「馬克士威互換定理、貝提互換定理」。馬克士威的互換定理證明了載重與位移的關係；而貝提的互換定理則證明了載重群組與位移的關係。

馬克士威．貝提互換定理的使用方法

馬克士威．貝提互換定理並不會非常困難。一般都用簡支樑為例子來說明，因此本書也用簡支樑做說明。

如右頁的左上圖，於簡支樑上的 a 點上有載重 P_a 作用時，假設 b 點的位移為 δ_b。接著在 b 點上有載重 P_b 作用時，假設 a 點的位移為 δ_a，則 $P_a \cdot \delta_b = P_b \cdot \delta_a$ 就會成立。此時若 $P_a = P_b = P$，則可得出 $\delta_a = \delta_b$。這種現象就稱為馬克士威．貝提互換定理。此定理只要是在具有彈性的結構體上必定會成立。懸臂樑也可說是相同定理。

那麼，具體上該如何使用這個定理呢？很多書都會寫此定理是用在繪製載重 P 移動時的撓度的影響線，然而建築上不太會考慮影響線。因此實務上來說，只要對載重與位移的關係有大致的概念就可以了。右頁列出幾題能夠幫助了解其概念的例題，請參考。

memo

其他定理還有卡氏定理（Castigliano's theorem）。內容為：有載重作用的構材內部蓄積的應變能 V，用載重 P_i 微分的結果，會等於力的作用方向位移 δ。

$$\delta_i = \frac{\delta V}{\delta P_i}$$

$$V = \frac{1}{2}\int \frac{M^2}{EI}\,dx$$

E：楊氏係數
I：慣性矩
M：彎矩

計算撓度時可利用此定理。

馬克士威．貝提互換定理可以用在計算撓度等時。

① 馬克士威‧貝提互換定理

載重為一個的情況

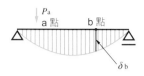 

$P_a \cdot \delta_b = P_b \cdot \delta_a$
若 $P_a = P_b = P$，
則作用於 a 點上的力 P 移動至 b 點時，下列關係式會成立。

$\delta_{ba} = \delta_{ab}$

δ_{ba}：P 作用於 a 點時，b 點上的撓度
δ_{ab}：P 作用於 b 點時，a 點上的撓度

（例1）

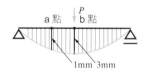

（例2）

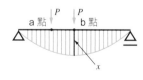

即使是上圖的懸臂樑也成立。

載重為複數的情況

外力為複數時，下列的關係式會成立。

$$\sum_{l}^{m} P_l \delta_{ij} = \sum_{l}^{n} P_l \delta_{ji}$$

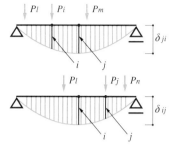

上述顯示出複數的載重作用情況，和一個載重情況的原理是相同的。

---

① 試試看用馬克士威‧貝提互換定律解題

例題 在 b 點上施加力量 P，如下圖測得各點上的撓度。

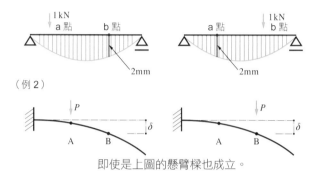

接下來請算出下圖施加力量時的 b 點上的撓度。

求撓度時，記得要用 $\delta_{ab} = \delta_{ba}$ 喔！

解答

首先當 P 作用在 b 點上時，測量出作用於 a 點上的撓度為 1mm。因此根據馬克士威‧貝提互換定律，當 P 移動到 a 點上時，b 點上也會一樣有 1mm 的撓度。

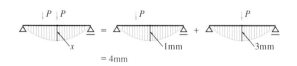

因此當 P 作用在 a 點‧b 點上時，b 點的撓度根據重疊原理，

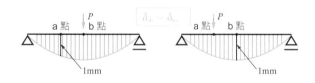

$= 4mm$

可知為 4mm。

哪一個
最穩定？

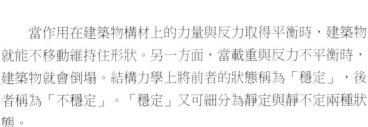

！ 不穩定與靜不定
不同在於？

　　當作用在建築物構材上的力量與反力取得平衡時，建築物就能不移動維持住形狀。另一方面，當載重與反力不平衡時，建築物就會倒塌。結構力學上將前者的狀態稱為「穩定」，後者稱為「不穩定」。「穩定」又可細分為靜定與靜不定兩種狀態。

靜不定度的大小是關鍵

　　靜定是指支點與節點如果有一處受到破壞，建築物整體就會呈倒塌的狀態。靜不定則是指即使一處的支點或是節點產生毀損，結構整體還是不會受到破壞的狀態。在靜不定結構中，當節點一個接著一個受到破壞，到最後建築物變成不穩定狀態為止，壞掉的節點數量（次數）就稱為靜不定度（參考下列算式）。算式中的剛接接合構材數，是指在一個構材上做剛接的構材數量。

靜不定度＝反力數＋構材數＋剛接接合構材數－節點數 ×2

　　建築物的靜不定度的值愈大，也可說結構上愈穩定。用兩個不同靜不定度的建築物做比較可知，即使結構計算上建築物的強度（承載力）相同，實際上的結構安全程度也不同。舉鋼骨框架結構與構材全部都以鉸接合的鋼骨斜撐結構的例子來看，在結構計算上設計成有同樣承載力的情況時，框架結構的靜不定度較大，所以比起靜不定度較小的斜撐結構其安全性會變高。

　　當使用容許應力度計算確認建築物的安全性時，因為條件變成是構材全部都不會毀損，所以靜不定度也就沒有那麼重要。另一方面，計算上能夠邊一個一個破壞構材的接合部位，邊確認結構的安全性極限值這種水平承載力計算，計算到最後鉸鍊（鉸接）的數量會變多，由靜定結構變成不穩定結構的時點，就是該建築物的極限水平承載力。對於大地震時的安全性上，穩定與不穩定是相當重要的概念。

靜不定是「穩定」

或許也有人會認為從字面上看來剛好是相反的，但相較之下，靜不定結構較為穩定。此外，剛接的支點或節點受到破壞的現象稱為「產生鉸接」。

建築物的穩定與不穩定必須由靜不定度來做判斷。靜不定度若為正（≧０）的話代表穩定，若為負（<０）則代表不穩定！

⊕ 穩定（靜定與靜不定）和不穩定的差別

建築物有穩定與不穩定狀態，穩定又分靜定與靜不定兩種狀態。不穩定與穩定（靜定）、穩定（靜不定）的示意圖如下。

不穩定　　　　　　穩定（靜定）　　　　穩定（靜不定）

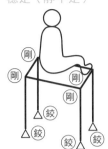

最重要的是「是否穩定」？「靜不定」也是穩定，別被字面混淆。

只有兩支腳會倒下。　三支腳穩定且靜定。　四支腳的話就算拿掉其中一支也能維持穩定。

⊕ 穩定與不穩定的判別

判別建築物是穩定還是不穩定，只要求出靜不定度 m，若 $m \geq 0$ 的話代表穩定，$m<0$ 的話則代表不穩定。

剛接接合構材數 r 的計算方法

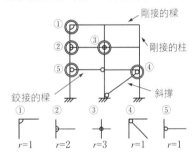

穩定與不穩定的判別式

$$m = n + s + r - 2k \geq 0 \quad \cdots\cdots 穩定$$
$$m = n + s + r - 2k < 0 \quad \cdots\cdots 不穩定$$

m：靜不定度　　　　　　r：剛接接合構材數（右圖）
n：反力數　　　　　　　k：節點數
s：構材數

穩定與不穩定的判別範例

	特徵		判別範例
不穩定	不穩定的結構無法自立	不穩定	$n=3$　$s=4$　$r=0$　$k=4$ 將上列數字代入判別式 $m=3+4+0-2×4=-1$ <0 ∴不穩定
穩定（靜定）	靜定時如果將其中一處改為鉸接則無法自立（會變不穩定） 一處改為鉸接 靜定　不穩定		$n=4$　$s=3$　$r=1$　$k=4$ 將上列數字代入判別式 $m=4+3+1-2×4=0$ ∴穩定（靜定）
穩定（靜不定）	靜不定就算將一處改為鉸接也能夠自立 一處改為鉸接 靜不定　靜定		$n=4$　$s=3$　$r=2$　$k=4$ 將以上數字代入判別式 $m=4+3+2-2×4=1>0$ ∴穩定（靜不定）

2 ─ 結構力學

keyword 052 彎矩分配法

簡單計算
應力的方法？

！ 用人工簡單計算應力的方法
就是這個……

應力計算方面，現在幾乎都是使用電腦並以剛度矩陣法做為根據進行計算，但學會手算方法比較能夠體會力的傳遞。

手算彎矩分配法

進行手算應力時，首先將節點上承載的彎矩，按剛性（剛度）大小比例分配至各構材上。為簡化計算，通常會用標準剛度將剛度標準化（剛度比）。此外，構材的剛性會隨著端部的條件而變化（有效剛度比）。若彼端是固定的話，得出的剛度比則可直接使用，但鉸接的話其有效剛度比會變成 0.75 倍。

分配的彎矩會傳遞到桿件的彼端，但根據端部的支撐狀況不同，傳遞的彎矩會因此產生變化（傳遞係數）。若為固定端時（柱與樑是將剛接的節點做為固定端），傳遞至彼端的彎矩為一半。此時如果端部為支點的話，支點的剛性可想成是無限大，所以傳遞的彎矩全部都會作用在支點上。在樑與柱的節點上，傳遞過來的彎矩會再根據剛度比來做分配。這種計算方法就是彎矩分配法。

剛度與剛度比的求法

剛性（剛度）K 與剛度比 k 可用下列算式求得。

剛性 K

$$K = \frac{I}{L} \quad \begin{matrix} I：慣性矩 \\ L：構材長度 \end{matrix}$$

剛度比 k

$$k = \frac{K}{K_0} \quad \begin{matrix} K：剛度 \\ K_0：標準剛度 \end{matrix}$$

有效剛度比

彼端固定：有效剛度比 $k_a = k$
　　　　　傳遞係數 = 0.5

彼端鉸接：有效剛度比 $k_a = 0.75k$
　　　　　傳遞係數 = 0

memo

利用手算做彈性範圍內的應力計算方法，除了有撓角變位法（又稱為撓角法）之外，還有 D 值法。在過去的計算書中，主要是以彎矩分配法來做因長期垂直載重而產生的應力計算；用 D 值法來做因水平力而產生的應力計算。此外，求極限水平承載力則有節點法與虛功原理。

memo

如右頁的例題，傳遞過來的彎矩會永遠地分配下去，但因為彎矩每經過一次傳遞會減少一半，所以重複 1 ～ 2 次左右之後就會結束計算。

有效剛度比 $k_a = \dfrac{EI}{L}$

118

⊕ 用彎矩分配法求彎矩

例題 所謂彎矩分配法，是指將節點置換成固定端來求彎矩，並將固定端上產生的彎矩依照構材的剛度比分配處理下去，藉此求得靜不定框架整體彎矩的方法。現在就來算看看下圖的靜不定框架整體的彎矩吧！

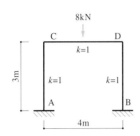

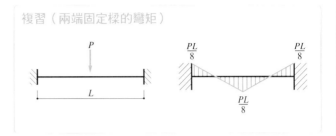

複習（兩端固定樑的彎矩）

解答

① 算出將樑 CD 兩端假設為剛支撐時的應力

$$M_C = \frac{PL}{8}$$

$$= 4 \text{ kN} \cdot \text{m} \quad \longleftarrow \boxed{\text{這是不平衡的彎矩}}$$

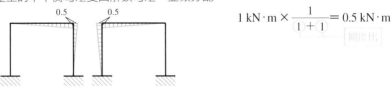

② 分配彎矩的 1／2 會變成傳遞彎矩，所以將①求得的不平衡彎矩的符號加以改變，做為解鎖後的彎矩，再根據剛度比求得分配彎矩

$$4 \text{ kN} \cdot \text{m} \times \frac{1}{1+1} = 2 \text{ kN} \cdot \text{m} \quad \longleftarrow \boxed{\text{分配彎矩}}$$
$$\boxed{\text{剛度比}}$$

$$2 \text{ kN} \cdot \text{m} \times \frac{1}{2} = 1 \text{ kN} \cdot \text{m} \quad \longleftarrow \boxed{\text{分配彎矩}}$$

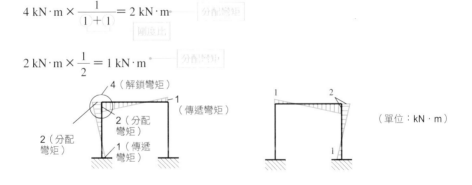

（單位：kN · m）

③ 將②產生的不平衡彎矩變回解鎖彎矩，並做分配

$$1 \text{ kN} \cdot \text{m} \times \frac{1}{1+1} = 0.5 \text{ kN} \cdot \text{m}$$
$$\boxed{\text{剛度比}}$$

④ 根據上列計算式，將①、②、③求得的彎矩加總

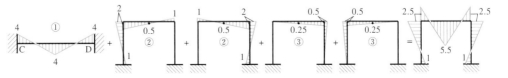

key word 053 D 值法

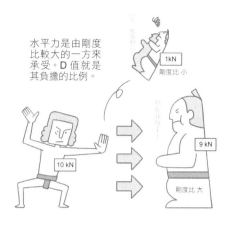

水平力是由剛度比較大的一方來承受。D 值就是其負擔的比例。

1kN 剛度比 小

10 kN

9 kN 剛度比 大

什麼是
D 值法？

！ 人工方式計算因水平載重而產生應力時的超棒計算法

大概是 20 年以前，計算因垂直載重產生的應力時還是使用彎矩分配法，而計算因水平力產生的載重時則是使用 D 值法。

因水平力產生的剪力會由各個柱子的剛性來承受。所謂 D 值法就是按照柱的剛性分配剪力，並計算各柱或框架的應力的方法。D 值是剪力分配係數。

D 值法的計算重點

D 值法簡單來說是遵循下列幾個步驟（詳細說明請參閱右頁）。

1）樓層剪力根據 $Q_n = \frac{D_n}{\Sigma D_n} \times Q$ 公式，分配至該樓層的各個柱與牆壁上。各柱的 D 值是各柱的剛度比，與視搭接於上的樑或柱腳的條件而決定的相關係數 a 相乘的值。

2）將欲求出的彎矩的柱所在樓層位置、及其上下樑剛度比的比例、樓層高度比例都納入考慮，求得反曲點高度比（y）。當然真要計算也是可能的，但通常會參考表格求得其值。

3）根據柱的反曲點高度比以及各柱上承受的剪力，描繪出柱的彎矩。

4）根據上下柱的彎矩，依照樑的剛性描繪出樑的彎矩。

剪力必須依照柱或耐震壁的剛性按比例分配。因此剪力會在柱上產生彎矩。接著根據柱的上下剛性比例，將彎矩分配至柱頭、柱腳。較極端的例子是，若上部樑的剛性為零的話，等於是處於懸臂狀態，因剪力產生的彎矩將全部由柱腳承受。相反地若柱腳為鉸接的話，柱頭則會承受全部的彎矩。

memo

D 值法是武藤清博士所開發出的計算方法，普及於 1947 年建築學會發表後。在沒有計算機的時代是非常有用的計算方法，經常被用來計算因水平力而產生的應力。D 值也能計算水平位移量。

即使到了電腦計算為主流的現代，這個計算方法依舊是理解力的傳遞方式非常好的媒介。

memo

將樓層剪力分配至該樓層的各個柱、牆壁的公式中的記號意義如下。

Q_n：柱承受的剪力
D_n：柱或牆壁的剪力分配係數
ΣD_n：該樓層的剪力分配係數的總和
Q：該樓層的剪力

D 值法不只可用來計算水平載重，考慮柱或牆壁分擔的地震力時也非常有用！

⊕ 用D值法求因水平載重而產生的應力

例題 利用D值法求出框架承受的彎矩、剪力的值。

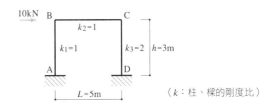

（ k：柱、樑的剛度比）

解答

①求各柱的 D 值（剪力分配係數）

$$D = ak$$

D：柱的剪力分配係數（D 值）
a：根據 $\bar{k}$ 大小得到的剛性係數
$\bar{k}$：樑與柱的剛度相除得出的平均剛度比
k：柱的剛度比

因為兩根柱都是位於最下層，
（1）柱 AB 的 D 值

$$\bar{k} = \frac{k_2}{k_1} = 1$$

$$a = \frac{0.5 + \bar{k}}{2 + \bar{k}} = 0.5$$

因此 $D = ak_1 = 0.5$

（2）同理，柱 CD 的 D 值

$$\bar{k} = \frac{k_2}{k_3} = 0.5$$

$$a = \frac{0.5 + \bar{k}}{2 + \bar{k}} = 0.4$$

因此 $D = ak_3 = 0.8$

a 與 $\bar{k}$ 可由下表求得。

	一般樓層	最下層（剛接）
形狀（k 為剛度比）	k_1 k_2 k_c k_3 k_4	k_1 k_2 k_c
$\bar{k}$ 平均剛度比	$\bar{k} = \dfrac{k_1 + k_2 + k_3 + k_4}{2k_c}$	$\bar{k} = \dfrac{k_1 + k_2}{k_c}$
a 剛性係數	$a = \dfrac{\bar{k}}{2 + \bar{k}}$	$a = \dfrac{0.5 + \bar{k}}{2 + \bar{k}}$

②求各柱的剪力

（1）針對柱 AB

$$Q_1 = \Sigma Q \times \frac{D}{\Sigma D}$$

$$= 10 \times \frac{0.5}{0.5 + 0.8} = 3.85 \text{ kN}$$

用此算式求得各柱上的剪力 Q。
ΣQ：樓層的總剪力
ΣD：樓層柱的 D 值總和

（2）針對柱 CD

$$Q_2 = \Sigma Q \times \frac{D}{\Sigma D}$$

$$= 10 \times \frac{0.8}{0.5 + 0.8} = 6.15 \text{ kN}$$

樓層的總剪力與用於各樓層水平力的關係如下。

水平力 P_3 → Q_e ← Q_f $Q_e + Q_f = P_3$
水平力 P_2 → Q_c ← Q_d $Q_c + Q_d = P_2 + P_3$
水平力 P_1 → Q_a ← Q_b $Q_a + Q_b = P_1 + P_2 + P_3$

因此，藉由 $P = 10$kN 可得 $\Sigma Q = 10$kN

2 — 結構力學

③求柱的反曲點高度比

$$y = y_0 + y_1 + y_2 + y_3$$

反曲點

y_0：標準反曲點高度比
y_1：根據上下樑剛度比變化的修正值
y_2：根據上層的樓層高度變化的修正值
y_3：根據下層的樓層高度變化的修正值

從右頁的表格中找出數值

彎矩為零的點稱為反曲點。反曲點高度比 y 乘以柱的高度 h，就是實際的反曲點高度。

（1）關於柱 AB，參考右頁表格（□記號）
　　$y = y_0 = 0.55$
（2）關於柱 CD，參考右頁表格（○記號）
　　$y = y_0 = 0.65$

最底層因為沒有上方樓層，所以 $y_1 = 0$、$y_2 = 0$、$y_3 = 0$。

④求各柱的彎矩

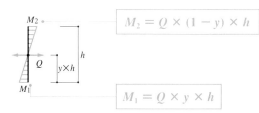

$$M_2 = Q \times (1 - y) \times h$$

$$M_1 = Q \times y \times h$$

Q：柱的剪力
y：反曲點高度比
h：柱的高度

（1）針對柱 AB
$$M_{AB} = Q_1 \times y \times h$$
$$= 3.85 \times 0.55 \times 3$$
$$= 6.35 \text{ kN·m}$$
$$M_{BA} = Q_1(1 - y)h$$
$$= 3.85 \times (1 - 0.55) \times 3$$
$$= 5.19 \text{ kN·m}$$

（2）針對柱 CD
$$M_{DC} = Q_2 \times y \times h$$
$$= 6.15 \times 0.65 \times 3$$
$$= 11.99 \text{ kN·m}$$
$$M_{CD} = Q_2 \times (1 - y) \times h$$
$$= 6.15 \times (1 - 0.65) \times 3$$
$$= 6.46 \text{ kN·m}$$

⑤求樑的彎矩、剪力

根據節點上的平衡關係　求出樑的彎矩

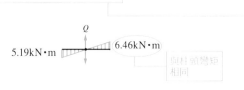

5.19kN·m　6.46kN·m

與柱頭的彎矩相同

會有與柱頭上的彎矩相同大小的逆向彎矩產生在樑上。

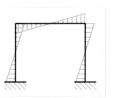

樑的剪力 Q 為

$$Q = \frac{M_3 + M_4}{L}$$

$$= \frac{5.19 + 6.46}{5} = 2.33 \text{ kN}$$

⑥總結

從①～⑤的算式，可求出如右圖的彎矩與剪力

力是由剛度比較大的一方來承受。根據計算可知，由剛度比較大的柱承受大部分的水平力 10kN。

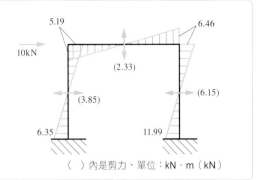

（　）內是剪力，單位：kN·m（kN）

⚠ 為求反曲點高度比的 $y_0 \cdot y_1 \cdot y_2 \cdot y_3$

標準反曲點高度比 y_0（均布載重）

層數	層位置	$\bar{k}$													
		0.1	0.2	0.3	0.4	0.5	0.6	0.7	0.8	0.9	1.0	2.0	3.0	4.0	5.0
1	1	0.80	0.75	0.70	0.65	0.65	0.60	0.60	0.60	0.60	0.55	0.55	0.55	0.55	0.55
2	2	0.45	0.40	0.35	0.35	0.35	0.35	0.40	0.40	0.40	0.40	0.45	0.45	0.45	0.45
	1	0.95	0.80	0.75	0.70	0.65	0.65	0.65	0.60	0.60	0.60	0.55	0.55	0.55	0.50

根據上下樑的剛度比變化的修正值 y_1

α_1	$\bar{k}$ 0.1	0.2	0.3	0.4	0.5	0.6	0.7	0.8	0.9	1.0	2.0	3.0	4.0	5.0
0.4	0.55	0.40	0.30	0.25	0.20	0.20	0.20	0.15	0.15	0.15	0.05	0.05	0.05	0.05
0.5	0.45	0.30	0.20	0.20	0.15	0.15	0.05	0.10	0.10	0.10	0.05	0.05	0.05	0.05
0.6	0.30	0.20	0.15	0.15	0.10	0.10	0.10	0.10	0.05	0.05	0.05	0.05	0.0	0.0
0.7	0.20	0.15	0.10	0.10	0.10	0.05	0.05	0.05	0.05	0.05	0.05	0.0	0.0	0.0
0.8	0.15	0.10	0.05	0.05	0.05	0.05	0.05	0.05	0.05	0.0	0.0	0.0	0.0	0.0
0.9	0.05	0.05	0.05	0.05	0.0	0.0	0.0	0.0	0.0	0.0	0.0	0.0	0.0	0.0

k_{B1}　k_{B2}
k_{B3}　k_{B4}

k_B 上 $= k_{B1} + k_{B2}$
$\alpha_1 = k_B$ 上／k_{B2} 下
k_B 下 $= k_{B3} + k_{B4}$

α_1：最底層不用考慮也沒關係
上樑的剛度比較大時取相反數，根據 $\alpha_1 = k_B$ 下／k_{B2} 求出 y_1，以符號－（負）代表

根據上下層的高度變化的修正值 $y_2 \cdot y_3$

α_2 上	α_3 下	$\bar{k}$ 0.1	0.2	0.3	0.4	0.5	0.6	0.7	0.8	0.9	1.0	2.0	3.0	4.0	5.0
1.6	0.4	0.15	0.10	0.10	0.05	0.05	0.05	0.05	0.05	0.05	0.05	0.0	0.0	0.0	0.0
1.4	0.6	0.10	0.05	0.05	0.05	0.05	0.05	0.05	0.05	0.05	0.05	0.0	0.0	0.0	0.0
1.2	0.8	0.05	0.05	0.05	0.0	0.0	0.0	0.0	0.0	0.0	0.0	0.0	0.0	0.0	0.0
1.0	1.0	0.0	0.0	0.0	0.0	0.0	0.0	0.0	0.0	0.0	0.0	0.0	0.0	0.0	0.0
0.8	1.2	-0.05	-0.05	-0.05	0.0	0.0	0.0	0.0	0.0	0.0	0.0	0.0	0.0	0.0	0.0
0.6	1.4	-0.10	-0.05	-0.05	-0.05	-0.05	-0.05	-0.05	-0.05	-0.05	-0.05	0.0	0.0	0.0	0.0
0.4	1.6	-0.15	-0.10	-0.10	-0.05	-0.05	-0.05	-0.05	-0.05	-0.05	-0.05	0.0	0.0	0.0	0.0

h 上 $= \alpha_{2}h$
h 下 $= \alpha_{3}h$

y_2：$\alpha_2 =$ 由 h 上／h 求得其值
上方樓層較高時為正
y_3：$\alpha_3 =$ 由 h 下／h 求得其值
但是，計算最上層時不用考慮 y_2，計算最底層時不用考慮 y_3

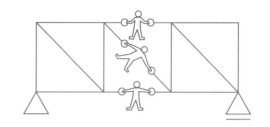

計算桁架的方法有哪些？

說到桁架的計算，
不得不提截面法與節點法

設計桁架構材的應力解析方法有很多種。現在幾乎都是用電腦計算，但是在沒有計算機的時代只有人工計算別無他法。幸好桁架上只會產生軸力，才得以想像力的平衡，因此幾種概算法相繼問世。最具代表性的就是截面法與節點法。

截面法和節點法的計算方法

截面法是利用只要桁架本身不產生移動，無論從桁架的哪個地方切開，其力量還是保持平衡的特性，再根據靜力平衡方程式計算出應力的方法。同樣地，只要桁架沒有移動，其節點上的力也必然是保持平衡的，這種考慮節點上的力的平衡來計算應力的方法，則稱為節點法。

截面法是假設桁架的任意位置（針對想計算出應力的構材）切斷後的情況。在切斷位置上會沿著構材的軸方向產生應力，所以要在構材的軸方向上畫上箭頭。還有因為對於任意節點、任意方向都會達到力平衡，所以必須寫出靜力平衡方程式，計算出各部位上的個別軸力。以右頁上圖為例，由於三個構材中的兩個構材上產生的力在 A 點交會，所以可藉著與 A 點周圍產生的彎矩取得平衡，計算出剩下的一個構材的軸力。

節點法則是將節點周圍的構材與反力用箭頭（向量），依順時針方向一邊畫出力傳遞的隔離體圖，一邊算出應力。實際上並非一定是順時針方向不可，但是在熟悉之前按順時針的順序來做思考會比較容易理解。一開始先將任意的點，根據構材或反力將劃分的部分標上假設的號碼（各區域的交界上有反力與構材）。跨越區域的話畫出其作用線。於各個交點上交叉的向量就是各構材所產生的應力。

memo

19 世紀後半是「桁架的力學」發展的時期。1862 年里特在著作中提到了里特的截面法（Ritter's method）。順帶一提，華倫式桁架的專利是在 1846 年取得，有名的蘇格蘭懸臂橋的完成則是在 1890 年。19 世紀也是正式將結構力學做為基礎，用在橋樑設計的時代。

memo

重複節點法的步驟，將桁架整體用一個隔離體圖來做表示的方法，稱為克雷蒙納應力圖（Cremona's stress diagram）。

雖然實務上幾乎不會使用，但為了理解力的傳遞，截面法與節點法都是有必要學習的計算方法！

① 用截面法計算

例題 截面法是利用桁架任何部位的力都會互相平衡的特性，使用靜力平衡方程式計算出部分構材上的軸力的方法。試著計算看看下圖的上弦桿件 A 的軸力 N_1。

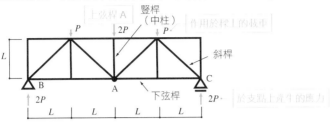

靜力平衡方程式在桁架上也能成立。
$$\begin{cases} \sum X = 0 \\ \sum Y = 0 \\ \sum M = 0 \end{cases}$$

解答

切斷任意處，求出軸力的 A 點周圍的彎矩為 0，所以 $\sum M_A = 0$。

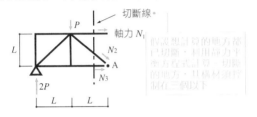

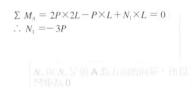

$$\sum M_A = 2P \times 2L - P \times L + N_1 \times L = 0$$
$$\therefore N_1 = -3P$$

N_2 與 N_3 是朝 A 點方向的向量，所以彎矩為 0

---

① 用節點法計算（利用隔離體圖的圖示法）

例題 節點法是考慮作用於節點上的力的平衡，來算出應力的計算方法。先選出兩個以下未知軸力的節點，畫出隔離體圖並求出答案。接著求圖中 AC、AB 的軸力。

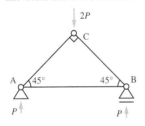

桁架節點的前提條件
桁架的節點是將節點單獨取出來看的話，在節點上作用的力會互相取得平衡（左圖）。這時三個箭頭必定是封閉的（右圖）。

解答

① 畫出隔離體圖

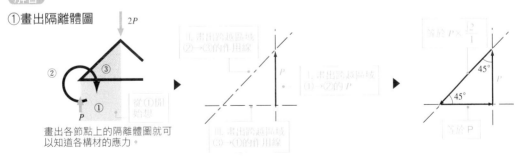

畫出各節點上的隔離體圖就可以知道各構材的應力。

② 求軸力

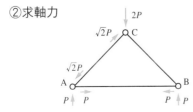

因此 AC $= \sqrt{2}P$（壓力）
AB $= P$（拉力）

因為是求 AC、AB 的軸力，所以只要考慮節點 A！

2 — 結構力學

構材產生降伏後會變成什麼樣子？

變形很小的話可以恢復原狀（彈性）。

變形太大的話就無法復原（超過彈性）。

！ 產生塑性變形，到最後會斷裂

應該很多人都聽過「彈性」這個名詞（參閱 P82「虎克定律」）。物體即使受力而變形也能夠恢復原本形狀的性質，就稱為彈性。而違反可恢復原狀的性質，變成再也無法復原的性質則稱為塑性。

彈性範圍與塑性範圍

鋼鐵是容易了解其塑性狀況的例子（右頁上圖的曲線圖）。將扁鋼拉長的時候，一開始拉力與變位會成正比。接著一旦超過降伏點的話，材料的正中央就會開始產生巨大的凹陷，拉力載重處於幾乎不變的狀態，當變位變大時材料就會斷裂。拉力載重與變位成正比的區域稱為彈性範圍（彈性區域）。另外，拉力載重幾乎維持不變，只有變位繼續進行的區域稱為塑性範圍（塑性區域）。一般被稱為楊氏係數的常數就是指在彈性範圍內，載重與變位的關係係數。根據材料種類，相同材料具有相同的數值。

因材料而產生脆性、韌性的差異

超過降伏點後，幾乎不產生變形就斷裂的性質稱為脆性；超過降伏點後變形會持續進行的性質則稱為延性（或韌性）。材料的延展能力在確保建築物的安全性上有非常重要的作用。即使因相同載重產生降伏（斷裂），但具有延展性的材料對所承受的力，會藉由變形來抵抗斷裂。此種能力（對能量的吸收能力）可透過計算曲線圖上的面積得知。

如右頁下圖的混凝土曲線圖，與鋼材不同在於，降伏區域也會呈現山形般的曲線，接著受到破壞。至於木材則幾乎沒有降伏區域而是直接斷裂。如同上述所說因為材料不同，其性質也會有所差異，所以熟知材料的特性就非常重要。

memo

在本節裡從頭到尾都是使用「載重」與「變位」這兩個用詞，但承受載重時在構材內部會產生應力。在每單位上產生的應力稱為應力度（ σ ），而因變位在每單位上產生的變形量則稱為應變。

memo

建築物整體也和構材一樣在產生降伏的過程，會呈現出同樣的彈塑性的變化。

根據材料的不同，產生變形的方法也不同。為了確保建築物的安全性，必須先掌握材料的彈塑性！

⃝ 鋼材的變形與彈塑性

以鋼材的情況來看，當構材上有拉力載重作用時，在彈性區域內隨著拉力的變大，變形也按照相同比例跟著變大（這種傾向為彈性率）。超出彈性區域後，拉力會停止上升，應變會持續變大，此交界處稱為降伏點（上降伏點）。一旦超過降伏點，應力會暫時下降，但接下來應力幾乎會維持相同狀態，只有應變會繼續增大，到最後斷裂。

鋼材的載重　變位曲線圖

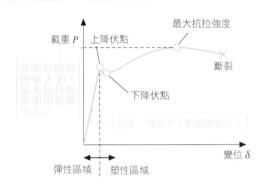

這是在材料上施加拉力，用來測定至斷裂為止彈塑性的拉力測試。可藉此得知材料的拉力強度、降伏點、延性、韌性，以及如左圖的載重——變位曲線圖。

延展能力的重要性

①延展能力高（延性）的材料情況

即使超過降伏點也會繼續延展（延性）

②延展能力低（韌性）的材料情況

超過降伏點，幾乎不會變形而斷裂（韌性）

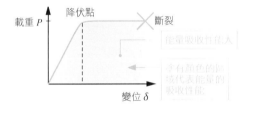

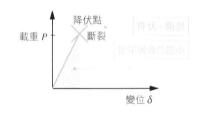

⃝ 因材料而產生的彈塑性差異

混凝土或木材的塑性區域與鋼材等金屬材料的不同，具有彎曲強度非常小、幾乎沒有塑性區域的特徵。

①鋼材的情況　　②鋼筋混凝土的情況　　③木材的情況

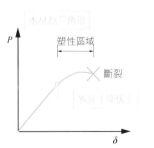

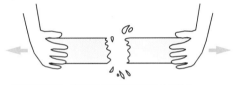

什麼是極限水平承載力？

！ 可承受多大的水平方向的力？

OK
100kg

承受得住
150kg

倒塌
200kg

極限水平承載力

得出建築物的極限水平承載力大於必要水平承載力是確保建築物安全性的確認方法。

極限水平承載力與必要水平承載力

建築物受到大的水平方向力量時就會倒塌。在倒塌前一刻的水平力稱為極限水平承載力。建築物的極限水平承載力是計算柱與樑、耐震牆等各構材的承載力，藉由各構材的破壞方式算出建築物的極限水平承載力。計算方法有節點法、虛功原理法、極限分析法、載重增量法等。其中現在常使用的載重增量法是階段性增加水平力，藉此看出構材受到破壞順序的方法。

另一方面，建築物必須具有的極限水平承載力，稱為必要水平承載力。計算時必須先算出構材的結構特性係數（D_S）。結構特性係數是考慮地震時的建築物扭轉強度（塑性變形能力），或裂縫等被吸收掉的能量得出的數值。塑性變形能力愈高，其結構特性係數愈小。因此根據結構特性係數大小可決定必要水平承載力，但有時也會實際算出構材降伏之後的塑性變形來做確認。

在實際的實務中，會進行容許應力度計算（第 1 級耐震計算法）與極限水平承載力計算（第 2 級耐震計算法）。高層建築需要計算極限水平承載力，而低層建築物幾乎只做極限應力計算。

memo

極限水平承載力的計算方法中，節點法、虛功原理法、極限分析法屬於概算法，這些都是不久之前還經常使用的計算方法，但最近幾乎都使用載重增量法。

載重增量法的曲線圖

載重增量法的曲線圖幾乎是呈現平緩的曲線。但應該有人會想「為什麼樑與柱會產生斷裂？」構材就算產生斷裂，只要具有延展性，就可以繼續承受作用於上的力量。但如果是瞬間斷裂的話，就無法繼續維持力量。為了提高極限水平承載力，最重要的是避免瞬間斷裂，必須將構材設計成能夠無止境地延伸下去的結構。

容許應力度設計	→	極限水平承載力計算	●極限水平承載力計算的定義（日本建築基準法施行令 82 條） 計算方法（2007 年日本國土交通省告示 594 號） ●層間位移角的檢討（日本施行令 82 條之 2） ●極限水平承載力計算（日本施行令 82 條之 3） 建築物各樓層的結構特性（D_S）與建築物各樓層的變形特性（F_{es}） （1980 年日本建設省告示 1792 號）等

關於極限水平承載力的計算，可參考日本建築基準法施行令 82 條之 4！ 譯注

譯注：台灣方面請見內政部營建署〈建築物耐震設計規範及解說〉第 2、3 章。

ⓘ 何謂極限水平承載力？

所謂極限水平承載力，是指建築受到水平方向的力量後，最後導致建築物倒塌的水平力。

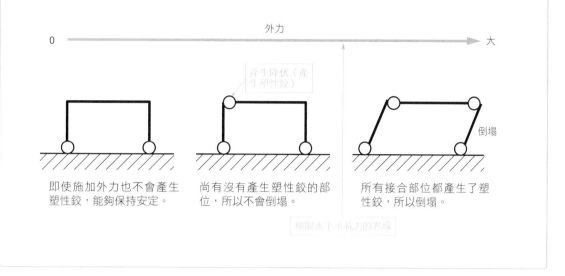

外力　0　大

產生降伏（產生塑性鉸）

倒塌

極限水平承載力的界線

即使施加外力也不會產生塑性鉸，能夠保持安定。

尚有沒有產生塑性鉸的部位，所以不會倒塌。

所有接合部位都產生了塑性鉸，所以倒塌。

ⓘ 極限水平承載力的計算步驟

計算極限水平承載力時，需要先算出結構特性係數（D_s）。

結構特性係數（D_s）的概念表

架構的形式	架構的形狀 框架結構	牆壁與斜撐較多的結構
(1) 塑性變形度特別高的建築	0.3	0.35
(2) 塑性變形度較高的建築	0.35	0.4
(3) 承載力不會急速減低的建築	0.4	0.45
(4) 上述(1)～(3)以外的建築	0.45	0.5

原注：上表是為了方便了解而將 1980 年日本建設省告示 1792 號簡化，詳細內容請參考該告示。

數值愈低，代表是能量吸收能力愈高的建築物。

建築物吸收能量的概念圖

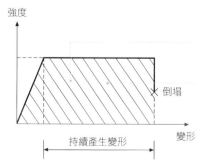

強度

這個部分的面積大小代表對地震能量的吸收能力

此處面積愈小，D_s 的值愈小

倒塌

變形

持續產生變形

2 — 結構力學

key word 057 節點分配法

如何計算極限水平承載力？

支撐能力由瘦弱的人的力量大小來決定。

！ 一台計算機就能計算的
節點分配法是基礎

節點分配法是計算極限水平承載力的方法之一。然而，隨著電腦能力的發展，載重增量法成為主流，以致這種方法已不太使用了。話雖如此，以構材的承載力為基礎的極限水平承載力的計算方法不僅簡單，而且容易假想建築物倒塌的樣子，所以是適合初學者學習的方法。

memo

假設在兩端固定樑的中央部分產生降伏 M_p，而此載重傳遞至端部，就有可能計算出極限承載力。

用節點分配法計算極限水平承載力的方法

首先計算出構材的承載力。接著將架構模型化，預設倒塌時的降伏位置與彎矩的分布。各構材在產生降伏形成塑性鉸的部分，並不會產生大於承載力以上的彎矩。由此彎矩的分布可算出載重（極限承載力）P。

如右頁上圖，以中央集中載重的兩端固定樑來做思考。很多地方都可能形成塑性鉸，所以在此可思考兩種情況。

第一種是在載重位置上產生降伏的情況（右頁上圖中①）。假設彎矩分布與簡支樑相同。中央的彎矩 M_C 算法為 $M_C = P_1 L / 2$。從因為中央的彎矩而產生降伏這點來看，可知構材的抗彎承載力 M_p 為 $M_p = M_C$，進而可推算出載重（極限承載力）P_1 為 $P_1 = 2M_p / L$ 的結果。

第二種假設為降伏不是產生於載重位置，而是在樑兩端產生的情況。彎矩的分布如同右頁上圖②所示。中央、端部會產生相同的彎矩，所以也同時產生降伏。因為構材在構材的抗彎承載力 M_p 時產生降伏，所以跟剛才的假設相同，$M_C = M_e = M_p$，可得 $P_2 = 4M_p / L$。

比較兩者的極限承載力可知後者的數值比前者大。真正會產生崩壞的載重是後者。前者就算中央產生了降伏，也還不會變成不安定的結構，因為尚有餘裕所以其數值也較小。

節點分配法是以導致建築物倒塌的降伏形成為前提，計算出極限水平承載力的方法。連同載重增量法一起融會貫通吧！

⚠ 用節點分配法求兩端固定樑的極限承載力

例題 如下圖，算出承受中央集中載重 P_1 的兩端固定樑的斷裂載重 P。

M_P：構材的抗彎承載力

斷裂載重可經由計算得知。

解答

①假設在中央產生降伏的情況

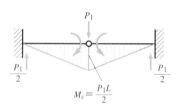

$$M_c = \frac{P_1 L}{2}$$

由於 $M_c = M_p$

$$P_1 = \frac{2M_p}{L} \quad \cdots 極限承載力$$

②假設端部及中央都產生降伏的情況

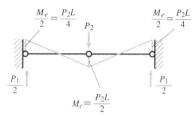

$$M_c = \frac{P_2 L}{2}$$

由於 $M_c = M_e = M_p$

$$P_2 = \frac{4M_p}{L} \quad \cdots 極限承載力$$

P_2 比①算出的極限承載力 P_1 的值大，所以 P_2 會變成真正的斷裂載重。

⚠ 用節點分配法求框架架構的極限水平承載力

例題 如下圖，水平載重作用於框架上，求其極限水平承載力 P。

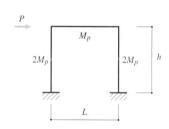

M_p：構材的抗彎承載力

斷裂載重代表極限承載力。

解答

①決定塑性鉸

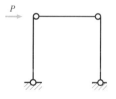

比較柱與樑的彎矩，彎矩較小的一方會形成塑性鉸，所以在這裡會於樑上產生塑性鉸。

②分別求樑與柱的彎矩

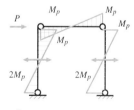

用彎矩求出剪力。

$$Q_P = \frac{M_P + 2M_P}{h} = \frac{3M_P}{h}$$

$$P = 2Q_P = \frac{6M_P}{h}$$

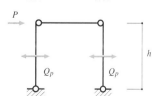

2
結構力學

key word 058 虛功原理

什麼是虛功原理？

！利用外力與應力的
作用相等來做計算

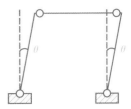

從「在什麼樣的形式下受到破壞呢？」開始理解。

　　虛功原理是計算建築物最終能夠承受多少外力而不倒塌的方法之一。在電腦發達的現代，雖然以載重增量法為主流，但靠自己想像建築物倒塌的方式來做設計的虛功原理，也是很有效的方法。

虛功原理的計算方法

　　虛功原理是利用外力 W 所做的功與應力 U 的功等量這點來進行計算。上過高中物理課的人應該都有學過，功等於「力 × 位移」。同樣的，彎矩也是以「彎矩 M × 變形角 θ」求出值。只要記住這個就可以算出最終（倒塌）時的外力。

　　以右頁上圖的簡單兩端固定樑為例做說明，導致兩端固定樑斷裂的條件是必須有三個部位都產生塑性鉸。請在腦海中回想兩端固定的彎矩。因為端部與中央彎矩會變大，所以可想而知塑性鉸會在這些部位產生。接著，想像一下這三處產生塑性鉸。

　　塑性鉸之間會呈直線，所以假設兩端部的轉動角度為 θ 的話，中央部位則為 2θ。然後，假設樑的中央部位因為外力，而產生 δ 的變形。在這裡若假設 δ 為些微的變形的話，則 δ 等於 $L \times \theta$。

　　外力所做的功可參閱右頁公式①。只要是與此相同的樑，在兩端部位與中央部位會有相同大小的最終彎矩，所以應力所做的功則可參閱右頁公式②。應力做的功會與外力做的功相同，所以可由①式與②式計算出破壞載重。

　　虛功原理並非是一定能夠推算出破壞載重的正確答案的方法。所以又被稱為下限定理，必須特別注意答案會低於真正的數值。

memo

在可用電腦計算極限水平承載力之前，極限水平承載力是用虛功原理與節點分配法計算出來的。框架部分用節點分配法，耐震牆部分則用虛功原理計算，再將兩個相加算出含耐震牆框架結構的極限水平承載力。

外力做的功與應力做的功相等，是指作用於建築物上的力會取得平衡，換句話說，就是力的總和為零！

⊙ 用虛功原理計算破壞載重（兩端固定樑）

①先假設塑性鉸的位置

下圖中樑的塑性彎矩為 M_P。此樑為 2 次的靜不定結構，所以產生 3 次塑性鉸時就會斷裂。根據右圖，有產生塑性鉸可能性的地方為 A、B、C 三處。

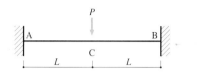

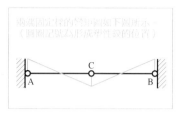

②計算破壞載重

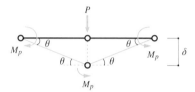

外力做功：$W_1 = PL\theta$ …①
應力做功：$U_1 = M_p\theta + M_p 2\theta + M_p\theta$ …②
由於外力 $W_1 =$ 應力 U_1

$$P = \frac{4M_p}{L}$$

可得破壞載重為 $4M_P / L$。

⊙ 用虛功原理計算破壞載重（框架架構）

例題 求下圖框架架構的破壞載重 P。

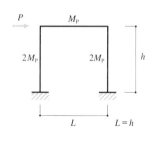
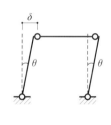

虛功原理利用了外力與應力相等這點性質。

解答

外力做功：$W_1 = P\delta$
應力做功：$U_1 = (2M_P\theta + M_P\theta) \times 2$ $\delta = L\theta = h\theta$
由於外力 $W_1 =$ 應力 U_1

$P\delta = (M_P\theta + M_P\theta) \times 2$
$Ph\theta = 3M_P\theta \times 2$
$Ph = 3M_P \times 2$
$P = \dfrac{6M_P}{h}$

①產生力的位移求出外力

②接著從變如何位移的產出應力

③③/①=② （外力＝應力），可從此算出破壞載重 P

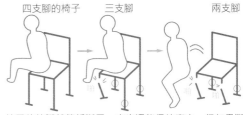

四支腳的椅子　　　三支腳　　　　　兩支腳

椅子的椅腳就算折斷了一支也還能保持直立，但如果斷了兩支腳就沒辦法坐了。

keyword059 載重增量法

程式的載重增量法是什麼？

! 驗證地震時建築物安全性的
計算方法之一

載重增量法是掌握遭遇大地震時建築物安全性的有效方法。其他還有節點分配法、虛功原理等數種方法，但其中最普遍的還是載重增量法。可說幾乎都是採用此種方法來做計算。

驗證極限水平承載力的代表性方法

在思考載重增量法上，必須先理解極限水平承載力的概念（參閱 P116）。建築物的構材若承受了很大的力量（水平力）就會受到破壞。一般會將構材設計成承受彎矩會受到破壞，但承受剪力時不會受到破壞的結構，所以承受了彎矩而受到破壞的部分會形成可轉動的鉸接狀態（或稱為塑性鉸）。

具體地說，大樑的話會在兩端部；柱的話會在柱頭或是柱腳上形成塑性鉸。若是考慮單純的門型框架的話，當大樑兩端部與柱腳形成塑性鉸時就會立即倒塌。在倒塌前一刻的載重稱為極限水平承載力。

載重增量法的計算方法

載重增量法是藉由階段地增加外力，追蹤在構材上形成塑性鉸的過程。如果一開始就以大的載重來做計算的話，會發生很多部分都產生塑性鉸，以致電腦停止計算。所以盡量將載重做細分計算。

藉由追蹤各個階段，可了解到破壞的過程首先會在樑的一端形成塑性鉸，最後才在柱腳上也形成塑性鉸。由此還可以知道，最後若繼續增加些微的載重，會突然造成很大的變形呢，還是會有些許的餘裕呢，即使滿足了極限水平承載力，但實際的安全性上或許仍有非常大的差異。

memo

在構材上施加力量時，一開始變形會與施加的力量大小成正比，但最終會變成即使只施加些許的力也會造成很大的變形。此處產生的形狀變形稱為降伏。

①構材的情況

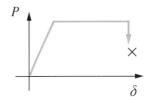

②建築物的情況

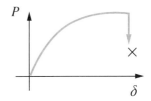

構材與建築物一樣會產生變形。要將這種變形製作成如右頁上圖的模型來做計算。

利用載重增量法計算出來的極限水平承載力，如果大於必要水平承載力的話，該建築物就是沒問題的，但展現出是什麼樣的破壞過程也很重要！

⚠ 載重增量法的計算過程

從曲線圖來看，可知構材每產生一次降伏，建築物的剛性就會變小，曲線圖的線條傾斜度也會變大。

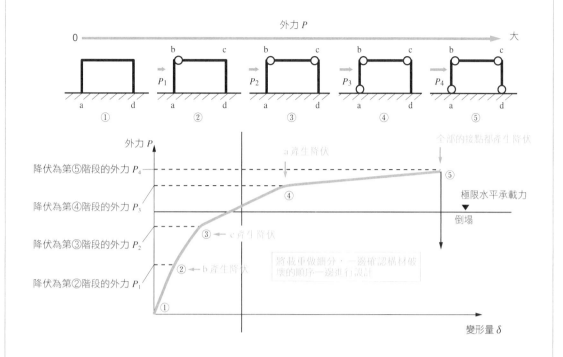

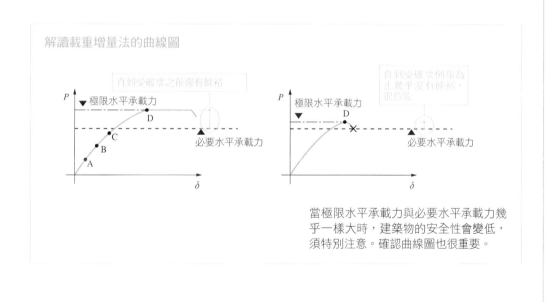

解讀載重增量法的曲線圖

當極限水平承載力與必要水平承載力幾乎一樣大時，建築物的安全性會變低，須特別注意。確認曲線圖也很重要。

利用載重增量法驗證建築物會以什麼樣的方式倒塌，才能設計出較理想的倒塌方式喔！

COLUMN 02

希臘字母與符號

在建築結構使用的符號中，經常會用到的是希臘字母。將讀音也記起來吧！

希臘字母的讀音

大寫	小寫	讀音	大寫	小寫	讀音	大寫	小寫	讀音
A	α	alpha	I	ι	iota	P	ρ	rho
B	β	beta	K	k	kappa	Σ	σ	sigma
Γ	γ	gamma	Λ	λ	lambda	T	τ	tau
Δ	δ	delta	M	μ	mu	Υ	υ	upsilon
E	ε	epsilon	N	ν	nu	Φ	ϕ	phi
Z	ζ	zeta	Ξ	ξ	xi	X	χ	khi
H	η	eta	O	o	omicron	Ψ	ψ	psi
Θ	θ	theta	Π	π	pi	Ω	ω	omega

將符號加以整理並記起來！

力
- N：軸力
- M：彎矩
- Q：剪力

N：Normal kraft（德）軸力
M：Moment（德）彎曲
Q：Querkraft（德）剪斷

應力度
- σ_c：壓應力度
- σ_t：拉應力度
- σ_b：彎曲應力度
- τ：剪應力度

c：compression（壓縮）
t：tension（拉長）
b：bend（彎曲）

容許應力度
- f：容許應力度
- f_c：容許壓應力度
- f_t：容許拉應力度
- f_b：容許彎曲應力度
- f_s：容許剪應力度
- f_k：容許挫屈應力度

f：force（力）

s：shear force（剪力）
k：knicken（挫屈）

其他在建築結構上經常使用的符號

- A：斷面積
- E：楊氏係數
- e：偏心距離
- F：材料的標準強度
- G：剪力彈性係數
- H：水平反力
- h：高度
- I：慣性矩
- i：迴轉半徑
- K：剛度
- k：剛度比
- l：跨距 ※
- ℓ_k：挫屈長度
- P：力
- P_k：挫屈載重
- R：反力
- S：靜力矩
- V：垂直反力
- W：載重
- w：均布載重、等變載重
- Z：斷面模數
- δ：撓度
- ε：縱向應變
- $\theta \cdot \phi$：角度、撓角、節點角
- Λ：極限細長比
- λ：細長比

※ 本書以淺顯易懂為目的，因此以 L 或 ℓ 表示。

136

3

結構計算

應力計算有哪些方法？

！ 除了右圖的方法以外，
還有傾角變位法

剛度矩陣法

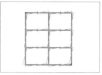
D 值法

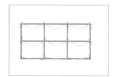
固定彎矩法

為確保建築物的安全性，必須確認設想的外力會在樑與柱上產生什麼樣的應力。計算應力的方法有很多種，不過現在的主流是用電腦計算的剛度矩陣法。也就是說即使不了解計算程式的內容，也可以進行應力計算，但是為了檢討結構計畫中的計算結果是否正確，或是在哪裡設置柱才能有效抵抗地震，以及柱與樑的大小多少較妥當等，還是必須事先理解基本的計算方法。

計算應力的結構計算方法

做為基本的結構計算方法的有傾角變位法。傾角變位法是從構材端部產生的彎矩與變形角計算應力的方法。雖然可計算出正確的應力，但因為大型的結構體計算相當繁雜，所以開發出一種較為簡易的方法。這種方法也是用來計算因垂直載重而形成的應力，稱為固定彎矩法。計算步驟是先算出大樑因所承受載重而產生的應力（固定端彎矩、剪力），接著一邊將其彎矩根據相連的柱與大樑的剛性按比例分配，一邊進行應力計算。另一方面，能夠計算水平方向的應力計算方法有 D 值法。D 值法是最初會根據柱以及與柱相接的樑的剛性，將水平載重按比例分配到方形柱上。接著算出被分配的剪力與從柱長度所產生的彎矩，再繼續分配至大樑上的方法。

上一章節提到的剛度矩陣法，是根據每個個別構材的剛度矩陣，算出全體剛度矩陣，使其與外力取得平衡來解開矩陣的方法。隨著科技進度，計算大型的矩陣也變得可能，因此這種方法也相當普及了。有限要素法也是剛度矩陣法的一種。

memo

結構計算有載重的計算：固定載重、移動載重、因其他外力而產生的應力，以及斷面計算等，現在這些幾乎都是用電腦計算。能從頭到尾執行結構計算業務的程式，稱為一貫性計算程式。現在絕大多數的一貫計算程式，只要輸入結構和移動載重等載重，不管是主架構的容許應力度計算，或是極限水平承載力的計算都能立刻計算。此外，只能算出載重、或是只能算出斷面等，這種只能進行一部分結構計算的程式，則稱為部分程式。

① 結構物的應力計算方法

應力計算的基本概念
①做為構成的要素,將構材簡化為線材
②表示出構材端部的外力(彎矩)與變位(構材角)的關係
③做為每個節點的作用外力與變位的關係

將構材簡化為線材。

應力計算的主要方法

傾角變位法	基本的解法。當建築物的樓層數很多時方程式也會變多,計算需要花很多時間。
固定彎矩法	以前經常被用來計算因垂直載重而產生的應力。
D 值法	高層建築物用的簡單計算方法,經常用來計算因水平力產生的應力。
矩陣法	適合用電腦計算的方法,也能計算靜定結構物。現代幾乎都是使用這種方法。

① 用電腦計算應力(剛度矩陣法)

用電腦計算應力的話,需要將建築物模型化並輸入電腦。

建築物模型化

結構軀體

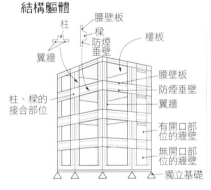

柱
腰壁板
樑
防煙垂壁
翼牆
樓板
腰壁板
防煙垂壁
翼牆
柱、樑的接合部位
有開口部位的牆壁
無開口部位的牆壁
獨立基礎

建築物的模型化,首先必須將建築結構物想成是構材(柱、樑、牆壁、地板、基礎等),以及接合部位的集合體。如果使用有限元素法(FEM)的話,可以用更精密的模型化做設計

線材置換模型

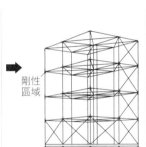

剛性區域

更進一步做簡化,將附帶翼牆的柱、腰壁板、防煙垂壁的剛性也納入反應的線材取代模型。由於樑的接合部位當做不容易變形的剛性區域,翼牆、垂板也會型化成具有合理的構材(剛域)

用電腦計算

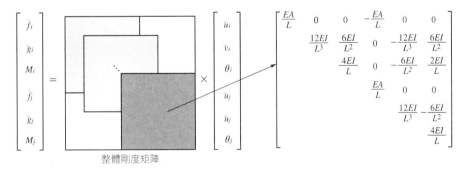

整體剛度矩陣

電腦內部正在進行下列的計算
$\{P\}$ $[A]\{\delta\}$

3
結構計算

什麼是斷面計算？

！ 計算構材的斷面性能
是為了確保安全性

何謂斷面計算？

斷面計算基本上是用來確認柱與樑這兩種構材的安全性。由於構材的斷面性能對安全性有很大的影響，所以稱為斷面計算。計算構材「會因為多少的載重而斷裂」，或是「有足夠的能力承受假想的載重嗎？」並加以確認其安全性。

斷面計算的步驟如下。首先藉由應力計算，確認計算對象的構材斷面上產生了多少程度的應力。接著，確認構材的斷面性能是否高於計算出來的應力。詳細內容會在各個構材種類的各別斷面計算項目中做說明，這裡先說明不同構材種類的斷面計算方法差異。

因材料種類而產生斷面計算的差異

鋼骨造的斷面計算前提是只要不產生挫屈即可，所以較為簡單。評估壓力與拉力上，是用斷面積與斷面模數算出應力度，確認是否在容許應力度以下。木造也是一樣。

另外，鋼筋混凝土造則因為在混凝土斷面中有鋼筋，所以計算上稍微困難些。基本上壓力是由混凝土來承受，拉力則由鋼筋來承受。

因長期與短期而產生斷面計算的差異

根據日本的基準法，斷面計算必須分為長期與短期來確認安全性。長期主要是確認針對因重力形成的垂直載重所引起的應力安全性；短期則是確認地震力與風載重等，這類短期間內在建築物上施加的載重的安全性。

memo

這節說明了「構材的安全性＝是否會受到破壞」。但是，重要的不只是這點而已，對深刻影響居住性的撓度，也必須確保其性能。若是撓度太大，會造成桌子傾斜、鉛筆自行滾動，以及人一走動就會產生震動等不便問題。

何謂斷面檢驗？

與斷面計算很相似的詞彙，還有「斷面檢驗」。針對構材的性能方面，斷面檢驗是為了確認存在的應力是怎樣的程度而訂定。目的是檢查檢驗值是否不滿 1.0。

應力是指在構材上產生的力，應力度則是在構材的局部上產生的力！

① 各項構材種類的斷面計算重點

所謂斷面計算，是以在斷面上作用的應力為基礎，計算出柱與樑的尺寸、配筋、斷面形狀後，確定其大小與配筋。因材料種類的不同，斷面計算的方法也不同。經由斷面計算，能夠決定出下列列舉的幾個項目（樣式）。

RC 造的建築物	S 造的建築物	木造的建築物
①鋼筋的樣式 ②鋼筋直徑、數量 ③斷面尺寸 ④混凝土的種類 ⑤構材的長度	①鋼骨種類 ②斷面尺寸 ③構材的長度	①樹種 ②斷面尺寸 ③構材的長度

① 斷面計算的方法

鋼筋混凝土的情況

承受彎矩 M 的樑的斷面計算，從容許拉應力度等算出必要鋼筋量 a_t，並決定配筋。

$$a_t = \frac{M}{f_t \times \underbrace{0.875d}_{\text{應力中心間距 } j}}$$

a_t：必要鋼筋量
M：彎矩
f_t：容許拉應力度
d：有效深度

經常使用的鋼筋種類	容許拉應力度（長期）	容許拉應力度（短期）
D13、D10、SD295A	$f_t = 196\,\text{N／mm}^2$	$f_t = 295\,\text{N／mm}^2$
D22、D19、D16、SD345	$f_t = 215\,\text{N／mm}^2$	$f_t = 345\,\text{N／mm}^2$

主要的鋼筋的斷面積				（mm²）
D10	D13	D16	D19	D22
71.3	127	199	287	387

主要鋼筋的斷面積及必要鋼筋量就能算出必要數量

受拉側的鋼筋

木材與鋼材的情況

必須設計成彎曲應力度 σ_b 為長期（短期）容許應力度 f_b 以下的斷面。

$$\sigma_b = \frac{M}{Z} \leq f_b$$

M：彎矩
Z：斷面模數
f_b：長期容許彎曲應力度（下表）

材料種類		長期容許彎曲應力度	短期容許彎曲應力度
鋼鐵	SS400	$f_b = 160\text{N／mm}^{2※}$	$f_b = 240\text{N／mm}^{2※}$
木材	花旗松 無等級	$f_b = 10.3\text{N／mm}^2$	$f_b = 18.7\text{N／mm}^2$

※ 若為鋼材的話，會因防挫屈的設置方法不同，容許應力度的數值也會改變。

3 — 結構計算

key word 062 鋼筋混凝土造樑的斷面計算

RC 樑的設計重點是什麼？

！ 必須計算樑的斷面
（決定鋼筋的直徑以及數量）

澆置混凝土前的 RC 樑。可以看到主筋與箍筋被綁在一起的樣子。

當鋼筋混凝土樑（RC 樑）承受彎矩時，會由混凝土承受壓力部分；鋼筋則承受拉力部分。計算樑的斷面必須考慮其彎矩和剪力。

確認 RC 樑安全性的方法

確認 RC 樑是否安全，基本上是考慮拉力鋼筋的數量（斷面積）。拉力鋼筋的斷面積乘以容許應力度（參閱 P141），就等於鋼筋部分的容許拉應力度。另外，壓力側的混凝土方面，可想成因受鋼筋的容許應力度影響，而呈現如右圖於長方形的面積部分上分布著應力作用。此壓力所分布的長方形部分的中心到拉力鋼筋間的距離，稱為應力中心間距（j），是用（7／8）d（d：壓力邊緣到鋼筋的距離）計算出來的值。「鋼筋的容許拉應力度」與「應力中心間距」相乘的積就是樑的容許彎矩。產生於該樑上的應力若小於該容許彎矩，則可確認其安全性。即便是非常簡單的算式，在決定 RC 樑配筋的斷面計算中仍經常使用到這個算式。雖然壓力側的混凝土應力實際上並非是單純地分布，但經過實驗證明，只要利用（7／8）d 的數值，即使不考慮壓應力的分布大致上也不會有問題。

不過，上述的容許彎矩的計算方法是與鋼筋的容許拉力比較，壓力側的混凝土壓力較大時（小於平衡鋼筋比的情況）才能使用。比起混凝土斷面，當鋼筋的量較多時，壓力側的應力度（受壓之最外側纖維應力度）會超過混凝土容許應力度，所以 RC 樑的容許彎矩必須由混凝土的容許壓應力度來決定。這種情況只要利用右頁的曲線圖，就可以計算出 RC 樑所需的必要鋼筋量。

產生彎曲的RC樑

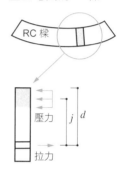

RC 樑

壓力

拉力

j　d

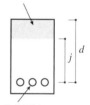

承受壓力的混凝土

j　d

承受拉力的鋼筋

j：應力中心間距
d：受壓邊緣到鋼筋為止的距離

memo

近年，隨著混凝土持續開發，業界出現一種強度超越鋼鐵的超高強度混凝土。但就現狀來看，幾乎所有的混凝土結構物還是由竹節鋼筋來承受拉力。不過，也有在混凝土加入玻璃纖維或鐵線，藉此補強性能的纖維混凝土可選擇。

⚠ RC 樑的斷面計算

當 RC 樑產生彎曲時，樑斷面會產生壓力與拉力。混凝土、鋼筋負責抵抗壓力，鋼筋則抵抗拉力。因此，樑的彎曲強度是由鋼筋的位置、直徑、數量來決定。

計算斷面時的基本假設

①混凝土對拉力沒有任何抵抗力（事實上有，但這裡忽略）
②各斷面在構材受彎曲後仍維持平面，混凝土的壓應力度與至中性軸的距離成正比（假設樑維持平面）

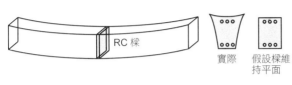

實際　假設樑維持平面

③鋼筋與混凝土的楊氏係數比例（楊氏係數比 n）是將混凝土的種類、載重的期間長短均視為相同，依照混凝土規定抗壓強度 F_c，對照右表求出的值。

鋼筋的楊氏係數比 n

混凝土規定抗壓強度 F_c（N／mm²）	楊氏係數比
$F_c \leq 27$	15
$27 < F_c \leq 36$	13
$36 < F_c \leq 48$	11
$48 < F_c \leq 60$	9

混凝土根據 F_c 的不同，其楊氏係數也不同，所以鋼筋與混凝土的楊氏係數比例（一楊氏係數比）也不同。

原注：楊氏係數是代表材料硬度的數值，鋼筋的楊氏係數為固定值。

樑的斷面計算方法

容許彎矩 M_a 的確認

對預設的樑斷面，當以小於平衡鋼筋比來進行設計時，可用下列算式求樑的容許彎矩 M_a，並根據此數值求出必要鋼筋量。

$$M_a = a_t \times f_t \times j \qquad j = \frac{7}{8} \times d$$

M_a：樑的容許彎矩
a_t：拉力鋼筋斷面積
f_t：鋼筋的容許拉應力度
j：應力中心間距
d：壓力邊緣至拉力鋼筋重心的距離（有效深度）

配筋條件的確認

除此之外，樑的配筋必須符合下列條件。
- 拉力鋼筋比（$a_t／bd$）須為 0.004 以上（或存在應力的 4／3 倍以上，取兩者數值較小的一方）
- 主要的樑在所有柱間皆必須為腹筋樑。
- 主筋必須為竹節鋼筋 D13 以上。
- 主筋的間距須為 25mm 以上，或竹節鋼筋直徑的 1.5 倍以上。
- 主筋的配筋屬於特殊情形除外，必須在雙層配筋以下。
- 須確保重疊部位的空間進行設計。

⚠ 超過平衡鋼筋比時的必要鋼筋數量

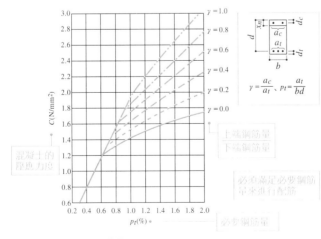

長方形樑的必要鋼筋量 p_t
（$F_c = 24$N／mm²，SD345，$d_c = 0.1d$，楊氏係數比 $n = 15$）

當拉力鋼筋比超過平衡鋼筋比時，必須根據混凝土的容許壓應力度來決定必要鋼筋量。

假設混凝土的受壓側纖維應力度與拉力鋼筋的應力度都同時達到容許應力度狀態，在該狀態下所需的拉力鋼筋數量，以混凝土斷面積和鋼筋斷面積的比來表示的數值，就稱為平衡鋼筋比。

RC 柱的設計重點是什麼？

key word 063 鋼筋混凝土造的柱子的斷面計算

！能夠同時考慮軸力和彎矩

框架結構的 RC 柱。

　　鋼筋混凝土造（RC 造）柱子的斷面計算比樑更加複雜。重點在於必須同時考慮軸力與彎矩來進行斷面計算（配筋）。

樑與柱在斷面計算上的差異

　　樑上產生的應力有剪力與彎矩，但柱上除了剪力、彎矩之外，還有來自建築物重量產生的巨大軸力。這就是柱與樑最大的不同之處。因為這個軸力，使斷面計算變得複雜。實務上已幾乎不用人工計算，都是用電腦計算，但以前是利用工程用計算機，以及右頁下表的曲線圖來進行計算。本書省略了算式的計算過程。

利用軸力－彎矩曲線的 RC 柱斷面計算

　　最好能夠先了解混凝土柱的性質，請參閱右頁上圖模式化的曲線圖。這個曲線圖稱為軸力－彎矩曲線。其中也有只看曲線圖的一半，所以又有「胸部曲線」的稱呼。從曲線圖可知，RC 造的柱在拉力側的容許應力度會變小。至於壓力側因為混凝土的斷面較大，容許壓力也較大，再加上壓力側的鋼筋也成為應力的抵抗要素之一，所以壓力側的容許應力必然會變大。進行應力計算時，若碰到柱的軸力變成拉力的話就要特別注意。基本上必須設計為全斷面上都不可產生拉力的結構。

　　雖然上一段提到了壓力側是相較安全的，但若是超高層大樓，其軸力會變得非常大，所以會在壓力側決定柱的性能。如果柱不能確保足夠的安全性來承受軸力的話，有時就會在柱的中央設置一種稱為軸鋼筋的鋼筋。

RC柱的基本假設

①混凝土對拉力沒有任何抵抗力（實際上有，但這裡忽略）
②各斷面在構材產生彎曲後仍保持平面，混凝土的壓應力度與至中性軸的距離成正比（假設樑維持平面）
③鋼筋與混凝土的楊氏係數比例（楊氏係數比 n）是將混凝土的種類、載重的期間長短均視為相同，依照混凝土規定抗壓強度 F_c，與設計樑時的數值相同。

複雜的柱的應力計算

實際的 RC 柱的斷面計算更為複雜。樑只要考慮垂直方向的力量就可以，但柱還必須考慮從 45 度角方向過來的地震能量。此時必須將應力較大的方向上的彎矩設計為 $\sqrt{2}$ 倍，或是根據下列的算式，假設於柱上產生的應力來做計算。

$$M_s = \sqrt{M_x^2 + M_y^2}$$

144

⊕ RC 柱的斷面計算方法

RC 柱上會同時作用軸方向力 N 與彎矩 M。
⇨ 中性軸的位置會因為軸力的影響而改變
⇨ 同時考慮 N 與 M 來進行斷面計算
由長期、短期分別檢討 X 方向與 Y 方向來決定斷面。

應力的確認

柱因為要同時承受軸力與彎矩，將容許方向軸力 N 與容許彎矩 M 連結起來，就可畫出如下圖的軸力－彎矩曲線※。

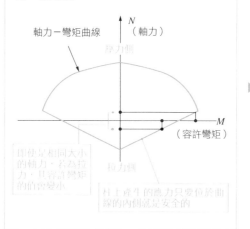

軸力－彎矩曲線

N（軸力）

壓力側

M（容許彎矩）

拉力側

即使是相同大小的軸力，若為拉力，其容許彎矩的值會變小

柱上產生的應力只要位於曲線的內側就是安全的

條件的確認

除了斷面計算之外，還必須滿足下列條件。
- 主筋全斷面積的比須為混凝土全斷面積的 0.008 以上。
- 構材的最小直徑與其主要支點間距離的比，若是使用普通混凝土的話須為 1／15 以上，若為輕質混凝土則 1／10 以上。
（上述的數值若為下列情況時，則須將應力加成後計算）
- 主筋必須為竹節鋼筋 D13 以上，或有 4 根以上，主筋以箍筋相互連結。
- 主筋的間隔須為 25mm 以上，或為竹節鋼筋直徑的 1.5 倍以上。
- 須確保重疊部位的空間進行設計。

※ 軸力－彎矩曲線的計算方式有：先確定軸力之後再算出彎矩的算法、也有先確定偏心距離 e（通過原點的直線彎曲度）算出容許方向軸力之後，再以 $M = N_e$ 計算出彎矩等。

⊕ 以前是根據曲線圖來做斷面計算

柱的長期彎矩－軸力的關係

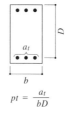

鋼筋的比例（已考慮柱的形狀）

$pt = 2.0\%$
0.0%　0.5%　1.0%　1.5%

軸面應力度（已考慮柱的形狀）

$N／(bD)(N／mm^2)$

$M／(bD^2)(N／mm^2)$

$pt = \dfrac{a_t}{bD}$

手算 RC 柱時，必須利用曲線圖進行計算。同時考慮柱的形狀、鋼筋的數量、軸力、以及彎矩計算出鋼筋量。

左上曲線為長期的狀態，但還必須檢討短期X、Y方向！

對抗壓力最有效的軸鋼筋

軸鋼筋能夠承受高樓大廈這種很大的壓力。

箍筋（圍束）
主筋
軸鋼筋

如何設計 RC 地板？

！應用四邊固定概念
計算應力與撓度

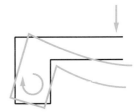

施工中的 RC 造地板 [上方照片]。

施工後，地板上放置了許多束西 [下方照片]。

樓板的變形與撓度的計算方法

鋼筋混凝土造的樓板，通常四邊會有樑圍繞著。幾乎所有的情況下，樑的剛性會大於地板，所以會將樓板視為四邊固定的結構（四邊固定樓板）來計算應力與變形（撓度）。由應力大小來決定樓板強度所必要的鋼筋量。至於撓度可利用圖表求出值，與跨距大小對應的撓度必須設計成低於日本建築基準法的容許值（1／250）以下的斷面。

此外，計算撓度時會考慮到潛變。潛變是指撓度隨著時間而逐漸變大的現象。在日本基準法上，以鋼筋混凝土為例，計算出來的撓度乘以 16 倍的數值是「將潛變考慮進去的撓度」，這個數值按照規定必須為樓板跨距的 1／250 以下。

設計地板的注意事項

若地板與樑的交界處條件改變的話，算式也會改變，所以必須特別注意。例如，樓板的短邊方向與長邊方向的跨距比例為 1：2 以上時，或使用合成混凝土樓板時，就不能將四邊想成被樑固定住，而是當成只受到單方向的樑固定的樓板（單向樓板），來計算應力與變形（撓度）。

此外，使用半 PCa 樓板或合成混凝土樓板等材料時，若發生地板的剛性大於樑的話，有時會將地板的端部當做鉸接來計算應力。此外，使用這幾種樓板進行假設工程時因為還沒有澆置混凝土，其剛性會比設計時預想的低。因此若要用於作業用地板的話，也必須確認假設時的強度與變形量。

memo

混凝土的樓板幾乎都是以四邊固定的概念進行設計。但還是有必須注意的地方。若為連續樓板的話就沒關係，但若有落差等不連續的情況，樑將會產生很大的扭轉，所以必須針對樑的扭轉做設計。

樓板會造成樑的扭轉

單向樓板的例子

如下圖，跨距比為 1：2 以上的情況，以單向樓板來計算應力與撓度。

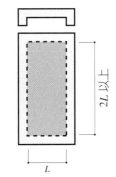

2L 以上

L

⊙ 設計樓板的方法

計算應力（四邊固定樓板的公式）　　原注：《鋼筋混凝土構造計算規準》（日本建築學會）所規定的標準式

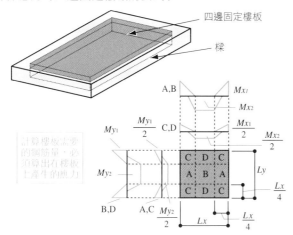

四邊固定樓板

樑

計算樓板需要
的鋼筋量，必
須算出在樓板
上產生的應力

$$M_{x1} = -\frac{1}{12} \, w_x \times L_x^2$$

$$M_{x2} = \frac{1}{18} \, w_x \times L_x^2 = -\frac{2}{3} \, M_{x1}$$

$$M_{y1} = -\frac{1}{24} \, w \times L_x^2$$

$$M_{y2} = \frac{1}{36} \, w \times L_x^2 = -\frac{2}{3} \, M_{y1}$$

$$w_x = \frac{L_y^4}{L_x^4 + L_y^4} \, w$$

$M(x_1, x_2, y_1, y_2)$：x_1, x_2, y_1, y_2 的彎矩（N·m）
L_x：樓板的短邊長度（m）
L_y：樓板的長邊長度（m）
w：均布載重（N／m²）

確認撓度（鋼筋混凝土造的情況）

將潛變納入考慮
計算出撓度。設
計成 $\delta／L$ 容許值
以下。

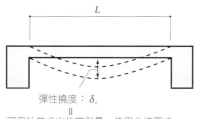

$$\delta = 16 \times \delta_e$$

$$\frac{\delta}{L} \leq \frac{1}{250}$$

彈性撓度：δ_e
‖
可用計算求出的變形量。使用曲線圖或
計算軟體算出。

設計 RC 地板時最常見的是
四邊固定樓板。一定要熟練
公式的運用。此外設計地板
有幾點注意事項，也必須融
會貫通！

⊙ 長方形樓板的應力圖與撓度

以前電腦尚未普及的時代，都是用
圖表來做樓板的應力計算。
右圖為四邊固定的理論解釋和學會
算式的曲線圖，可知短邊與長邊的
比例超過 2 的話，應力會固定不
變。

雖然現在都是用電腦進
行斷面計算，但計算長
方形樓板依舊是參考右
圖的「應力圖與撓度」。

均布載重時四邊固定樓板的應力圖與中央點的撓度 δ（$\upsilon = 0$）

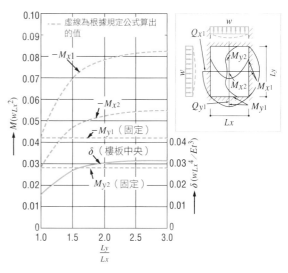

虛線為根據規定公式算出
的值

$-M_{x1}$
$-M_{x2}$
$-M_{y1}$（固定）
δ（樓板中央）
$-M_{y2}$（固定）

縱軸：$M(wL_x^2)$
右縱軸：$\delta(wL_x^4 / EI^3)$
橫軸：$\frac{L_y}{L_x}$

（出處：《鋼筋混凝土構造計算用資料集》日本建築學會）

3
｜
結構計算

key word 065 鋼筋的黏著力計算

什麼是
黏著力？

！ 鋼筋的力傳遞到混凝土
就是黏著力

施加於梁柱接合部的力會傳遞至大樑的鋼筋、混凝土上，再傳遞至柱的鋼筋上

因設計方式不同，鋼筋的黏著力也不同

　　如果鋼筋以壓接或焊接、鋼筋接續器銜接的話，力的傳遞方式會較容易了解。但是，將所有鋼筋都直接接續起來的施工作業實在困難，所以會將應力相對較小的樓板或牆壁裡的小直徑鋼筋重疊搭接，藉由鋼筋對混凝土的黏著力來進行力的傳遞。

　　此外，大樑也必須根據端部或中央部的應力大小，增減鋼筋數量來進行配置，但非連續狀態的鋼筋是藉著對混凝土的黏著力，將應力傳遞至鋼筋上。甚至埋入到柱裡的大樑鋼筋，會藉著對混凝土的黏著力將應力傳到柱鋼筋上。

黏著強度的計算方法

　　黏著強度如同右頁上方公式（必要黏著長度公式）所示，將鋼筋上產生的應力，除以鋼筋周長與黏著的容許應力度相乘所得的積，計算出黏著長度。公式裡的係數 K 是考慮到鋼筋間的間隔等所設的修正係數。雖然不是複雜的公式，但在黏著力的傳遞上需要一定長度，而且實務上實際進行黏著設計時，由拉力變為壓力的切換位置也非常重要。在壓力領域中，由於拉力鋼筋的力量無法做傳遞，所以讀取應力圖的內容也很重要。

　　此外，容許黏著應力度與日本建築學會所謂的「RC基準」、以及日本建築基準法的求法並不相同。RC基準的規定更為嚴格，雖然不同設計師會有不同做法，但一般會採用這個標準。

　　目前還不能斷言已完全解開黏著力的原理。只能說已有相當進展，只是尚未成熟，所以黏著的檢討方程式今後也可能會有些許的變化。

memo

使用圓鋼的情況
本文說明是針對竹節鋼筋的黏著力。在現代，地面混凝土的裂縫防止鋼筋除外，幾乎都是使用竹節鋼筋。圓鋼方面，黏著的結構更加複雜，會以集中載重的形式由彎鉤部位，將力傳遞至混凝土上。

關於黏著設計的方法，在「日本建築學會RC基準（2010年版）」第16條上有特別載明，確認一下比較好喔！

① 黏著強度的設計重點

彎曲構材的拉力鋼筋必須確認跨距內，進行黏著檢定部位的黏著長度 ℓ_d，長度是否大於必要黏著長度 ℓ_{db} 加上有效深度 d 的值。

$$\ell_d \geqq \ell_{db} + d$$

必要黏著長度的公式如下。

$$\ell_{db} = \frac{\sigma_t \times A_s}{K \times f_b \times \Phi}$$

σ_t：位於黏著檢定斷面位置上，做為短期、長期載重時的鋼筋的存在應力度，若在鋼筋端部設置彎鉤的話，必須取其值的 2／3。

A_s：該鋼筋的斷面積　　Φ：該鋼筋的周長

f_b：容許黏著應力度（參閱下表）

K：根據鋼筋配置與橫向補強鋼筋算出的修正係數，為 2.5 以下。（參閱下表）

因黏著力產生的應力傳遞

①重疊搭接的情況

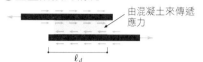

由混凝土來傳遞應力

②柱樑接合部的情況

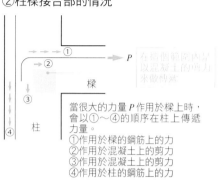

當很大的力量 P 作用於樑上時，會以①～④的順序在柱上傳遞力量。
①作用於樑的鋼筋上的力
②作用於混凝土上的剪力
③作用於混凝土上的剪力
④作用於柱的鋼筋上的力

① 容許黏著應力度與修正係數 K 的求法

竹節鋼筋對混凝土的容許黏著應力度

①依照 RC 基準 2010 年版（日本建築學會）

（N／mm²）

	長期		短期
	樑上層主筋	其他鋼筋	
竹節鋼筋	$\frac{1}{15}F_C$ 或 $\left(0.9 + \frac{2}{75}F_C\right)$ 以下	$\frac{1}{10}F_C$ 或 $\left(1.35 + \frac{1}{25}F_C\right)$ 以下	長期數值的 1.5 倍

②依照日本建築基準法施行令 91 條

（N／mm²）

	長期		短期
	樑上層主筋	其他鋼筋	
$F_c \leqq 22.5$	1／15F	1／10F	長期的 2.0 倍
$F_c > 22.5$	0.9 + 2／75F	1.35 + 1／25F	

$F_c = F =$ 混凝土的規定抗壓強度。表是根據 2000 年日本建設省告示 1450 號。

根據鋼筋配置與橫向補強筋做計算的修正係數 K 的求法

長期載重時　　$K = 0.3 \times \dfrac{C}{d_b} + 0.4$

短期載重時　　$K = 0.3 \times \dfrac{C + W}{d_b} + 0.4$

C：鋼筋間的間距、或是最小重疊厚度的 3 倍之中的較小值，須為鋼筋直徑的 5 倍以下。

d_b：彎曲補強鋼筋直徑。

W：代表橫跨於黏著斷裂面上的橫向補強鋼筋效果的換算長度，計算公式如下。須為鋼筋直徑的 2.5 倍以下。

$$W = 80 \times \frac{A_{ST}}{sN}$$

A_{ST}：橫跨黏著斷裂面的 1 組橫向補強筋的全斷面積。

s：1 組橫向補強筋的間隔。　　N：在黏著斷裂面上的鋼筋數量。

日本建築學會的「RC 基準」（鋼筋混凝土結構計算規準·同解說），與日本建築基準法施行令 91 條中規定的容許黏著應力度並不相同。通常採用容許應力度數值較小的「RC 基準」。

與黏著相關的結構規定

- 拉力鋼筋的黏著長度不得小於 300mm 以下。
- 在柱和樑（基礎樑除外）的轉角、以及煙囪的鋼筋末端必須設置標準彎鉤。

接合部真的很重要嗎？

！將產生於大樑上的力，
傳遞至柱上的重要角色

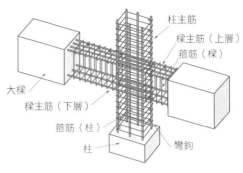

柱主筋
樑主筋（上層）
箍筋（樑）
大樑
樑主筋（下層）
箍筋（柱）
柱
彎鈎

鋼筋混凝土（RC）柱與樑的接合部對於結構體來說是非常重要的部分。接合部負責將大樑上產生的力傳遞至柱上。柱的主筋為垂直方向，而大樑的上下層主筋為水平方向。大樑上下層主筋的水平方向上的鋼筋產生的拉力，會化為接合部上的剪力，最後變成柱的主筋方向的拉力。抵抗混凝土剪力的性能好壞是決定柱與大樑的力的傳遞能力。

RC 造接口部設計的心得

發生大地震時建築物的安全性，取決於 RC 造大樑的變形能力。樑的上下層主筋會產生降伏的位置，是在柱與大樑的接合面上。所以必須將埋入柱的部分確實固定住，讓產生降伏的部分得以延展。因此，在設計接口部時，必須設法成為承受大樑的降伏彎矩也能保持接口部絕對不受破壞的狀態。萬一接口部受到破壞的話，主筋會因此位移就有可能造成大樑落下的危險（＝危害到人命）。

近年，由於考慮到大樑產生降伏後的安全性，針對大樑的下層鋼筋上會有很大的拉應力產生這點，已改成將下層主筋往上方錨定（固定住）的方式。此外，因為與柱搭接的大樑上下層鋼筋的彎勾部分會產生很大的力，所以搭接長度時也漸漸會忽略掉彎曲的部分，只考慮水平的部分。

然而，從考慮到施工的困難度，以及慣例上習慣使用朝下的錨栓來看，即使是現代在設置有許多耐震牆的強度型 RC 造建築物時，還是會以朝下的錨栓來做施工。只要是強度型都不是依賴變形能力的大小，所以建築物很安全；但即便是低層建築物，建築物的安全性只要是取決於變形能力的話（純框架結構），雖然沒有受到法令規定，但還是必須考慮鋼筋的搭接方向等接口部的性能來做設計。

複雜化的接合部配筋

近年，RC 造柱大樑的接合部性能受到重視。同時，接合部的配筋也變得複雜，所以機械式搭接逐漸受到重用。

鋼筋

產生降伏的部分具有延展性是指什麼？

產生降伏的部分具有延展性

混凝土的龜裂

在鋼筋產生降伏之前，鋼筋不會被拔出。

產生降伏的部位不具延展性

在鋼筋產生降伏之前，鋼筋就被拔出了。

① 柱樑接合部的重點

結構規定
①箍筋須使用 D10 以上的竹節鋼筋。
②箍筋比須為 0.2% 以上。
③箍筋間隔須為 150mm 以下,或為相連接柱的箍筋間隔的 1.5 倍以下。

設計重點
① RC 造的話柱樑接合部須為剛接。
②一般來說承受水平載重時的剪力影響較大。
③針對水平載重,必須將短期設計做為對象來進行設計。
④須確認在純框架部分的柱樑接合部上,短期容許剪力是否大於設計用短期剪力。

接合部的力的傳遞方式

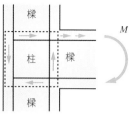

柱與樑的鋼筋的搭接

盡量在箍筋範圍內將所有應力傳遞到柱上

---

① 柱樑接合部短期容許剪力 Q_{Aj} 的計算

為了確保柱接合部的安全性,須確認接合部的短期容許剪力 Q_{Aj} >設計用短期剪力 Q_{Dj}。

柱樑接合部的短期容許剪力 Q_{Aj} 的計算方法

$$Q_{Aj} = K_A (f_s - 0.5) b_j \times D$$

K_A:根據結合部形狀制定的係數

	十字型	T 型	卜字型	L 型
K_A	10	7	5	3

f_s:混凝土的短期容許剪應力
b_j:接合部的有效寬度($b_j = b_b + b_{a1} + b_{a2}$)
　　b_b 為樑高,b_{ai} 為 $b_i／2$ 或 $D／4$ 中取數值較小的一方,
　　b_i 為從樑的兩個側面,至與此平行的柱側面為止的長度
D:柱高

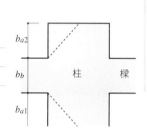

設計 RC 造的接合部必須具備計算柱樑接合部短期容許剪力的知識。一邊確認日本建築學會 RC 基準 15 條,一邊熟記這些基礎吧!

柱樑接合部的設計用短期剪力 Q_{Dj} 的計算方式

①基本
$$Q_{Dj} = \Sigma \frac{M_y}{j} \times (1 - \xi)$$

②承受水平載重時,剪力的增大係數為 1.5 以上時
$$Q_{Dj} = Q_D \times \frac{1 - \xi}{\xi}$$

$\Sigma \dfrac{M_y}{j}$:接合部的左右樑的降伏彎矩的絕對值,除以各自的 j 所得的和。不過,樑必須一端為往上的拉力,另一端為往下的拉力。

j:樑的應力中心距離。求 ξ 時,則為接合部的左右樑的平均值。

ξ:與架構的形狀相關的係數
$$\xi = \frac{j}{H \times \left(1 - \dfrac{D}{L}\right)}$$

H:接合部的上下柱的平均高度,最高樓層的接合部因為只有下方的柱子,所以取最高樓層高度的 $1／2$。柱的高度為樑中心與樑中心之間的距離。

D:柱高

L:接合部的左右樑的平均長度,外端的接合部為外端樑的長度。樑長度為柱中心與柱中心之間的距離。

Q_D:柱的短期設計用剪力,一般樓層的接合部為接合部的上下柱的平均值,最高樓層的接合部為接合部正下方的柱的值。

如何設計木造樑？

！以簡支樑算出應力與撓度
後進行斷面計算

木造的柱與樑。樑的設計上，必須考量樑上方有地板與屋頂的情況，以及沒有的情況等，各種的載重條件。

　　木造的樑幾乎兩端都是鉸接。樑會有連續的情況，但也會有柱榫等缺損的地方，所以慣例會以簡支樑算出應力與撓度，並做斷面計算。

木造樑的斷面計算步驟

　　進行斷面計算時，首先必須算出應力。載重的設計方面，雖然右頁舉的例子是均布載重，但有時為了配合格柵的間隔將集中載重作用於樑上，所以必須配合真實情況來考慮載重的模式。

　　在計算應力的同時，也要計算斷面性能。為了求斷面性能，必須先計算出與剪應力相關的斷面積、與彎曲應力相關的斷面模數、以及與計算撓度相關的慣性矩。至於容許應力度，在日本建築基準法中有做規定，必須確認使用的樹種的容許應力度（右頁圖表）。

彎曲應力、剪應力、撓度的確認方法

　　彎矩產生的應力度是彎矩除以斷面模數 Z 求出的值，必須確認求得的應力度小於容許彎曲應力度。此外，剪應力度的確認上也有需要稍微注意的地方，樑的端部若是以榫與柱做接合，或是在樑的側面鑿出側溝來做接合的話，就必須根據其形狀計算出有效的斷面積。

　　至於撓度則需要考慮因為潛變造成的撓度增大問題。通常會預設為兩倍。此外，木造住宅大多為傾斜屋頂，很多時候即使產生些許彎曲也不會有問題，所以屋頂設計不需要符合 1／250 的規定。

memo

最近常使用的是集成材與人工乾燥材，所以撓度與應力度的計算，以長方形的斷面來計算就不會有問題，但若是使用間伐材或未乾燥材的話就要特別注意。此外，木材產生豎向裂縫也沒關係，但若是在側面產生橫向裂縫，斷面性能將會因此而顯著地變差。

日本最近開始大量地建造木造建築，以建築設計師為目標的人，想必也會希望自己至少能學會木造樑的計算吧！

⑪ 應力與撓度的確認方法

針對木樑的撓度在建築物的使用上造成的問題，可根據 2000 年日本建設省告示 1459 號中的規定 $\dfrac{2\delta}{L} \leq \dfrac{1}{250}$。

應力確認

在確認目前計算的斷面是否安全時，必須將於樑上產生的最大應力（彎曲、剪力）與容許應力度做比較，若小於容許應力度的話就沒有安全疑慮。

最大應力度 ≦ 容許應力度

撓度確認

木造樑會因為潛變使得變形逐漸增大，必須用下列公式確認其為 1／250 以下。

$$\dfrac{2 \times 彈性變形度}{跨距長度} \leq \dfrac{1}{250}$$

彈性撓度是經由計算求得的撓度。將潛變納入考慮的話會變成 2 倍。

> 遵循上表順序進行木造樑的斷面計算。

---

⑪ 試著算看看木造樑的斷面計算

例題 如下圖，請確認花旗松的樑材的彎曲應力、剪應力、撓度是否沒有問題。

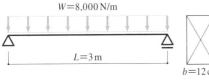

$W=8,000\,\text{N/m}$
$L=3\,\text{m}$
$h=24\,\text{cm}$
$b=12\,\text{cm}$

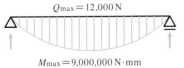

$Q_{max}=12,000\,\text{N}$

$M_{max}=9,000,000\,\text{N·mm}$

> 事先確認應力、彎矩、以及斷面性能

斷面積 $A = bh = 28,800\,\text{mm}^2$
斷面模數 $Z = bh^2／6 = 1,152,000\,\text{mm}^3$
慣性矩 $I = bh^3／12 = 138,240,000\,\text{mm}^4$

解答

① 確認彎曲應力 σ

$$\sigma_{max} = \dfrac{M}{Z} = 7.81\,\text{N／mm}^2$$
$$\leq 10.34\,\text{N／mm}^2 \quad \cdots \text{OK}$$

> 容許彎曲應力度 f_b（參考上表）

② 確認剪應力 τ

$$\tau = \dfrac{Q}{A_e} = 0.41$$
$$\leq 0.88\,\text{N／mm}^2 \quad \cdots \text{OK}$$

> 容許剪應力度 f_s（參考上表）

> 實際上 A_e 必須將型切口的形狀納入考慮

木材的容許應力度　[單位：N／mm²]

木材種類別（無等級材的情況）		長期				短期
		壓力 $1.1F_c／3$	拉力 $1.1F_t／3$	彎曲 $1.1F_b／3$	剪力 $1.1F_s／3$	
針葉樹	短葉赤松、黑松、花旗松	8.14	6.49	10.34	0.88	基準強度各數值的 2／3 倍
	扁柏、柏、落葉松、阿拉斯加黃杉	7.59	5.94	9.79	0.77	
	鐵杉、西部鐵杉	7.04	5.39	9.24	0.77	
	杉樹、巨柏、日本冷杉、蝦夷松	6.49	4.95	8.14	0.66	
闊葉樹	槲樹	9.90	8.80	14.08	1.54	
	日本板栗、橡樹、山毛櫸、櫸樹	7.70	6.60	10.78	1.10	

原注：F_c、F_t、F_b、F_s 分別為針對壓力、拉力、彎曲、剪力的基準強度，數值省略。

③ 確認撓度 δ

$$\delta = \dfrac{5}{384} \times \dfrac{wL^4}{E\,I}$$
$$= 5.09\,\text{mm}$$

> 花旗松的楊氏係數 E　12.0kN／mm²

木造樑須考慮因潛變造成的撓度增大，所以

$$2 \times \dfrac{\delta}{L} = 2 \times \dfrac{5.09}{3000}$$
$$\leq \dfrac{1}{250} \quad \cdots \text{OK}$$

> $\dfrac{2 \times 彈性變形度}{跨距長度} \leq \dfrac{1}{250}$

如何設計木造柱?

! 木造柱的基本是軸力

木造軸組工法的柱。可以推測出長度與斷面尺寸等比例。

木造住宅的柱承擔著長時間支撐垂直載重的任務。發生地震時,做為斜撐與合板耐力牆框架的柱子上,會產生很大的壓力與拉力。此外,承受風載重時,靠近外牆的柱子必須抵抗大的風壓力。柱可說是木造建築中最勤於工作的構材,因此確認其安全性也就非常重要。

木造柱的挫屈

木造一般使用 105mm 方形柱或 120mm 方形柱這種斷面較小的柱。小斷面的柱對壓力的抵抗力較差,所以對挫屈的檢討就變得很重要。

挫屈是因一定程度以上的壓力,造成構材的一部分產生急速彎曲的現象。日本建築基準法中有防止挫屈而訂的柱直徑(最小直徑)規定。一般部位只要遵守這項規定就沒問題,但挑空部分等會成為非常大的斷面。因此,計算斷面會是很有效的方法。

木造柱的斷面計算方法

確認目前計算的斷面是否安全,就必須算出柱所承受的長期軸力與地震時的軸力,若小於挫屈的容許應力度的話就是安全的結構。

對付風載重的外牆側,會因為風壓力而在外牆的面外方向產生彎矩。雖然承受彎矩的斷面計算與樑的方法相同,但風載重的情況則是使用短期的容許應力度。

此外,柱腳與柱頭因為有榫或切口而造成斷面缺損,所以也需要針對剪力,確認其值小於容許剪力。柱在垂直方向幾乎不會產生變形,但是承受風載重時面外方向會產生變形,所以和樑一樣也必須對撓度進行檢討。

memo

有些案例會在柱上設置開背。這對垂直載重並不會有太大的影響,但對於面外方向的彎矩將會產生很大的影響。如下圖,此柱能抵抗來自 a 方向的力,但對 b 方向的力沒有承受能力,所以當外牆上使用開背的構材時就需要特別注意。

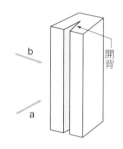

木造柱是必須抵抗軸力,以及因風力形成水平方向的力的構材。

① 設計木造柱時的必要知識

柱的小直徑規定

建築物		橫向、垂直方向相互的間隔為 10m 以上的柱，或是做為學校、保育設施、劇場、電影院、藝術表演場、觀賽場、公會堂、集會場、包含零售業店鋪（樓地板面積＜ 10m²）、公共澡堂等用途的建築物的柱		左欄以外的柱	
		最高樓層或樓層數為 1 的建築物的柱	其他樓層的柱	最高樓層或樓層數為 1 的建築物的柱	其他樓層的柱
(1)	土藏造建築物等牆壁的重量特別大的建物	1／22	1／20	1／25	1／22
(2)	（1）以外的建築物，屋頂是以金屬板、石板、石綿瓦、木板等輕量材料鋪成的建物	1／30	1／25	1／33	1／30
(3)	（1）、（2）以外的建築物	1／25	1／22	1／30	1／28

將柱的長度乘以表中的數值，確認柱的最小直徑（例：柱的最小直徑≧柱的長度 ×（表中數值 [mm]）（日本建築基準法施行令 43 條）

木造柱產生挫屈

壓力

挫屈

高度（長度）

木造柱因為有產生挫屈的危險性，所以比起抗壓力，容易挫屈承載力的值變小

軸力≦容許挫屈承載力

若非經過計算的話就必須嚴守左表的規定。

---

① 思考柱上產生的應力

對產生於柱上的應力，內柱與外柱有不同的思考方法。基本上都是「軸方向力」，但外柱上除了「軸方向力」以外，同時也必須檢討「因風壓造成的彎矩（因風產生的應力）」。

內柱的應力	①柱的軸向壓力 N。 　N_L：柱的長期軸方向力（垂直載重） 　N_H：柱承受水平載重時的軸方向力（因地震或風壓力而產生的軸方向力，會作用於耐力牆的柱上） 　N_S：柱的短期軸方向力　$N_S = N_L + N_H$	於內柱上產生的 N_H 相對較小，所以內柱一般會用長期 N_L 來做設計
外柱的應力	①柱的軸向壓力。 　N_L：柱的長期軸方向力（垂直載重） 　N_H：柱承受水平載重時的軸方向力（因地震或風壓力而產生的軸方向力，會作用於耐壓牆的柱上） 　N_S：柱的短期軸方向力 $N_S = N_L \pm N_H$ ②因直接風壓而產生的彎矩。 $$M_S = \frac{W \cdot \ell^2}{8}$$ M_S：因風壓力產生的彎矩 [kN·mm] W：風壓力 [kN] 　$W =$ 風速壓 × 風力係數 × 受風面積 ℓ：柱的長度（ℓ_k）[mm]	相反地，外柱因用短期軸方向力來做設計 由於外圍的柱以管柱居多，所以以柱兩端當成較接於計算應力

軸方向力以＋符號表示壓力；－符號表示拉力。

⊕ 只有軸方向的力作用著的柱（內柱）的斷面計算

當藉由計算來確認柱的壓力性能時，必須確保柱的最大應力度 σ 小於容許壓應力度 f_c。不過，f_c 的數值應該將挫屈納入考慮，根據柱的有效細長比的值來折減容許壓應力的值（挫屈折減係數）。

應力度的確認

$$\sigma = \frac{N}{A}$$

N：柱的軸方向壓力 [N]
A：柱的全斷面積 [mm²]

$$\sigma \leq \eta \cdot f_c \quad \boxed{\text{挫屈容許應力度}}$$

η：挫屈折減係數
f_c：長期容許壓應力度 [N／mm²]

接著根據上述公式

$$\frac{N}{A} \cdot \frac{1}{\eta \cdot fc} \leq \begin{array}{l} 1（長期）\\ 2（短期）\end{array}$$

$\boxed{\text{柱的斷面計算公式}}$

挫屈折減係數 η 的求法

挫屈折減係數 η 是根據構材的細長比 λ（柱的挫屈長度 ℓ_k [mm] ／迴轉半徑 i [mm]），用下列公式算出的數值。

細長比 λ 的值	挫屈折減係數 η
$\lambda \leq 30$	$\eta = 1$
$30 < \lambda \leq 100$	$\eta = 1.3 - 0.01\,\lambda$
$100 < \lambda$	$\eta = \dfrac{3,000}{\lambda^2}$

細長比為 30 以下代表容許應力度不用折減也沒關係

⊕ 柱軸方向的力＋因風壓產生的彎矩作用著的柱（外柱）的斷面計算

應力度的確認

$$\left(\frac{N_{l_s}}{A} \cdot \frac{1}{\eta \cdot sf_c} \right) + \left(\frac{M_s}{Z} \cdot \frac{1}{sf_b} \right) \leq 1.0$$

N_{l_s}：柱的軸方向力 [N]

A　：柱斷面積 [mm²]

η　：挫屈折減係數

sf_c：短期容許壓應力度 [N／mm²]

M_s：因風壓力產生的彎矩（短期）[N·mm]

Z　：有效斷面模數 [mm²]

sf_b：短期容許彎矩應力度 [N／mm²]

此外，挫屈折減係數 η 是根據細長比 λ，用上表公式算出的數值。

實際上將產生於柱上的應力（軸力、彎矩）除以分別的容許應力度，來確認其安全性！

① 挑戰內柱的斷面計算

例題 如下列條件，假設木造內柱上有軸力 N ＝ 20.0kN 作用著。請確認這種情況下的長期安全性。

（條件）
柱斷面：120×120mm，花旗松
斷面積 A：14,400mm²
迴轉半徑 i：34.7mm
斷面模數 Z：288×10³mm³
容許應力度：
$_Lf_c$：8.14N／mm²
$_Lf_b$：10.34N／mm²
$_Lf_s$：0.88N／mm²
楊氏係數 E：10×10³N／mm²

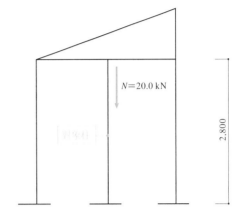

N＝20.0 kN

2,800

解答

柱的斷面計算式如下。

$$\frac{N}{A} \cdot \frac{1}{\eta \cdot {_L}fc} \leq 1.0 \text{（長期）}$$

算出柱的有效細長比 λ 後，求得挫屈折減係數 η。

$$\ell_k = 2,800 \qquad \lambda = \frac{\ell_k}{i} = \frac{2,800\text{mm}}{34.7\text{mm}} = 81$$

參考左頁的表格，當 $30 < \lambda \leq 100$ 時，$\eta = 1.3 - 0.01\lambda$，

$$\lambda = 0.49$$

將求出的值代入上述斷面計算式中，

$$\frac{20,000\text{N}}{14,400} \cdot \frac{1}{0.49 \times 8.14\text{N}／\text{mm}^2} = 0.35 < 1.0 \quad \cdots\text{OK}$$

如何設計
鋼骨造樑？

！為了不超過構材的容許應力
度，所以得進行斷面計算

鋼件大樑的施工照片。

鋼骨大樑的斷面計算，是計算承受長期載重、以及地震時的載重的大樑應力，目的是確認長期載重產生的應力的長期安全性，和長期載重產生的應力加上地震時的載重產生的應力的短期安全性。

彎矩的容許應力度檢討

接下來是計算容許應力度，鋼骨樑的斷面是由薄的鐵板組合而成，其寬厚比例大容易產生橫向挫屈，所以檢討彎矩的容許應力度相當重要。根據彎矩的分布情況不同，因彎矩而產生的挫屈容許應力度也會跟著不同。大多彎矩的容許應力度會採容許拉應力度的做法，將混凝土地板固定於樑翼板，或架設小樑防止大樑往橫向產生挫屈。

若不約束往橫向產生的挫屈，就要根據彎矩分布求出修正係數，計算容許應力度。此外，雖然短期的容許應力度通常會以長期的 1.5 倍來計算，但彎矩的分布形狀會因短期與長期而變化，挫屈形狀也會跟著改變，所以容許應力度也不會單純為1.5 倍，會因為長、短期而改變。

剪應力的斷面計算方法

進行 H 型鋼大樑的剪應力的斷面計算時，通常只會以大樑的腹板的斷面積來計算剪應力度。這與方形斷面的斷面計算不同，需要特別注意。此外也與木造樑、RC 樑一樣必須確認撓度，但因為在鋼骨樑上不會產生潛變，只需要檢討彈性變形。

還有更重要的，因為是由薄的鐵板組合而成的構材，所以一旦承受大的壓力時，鐵板的端部會產生挫屈。為了確保到最後都不會產生挫屈、有足夠的變形能力，必須確認側向支撐構材的所需數量。

memo

現今斷面計算都是用電腦計算。即使不知道計算方法，在計算應力的同時，也會一併算出斷面計算（斷面檢討）。但能夠理解這些數值是如何計算出來的，在做斷面調整、以及自行確認電腦程式的可信度時，就是非常重要的能力。

木造與 RC 造有很多不確定的要素，但鋼骨造是使用經過工業化的構材，可獲得與計算結果相同的安全性。

ⓘ 樑的斷面計算順序

確認應力度

確保樑的最大應力度小於構材的容許應力度。

最大應力度 ≤ 容許應力度

▶

確認變形量 ≦ 1／250

確認樑的變形量為 1／250 以下。

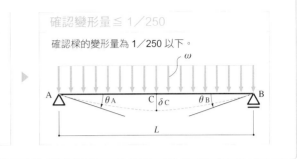

ⓘ 挑戰鋼骨樑的斷面計算

例題 如下條件，H 型鋼樑的彎曲應力度 σ、剪應力 τ，於長期、短期是否都沒有問題？

條件
長期容許彎曲應力度 f_b ＝長期容許拉應力度 f_t ＝ 157N／mm²
長期容許剪應力度 f_s ＝ 90.5N／mm²（假設橫向的挫屈受到約束）
$H-400×200×8×13$

斷面積 A_w ＝ 31.37cm²　　η ＝ 8.13
斷面模數 Z ＝ 1,170cm³　　慣性矩 I ＝ 16.8cm⁴

這裡提到的容許彎曲應力度，將於下一頁說明「忽略彎曲挫屈的容許應力度」。

解答

①從長期彎矩圖確認長期的應力度

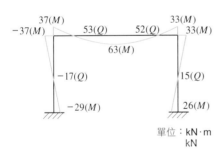

①確認彎曲應力度 σ
因為樑中央的彎矩 M ＝ 63kN·m，所以
$$\sigma_b = \frac{N}{A} = 53.84 \, \text{N}／\text{mm}^2$$
$$< 157 \quad \cdots \text{OK}$$

長期容許彎曲應力度 f_b

②確認剪應力度 τ
因為樑的剪力 Q ＝ 53kN，所以
$$\tau = \frac{Q_m}{A_w} = 16.89$$
$$< 90.5$$

長期容許剪應力度 f_s

②從地震時的彎矩圖與長期彎矩圖確認短期的應力度

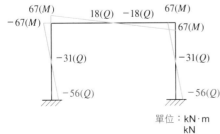

①確認彎曲應力度 σ_b
因為端部的彎矩 M ＝ 37＋67 ＝ 104kN·m，所以
$$\sigma_b = \frac{M}{Z} = 88.9 \, \text{N}／\text{mm}^2$$
$$< 235.5 \quad \cdots \text{OK}$$

短期容許彎曲應力度＝f_b×1.5

②確認剪應力度 τ
因為樑的剪應力 Q ＝ 53＋18 ＝ 71kN，所以
$$\tau = \frac{Q_m}{A_w} = 22.6$$
$$< 135.75 \quad \cdots \text{OK}$$

短期的容許剪應力度＝f_s×1.5

! 受彎構材的挫屈容許應力度

由於容許彎曲應力度與彎曲挫屈有關，所以其值會比容許拉應力度小。實際的計算複雜，但為了提供有餘裕的讀者學習，於此頁說明算式。

由於長期應力造成的受彎構材挫屈的容許應力度 f_b，由算式(1)求出。
短期應力的數值是長期應力數值的 1.5 倍。

$$f_b = max(f_{b1}, f_{b2}) \text{ 或 } (f_b \leq f_t)$$

$$f_{b1} = \left\{ 1 - 0.4 \frac{(L_b/i)^2}{C\Lambda^2} \right\} ft \quad \cdots(1)$$

$$f_{b2} = \frac{900,000}{\left(\frac{L_b \cdot h}{A_f} \right)^*} \qquad \boxed{\eta = \left(\frac{L_b \cdot h}{A_f} \right)}$$

$$C = 1.75 - 1.05 \cdot \left(\frac{M_2}{M_1} \right) + 0.3 \cdot \left(\frac{M_2}{M_1} \right)^2 \leq 2.3 \quad \cdots(2)$$

L_b ：受壓翼板支點間距（橫向挫屈長度）
h ：受彎構材的高度
A_f ：受彎構材翼板的斷面積
i ：從受壓翼板的樑高的 1／6 求得的 T 型斷面腹板軸周圍的迴轉半徑
C ：從挫屈範圍端部的彎矩求得的修正係數
（M_1, M_2 說明請參閱右頁）

實際上是用電腦計算，但若是人工計算的話公式過於複雜，通常會利用曲線圖來算出容許應力度。

不約束橫向挫屈的情況

根據彎矩分布求出修正係數，再算出容許應力度。

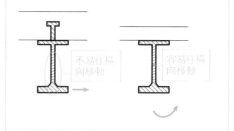

f_{b1} 是由樑的長度所決定的容許應力，f_{b2} 則表示由翼板的性能來決定的容許應力。

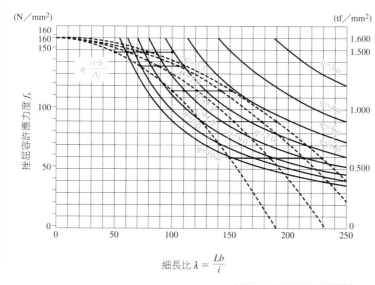

細長比 $\lambda = \dfrac{Lb}{i}$

在某個細長比時，其虛線（C 值）與實線（η 值）比較，取其所對照的 f_b 值較大者為容許應力度

從左曲線圖可列出幾項傾向。
傾向① η 的值愈小，容許應力度愈大
傾向② 細長比 λ 愈大，容許應力度愈小

$F = 235N／mm^2$ 鋼材的長期容許彎曲應力度 f_b（$N／mm^2$）
[SN 400, SS 400, SM 400, SMA 400, STK 400, STKR 400,（SSC 400），
BCP 235, $t \leq 40mm$]

⊕ 樑的彎矩分布形狀（$M_1 \cdot M_2$）

下圖表示樑的彎矩分布。

從左頁算式(2)求得 C 的情況　　　　　　　　　　　　　C ＝ 1 的情況

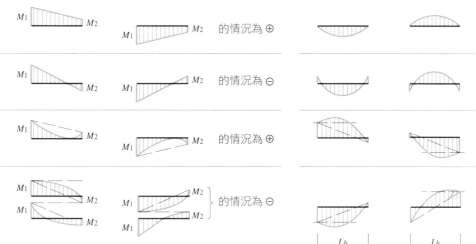

受壓翼板上會有往橫向變形的力量作用著，但根據樑的彎矩分布狀態，往橫向移動的力會跟著改變。

⊕ 確認橫向加勁板所需的數量

一旦產生彎矩的話，受壓翼板就會往橫向變形，所以必須設置橫向加勁板，以防止橫向彎曲。

橫向加勁板的確認方法

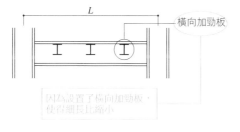

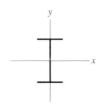

決定 n（橫向加勁板的數量）時，大樑的弱軸方向的細長比 λ_y 必須滿足下列算式。

$$\lambda y \leqq 170 + 20n \quad \lambda y = \frac{L}{i_y} \quad （使用 JIS 規格 SS400 的情況）$$

λ_y：與樑的弱軸相關的細長比　L：樑的長度　i_y：與弱軸相關的迴轉半徑
（等距設置橫向加勁板的情況）

日本建築基準法有限制細長比，若不加上橫向加勁板的話，就無法設計跨距大的樑。

如何設計鋼骨柱？

！ 除了彎矩、剪力之外，還要進行軸力的斷面計算

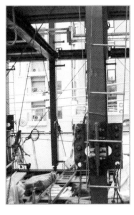

鋼骨柱的施工實景，吊掛用固定螺件在焊接後切斷。

鋼骨柱的斷面計算是針對軸力、彎矩、剪力，這三種應力進行計算。彎矩與剪力的計算方法和大樑相同，但因為還要檢討軸力，所以計算變得較複雜。

鋼骨柱的斷面計算方法

檢討柱構材斷面的第一步是根據設計載重算出框架上的應力。然後，確保因大樑與柱上的軸力而產生的應力，以及因彎矩產生的應力，都分別小於容許壓應力與容許彎曲應力，同時也要確認軸力與彎矩同時作用時的應力安全性。對軸力的容許應力度，與對彎矩的容許應力度是各自不同。考慮兩種應力組合產生的應力時，必須將個別的存在應力度除以容許應力度後的值相加，並確認相加後的值小於 1。嚴格來說必須用下列算式將剪力也組合進去計算式。

$$f_t^2 \geq \sigma_x^2 + \sigma_y^2 - \sigma_x \cdot \sigma_y + 3\tau_{xy}^2$$

然而，剪力只由腹板面來承受，再加上一般都有餘裕承受，所以通常會予以忽略。剪力的檢討方法與大樑相同。

此外，還要檢討軸力的應力度。細長不安定的柱會因為施工時的誤差等變成易變形的狀態，所以細長比必須控制在 200 以下。算出框架結構的柱的細長比時，只要大樑剛性是極端大，挫屈長度就會變成樓層高度，但實際上大樑也會產生轉動，所以挫屈長度會大於樓層高度。在本項計算中，是假設樑為剛接來算出挫屈長度。為了進一步確保大地震時的變形能力，也要跟大樑一樣確認寬厚比，但在本項計算中省略不提。

memo

進行柱的設計時，還有其他應該注意的事項。若柱是位於建築物的中央就不會有太大問題，但若是位於四個角落則會在兩個方向上產生很大的彎矩。通常會用下列算式來考慮雙向彎矩。

①受壓力和雙向彎矩的情況

$$\frac{\sigma_c}{f_c} + \frac{_c\sigma_{bx}}{f_{bx}} + \frac{_c\sigma_{by}}{f_{by}} \leq 1$$

且

$$\frac{_c\sigma_{bx} + _c\sigma_{by} - \sigma_c}{f_t} \leq 1$$

②承受拉力和雙向彎矩的情況

$$\frac{_c\sigma_{bx}}{f_{bx}} + \frac{_c\sigma_{by}}{f_{by}} + \frac{\sigma_t}{f_t} \leq 1$$

且

$$\frac{\sigma_t + _t\sigma_{bx} - _t\sigma_{by}}{f_t} \leq 1$$

$_c\sigma_{bx}$, $_c\sigma_{by}$：因 x 軸方向、y 軸方向彎矩而產生的壓力側彎曲應力度（N／mm²）

$_t\sigma_{bx}$, $_t\sigma_{by}$：因 x 軸方向、y 軸方向彎矩而產生的拉力側彎曲應力度（N／mm²）

f_{bx}, f_{by}：x 軸方向、y 軸方向的容許彎曲應力度（N／mm²）

⚠ 柱的斷面計算的基本事項

應力度的確認

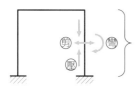

（應力）
進行柱的斷面計算時，必須確認柱的軸方向力
（壓力）、彎矩、以及剪力成立於下列①、②
公式。

①剪應力度 ≤ 容許剪應力度

② $\dfrac{\text{壓應力度}}{\text{考慮挫屈的容許壓應力度}} + \dfrac{\text{彎曲應力度}}{\text{容許彎曲應力度}} \leq 1.0$

（短期容許應力度以長期容許應力度的 1.5 倍來做確認）

細長比的確認（防止挫屈）

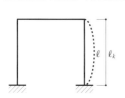

細長比 $\lambda \leq 200$

細長比 $\lambda = \dfrac{\text{挫屈長度 } \ell_k}{\text{迴轉半徑 } i}$

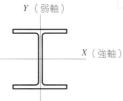

Y（弱軸）
X（強軸）

> 進行柱的斷面計算時，一方面確認應力度，另一方面為了防止挫屈，也必須確認細長比。

⚠ 鋼骨柱的斷面計算方法

確認應力

①確認壓應力度 σ_c

$$\sigma_c = \frac{N}{A} \leq f_c$$

N：軸力
A：斷面積
f_c：容許壓應力度

②確認彎曲應力度 σ_{bY}

$$\sigma_{bY} = \frac{M_Y}{Z_X} \leq f_b$$

M_Y：y 軸方向彎矩
Z_X：x 軸方向斷面模數
f_b：容許彎曲應力度

③確認剪應力度 τ

$$\tau = \frac{Q}{A_w} \leq f_S$$

Q：剪應力
A_w：剪應力度計算用斷面積
f_s：容許剪應力度

④確認組合應力度

$$\frac{\sigma_c}{f_c} + \frac{\sigma_{bY}}{f_b} \leq \begin{array}{l} \mathbf{1.0}（長期）\\ \mathbf{1.5}（短期）\end{array}$$

且

$$\frac{\sigma_b - \sigma_c}{f_t} \leq 1$$

f_t：容許拉應力度

> f_c、f_b、f_s 為該材料固定的數值，f_b 則參閱 P160。

容許壓應力度 / 的計算

當 $\lambda \leq \Lambda$ 時

$$f_c = \frac{\left\{ 1 - 0.4\left(\dfrac{\lambda}{\Lambda}\right)^2 \right\} F}{\nu}$$

當 $\lambda > \Lambda$ 時

$$f_c = \frac{0.277F}{\left(\dfrac{\lambda}{\Lambda}\right)}$$

f_c：容許壓應力度
λ：受壓材的細長比
Λ：極限細長比

$$\Lambda = \sqrt{\frac{\pi^2 E}{0.6F}}$$

E：楊氏係數
F：材料強度

$$\nu = \frac{3}{2} + \frac{2}{3}\left(\frac{\lambda}{\Lambda}\right)^2$$

細長比的確認

細長比要分強軸與弱軸兩方向分別計算後，檢討較大一方的細長比（ $\lambda \leq 200$ ）。

$\left(\lambda = \dfrac{\ell_{kx}}{i_x} \right)$ 為面內挫屈（強軸）　　$\left(\lambda = \dfrac{\ell_{ky}}{i_y} \right)$ 為面外挫屈（弱軸）

ℓ_{kx}：強軸的挫屈長度
i_x：強軸的迴轉半徑
ℓ_{ky}：弱軸的挫屈長度
i_y：弱軸的迴轉半徑

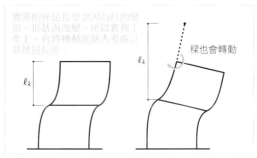

實際的挫屈長度會因為柱的變形、形狀而改變，所以在實際工作上，會將轉軸納入考慮計算挫屈長度。

梁也會轉動

⚠ 挑戰鋼骨柱的斷面計算！

例題 請確認鋼骨的門型框架上產生下列條件彎矩時的斷面。

（條件）

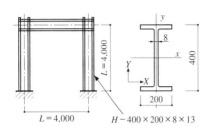

$H - 400 \times 200 \times 8 \times 13 \ (SS400)$
$A = 83.37 \text{ cm}^2$ A：斷面積
$A_w = 31.37 \text{ cm}^2$ A_w：腹板的斷面積
$Z_x = 1170 \text{ cm}^3$ Z_x：斷面模數
$i_x = 16.8 \text{ cm}$ i_x：強軸的迴轉半徑
$i_y = 4.56 \text{ cm}$ i_y：弱軸的迴轉半徑
$\eta = 8.13$ η：挫屈折減係數
$F = 235 \text{ N／mm}^2$ F：基準強度
$E = 205,000 \text{ N／mm}^2$ E：楊氏係數

長期彎矩圖

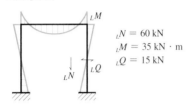

$_LN = 60 \text{ kN}$
$_LM = 35 \text{ kN} \cdot \text{m}$
$_LQ = 15 \text{ kN}$

地震時的彎矩圖

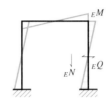

$_sN = 100 \text{ kN} \ (= {}_LN + {}_EN)$
$_sM = 70 \text{ kN} \cdot \text{m} \ (= {}_LM + {}_EM)$
$_sQ = 30 \text{ kN} \ (= {}_LQ + {}_EQ)$

當 $f_b = f_t$、
$f_b = 157 \text{ N／mm}^2$
$f_s = 90.5 \text{ N／mm}^2$

原注：容許彎曲應力度是忽略彎曲挫屈的值

解答

①容許壓應力度 f_c 的計算

極限細長比 Λ 為：

$$\Lambda = \sqrt{\frac{\pi^2 E}{0.6F}} = \sqrt{\frac{\pi^2 \cdot 205,000}{0.6 \cdot 235}} = 119.73$$

細長比 λ 為：

$$\lambda = \frac{\ell_{ky}}{i_y} = \frac{400 \text{ cm}}{4.56 \text{ cm}} = 87.72$$

可知 $\lambda < \Lambda$

$$f_c = \frac{\left\{ 1 - 0.4 \left(\dfrac{\lambda}{\Lambda} \right)^2 \right\} F}{\nu} \qquad \boxed{\nu = \frac{3}{2} + \left(\frac{\lambda}{\Lambda} \right)^2}$$

$$= \frac{\left\{ 1 - 0.4 \left(\dfrac{87.72}{119.73} \right)^2 \right\} 235}{2.04}$$

$$= 90.91 \text{ N／mm}^2$$

因此 $f_c = 90.9 \text{N／mm}^2$

②壓應力度 σ_c 的計算（長期）

$$_L\sigma_c = \frac{_LN}{A}$$

$$= \frac{60,000 \text{ N}}{8,337 \text{ mm}^2} = 7.20 \text{ N／mm}^2 \ < f_c \ (f_c = 90.90)$$

③彎曲應力度 σ_b 的計算（長期）

$$_L\sigma_{bX} = \frac{_LM}{Z_X}$$

$$= \frac{35,000,000}{1,170,000} = 29.91 \text{ N／mm}^2 \; < f_b$$

④組合應力度（長期）的計算

$$\frac{_L\sigma_c}{f_c} + \frac{_L\sigma_{bX}}{f_b} = \frac{71.97}{90.90} + \frac{29.91}{157}$$

$$= 0.98 < 1.0 \quad \cdots \text{OK}$$

實際最好討檢各式各樣的組合應力，但這裡是檢證對於柱構材最不利的彎矩和壓力的組合應力度。

⑤剪應力度的 τ 的計算

$$\tau = \frac{_LQ}{A_w}$$

$$= \frac{15,000 \text{N}}{3137 \text{mm}^2} = 4.69 \text{ N／mm}^2 < f_s \quad \cdots \text{OK}$$

⑥壓應力度 σ_c 的計算（短期）

$$_s\sigma_c = \frac{_sN}{A}$$

$$= \frac{100,000 \text{N}}{8337 \text{mm}^2} = 11.99 \text{ N／mm}^2 \; < 1.5 \times f_c \quad \cdots \text{OK}$$

⑦彎曲應力度 σ_b 的計算（短期）

$$_s\sigma_{bx} = \frac{_sM}{Z_X}$$

$$= \frac{70,000,000}{1,170,000} = 59.83 \text{ N／mm}^2 \; < 1.5 \times f_b \quad \cdots \text{OK}$$

⑧組合應力度式（短期）的計算

$$\frac{_s\sigma_c}{1.5f_c} + \frac{_s\sigma_{bx}}{1.5f_b} = \frac{11.99}{135.75} + \frac{59.83}{235.5}$$

$$= 0.34 < 1.0 \quad \cdots \text{OK}$$

$$\frac{_s\sigma_c}{f_c} + \frac{_s\sigma_{bx}}{f_b} = \frac{11.99}{90.90} + \frac{59.83}{157}$$

$$= 0.51 < 1.5$$

⑧也可以用上面的公式計算

⑨剪應力度的 τ 的計算

$$\tau = \frac{_sQ}{A_w}$$

$$= \frac{30,000 \text{ N}}{3137 \text{mm}^2} = 9.56 \text{ N／mm}^2 < 1.5 f_s \quad \cdots \text{OK}$$

⑩細長比的判定

確認 $\lambda \leq 200$ 成立。

$$\lambda = \frac{\ell_{ky}}{i_y}$$

$$= 87.71 \leq 200 \quad \cdots \text{OK}$$

⑪寬厚比也需要做檢討，但可以以大樑為準

鋼骨造斜撐與木造斜撐是一樣的嗎？

! 鋼骨造與木造的斜撐結構相同

右下圖為鋼骨造斜撐，左上圖為木造斜撐。

鋼骨斜撐結構的建築計算雖然受到法令限制，但屬於容易確保耐震強度的結構。其中分為拉力斜撐與壓力斜撐，分別有不同的斷面計算方法。

拉力斜撐的斷面計算方法

拉力斜撐的斷面計算相對容易計算。先算出因設計載重而於斜撐構材上產生的應力，再將應力除以斜撐構材的軸斷面積，求出拉應力度。只要拉應力度的值小於容許拉應力度，就能確保安全性。不過，即使斜撐以交叉方式設置，拉力斜撐也只能有效承受一個方向的應力。

壓力斜撐的斷面計算方法

壓力斜撐的算式稍微困難一些。因為會產生挫屈，所以必須將挫屈納入考慮，計算出容許應力度，並且需要與構材上產生的應力做比較。若是計算型鋼斷面，則會因為方向的不同，與挫屈相關的迴轉半徑也會跟著改變。此外，設置為交叉形狀的話，挫屈長度會因此不同，需要確認細長比，來判定哪個方向較容易產生挫屈。接下來算出較弱方向的容許壓應力度，比較構材上產生的壓應力度。除此之外，不只是整體的挫屈，也可能產生局部性挫屈。對於局部性挫屈可從寬厚比加以確認。當壓力斜撐是以交叉形式設置時，一邊會是壓力斜撐，而另一邊將會是拉力斜撐。

在本項中雖然省略了詳細的解說，但應該知道的是，斜撐結構是以其強度抵抗應力。鋼骨斜撐結構的建築物沒有變形能力，所以必須防止接合部位受到破壞，在實務工作上會計算出當標準剪力係數為 1.0 時，接合部也不會毀損的結構。

memo

拉力斜撐通常以圓鋼為主流。圓鋼需要在端部刻出螺紋。螺紋部位最為脆弱，一般會用該部位的斷面積進行斷面計算。根據螺紋的刻法（製作法）分為兩種，「轉造螺紋」用軸部的斷面積做檢討、「切削螺紋」用最小斷面部分的斷面積或軸部乘以 0.75 後的斷面積進行斷面計算。使用螺栓接合拉力斜撐時，須特別注意螺栓是否有缺損。

鋼骨斜撐是能夠防止地震或風力等產生的水平力而造成建築物變形的補強材。壓力斜撐與拉力斜撐的斷面計算有所差異，須特別注意喔！

① 拉力斜撐與壓力斜撐的差異

①框架結構

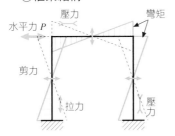

柱與樑上產生彎矩。

②斜撐結構（拉力斜撐）

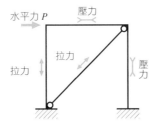

雖然柱、樑上不會產生彎矩，但會產生巨大的壓力與拉力。在斜撐上則產生拉力。

③斜撐結構（壓力斜撐）

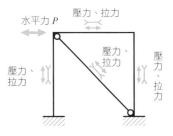

同拉力斜撐，在柱、樑上產生壓力與拉力。另外，斜撐也能承受壓力、拉力。

① 拉力斜撐的斷面計算

進行拉力斜撐的斷面計算時，必須確認拉力斜撐上作用的拉應力度沒有超過斜撐構材的容許應力度。拉應力度 σ 是根據斜撐上產生的應力（軸力 N），以及斷面積 A 求出的值。

①求斜撐的軸力與斷面積

$$N = \frac{Q}{\cos\theta}$$

N：斜撐軸力（kN）
Q：水平力（kN）
θ：斜撐的角度

$$\cos\theta = \frac{L}{\sqrt{H^2 + L^2}}$$

$$A = \pi\left(\frac{R}{2}\right)^2$$

A：斜撐的斷面（kN）
R：斜撐的直徑（mm）

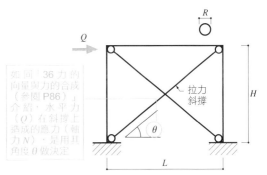

如同「36 力的向量與力的合成（參閱 P86）」介紹，水平力（Q）在斜撐上造成的應力（軸力 N），是用其角度 θ 做決定

拉力斜撐

②確認拉應力度 ≦ 容許拉應力度

$$\sigma_t = \frac{1.5 \times N}{A} \leqq f_t$$

考慮安全率，應力以 $1.5 \times N$ 來設計

σ_t：拉應力度
N：軸力
A：斷面積
f_t：構材的容許拉應力度

比較拉力斜撐的拉應力度與容許應力度

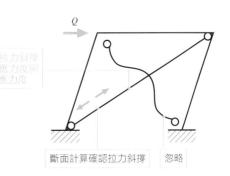

斷面計算確認拉力斜撐　　忽略

關於壓力斜撐的斷面計算會在下一頁介紹。

3 — 結構計算

⓵ 壓力斜撐的斷面計算

進行壓力斜撐的斷面計算時，必須考慮挫屈。依循（①～④）確認構材的壓應力度，是否小於考慮挫屈後的容許應力度，並且為了防止局部挫屈，還要確認寬厚比（⑤）。

①求構材上產生的壓應力度 σ_c

$$\sigma_c = \frac{1.5 \times N}{A} \leqq f_c$$

N：斜撐軸力（kN）

$$N = \frac{Q}{\cos\theta} \qquad \cos\theta = \frac{L}{\sqrt{H^2 + L^2}}$$

A：斜撐斷面積

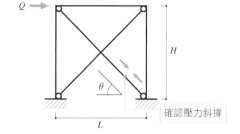

確認壓力斜撐

②確認細長比

型鋼等材料存在強軸與弱軸，其中弱軸會往直角方向產生彎曲（挫屈）。因此，比較 $X \cdot Y$ 軸方向的細長比 $\lambda x \cdot \lambda y$（挫屈長度／慣性矩），能確認值較大的方向（對挫屈抵抗力較小的方向）。

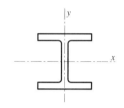

③確認容許壓應力度 f_c

$$f_c = \frac{0.277 F}{\left(\dfrac{\lambda}{\Lambda}\right)^2}$$

當 $\lambda > \Lambda$ 時

$$\Lambda = \pi\sqrt{\frac{E}{0.6F}}$$

F：材料強度
λ：（弱軸方向的）細長比
Λ：極限細長比

E：楊氏係數

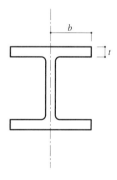

當 $\lambda \leqq \Lambda$ 時，會與柱的容許壓應力度的算法相同，參閱 P163。

④確認壓應力度 $\sigma_c \leqq$ 容許壓應力度 f_c

比較①與③求得的 σ_c、f_c 數值，並進行確認。

⑤確認寬厚比（b / t）

寬厚比若不能滿足下列算式時，將會產生局部挫屈。

$$\frac{b}{t} \leqq 0.53\sqrt{\frac{E}{F}}$$

E：楊氏係數
F：基準強度

⚠ 挑戰壓力斜撐的斷面計算

例題 求出如圖中的斜撐的斷面計算（壓應力度≦容許壓應力度的確認、細長比的確認）。

①斜撐結構

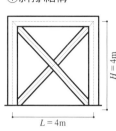

②示意圖

Q：200kN

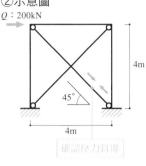

45°

4m

4m

確認壓力斜撐

（條件）使用在斜撐的鋼材

$H - 100 \times 100 \times 6 \times 8$（SS400）

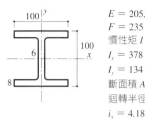

$E = 205,000$ （N／mm^2）
$F = 235$ （N／mm^2）
慣性矩 I
$I_x = 378$ cm^4
$I_y = 134$ cm^4
斷面積 $A = 21.59$cm^2
迴轉半徑 i
$i_x = 4.18$ cm
$i_y = 2.49$ cm

解答

①求出構材上產生的壓應力度 σ_c

從

$$N = 100 \div \frac{\sqrt{4.0^2 + 4.0^2}}{4} = 70.71 \text{kN}$$

$$\sigma_c = \frac{1.5 \times 70,710 \text{ N}}{2,159 \text{mm}^2} = 49.13 \text{ N／mm}^2 \quad \cdots (1)$$

$N = \dfrac{Q}{\cos\theta} = Q \div \dfrac{\sqrt{H^2 + L^2}}{L}$

因為是交叉設置，所以以 Q／2 來檢討

$\sigma_c = \dfrac{1.5 \times N}{A}$

②細長比的確認

$$\lambda_x = \frac{\ell_x}{i_x} = \frac{\sqrt{4^2 + 4^2}}{4.18} = 135.16$$

$$\lambda_y = \frac{\ell_y}{i_y} = \frac{\ell_x \div 2}{2.49} = 113.45$$

因 $\lambda x > \lambda y$，確認 x 軸方向的挫屈。

因為設置成交叉形式，挫屈長度可以減半。
$\ell_y = \ell \div 2$

③容許壓應力度的確認

從 $\Lambda = \pi \sqrt{\dfrac{E}{0.6F}} = 120$　因為 $\lambda x > \Lambda$，可將值代入下列算式中。

$$f_c = \frac{0.277 \times 235}{\left(\dfrac{135.16}{120}\right)^2} = 51.31 \text{ (N／mm}^2) \quad \cdots (2)$$

$f_c = \dfrac{0.277 F}{\left(\dfrac{\lambda}{\Lambda}\right)^2}$

④確認壓應力度 σ_c ≦容許壓應力度 f_c

從（1）（2），可知 $\sigma_c < f_c$ …OK

⑤確認寬厚比（$b／t$）

$$\frac{b}{t} = \frac{50}{8} = 6.25$$

$$0.53\sqrt{\frac{E}{F}} = 0.53\sqrt{\frac{205,000}{235}} = 15.65$$

$$\frac{b}{t} < 0.53\sqrt{\frac{E}{F}} \quad \cdots \text{OK}$$

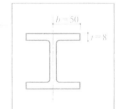

$b = 50$

$t = 8$

哪種接合部的
接合方法比較好？

！ 最常使用的是藉由摩阻型
接合進行的接合

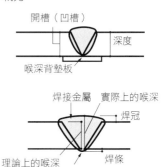

H型鋼柱的強力螺栓摩阻型接合

接合部的接合方法種類

　　樑或柱的構材與構材間的接合部位，稱為「接合處」。由於鋼骨造的建築物會在工廠加工後再到現場組裝，所以一定有接合處。接合處可區分為焊接接合和螺栓接合兩大類。焊接接合部的強度與母材相同，但在現場不易焊接，所以容易有瑕疵。因此，現場進行的接合一般會採取螺栓接合，並且以強力螺栓與特殊強力螺栓的摩阻型接合為大宗。其他接合方法還有鉚釘接合、以及使用剪力螺栓（半牙螺栓）接合等方式。但現代幾乎不使用鉚釘接合，而剪力螺栓的接合也容易產生脆性破壞，所以這裡主要是以摩阻型接合來做解說。

利用摩阻型接合的接合方法

　　如右頁上方圖，腹板、翼板都用摩阻型接合是柱接合最常見的方式，但在彎矩會變大的高樓等建物，為了盡可能確保彎曲性能，會將翼板以焊接；腹板以摩阻型進行接合。四方型鋼則因為沒有辦法拴上螺栓，即便近年改成機械式接合，但仍是以焊接為主流。

　　樑的接合則以盡量在彎曲應力小的位置上，將翼板、腹板都用摩阻型接合為主要的方式。但若是因為施工上的需要，而在靠近柱的樑端部必須設置接合處時，由於接合部分也需要有極佳的塑性變形能力，所以這種狀況經常會在翼板部位進行焊接接合。

　　高強度螺栓摩阻型接合是利用螺栓極大的預張力，讓鋼板與鋼板上產生極大的磨擦力，利用摩擦來固定的方式。在鋼板與鋼板的接觸面上不會塗裝，在不造成斷面缺損的範圍內讓鋼板產生適當的鏽蝕，藉此確保摩擦係數夠大至維持牢固固定狀態。

memo

全滲透焊接和母材有相同的承載力。

開槽（凹槽）
深度
喉深背墊板

焊接金屬　實際上的喉深
焊冠
理論上的喉深　焊條
焊道

接合部位可說是鋼骨造建築命脈的部位。

ⓘ 柱與樑的接合方法

柱的接合部

①高強度螺栓摩阻型接合　②焊接＋高強度螺栓接合　③焊接接合

腹板
翼板
高強度螺栓
連接板

典型的柱接合

焊接（全滲透焊接）
高強度螺栓

高層大樓等，特別是要具備良好彎曲性能的柱的翼板，就會使用焊接接合

焊接（全滲透焊接）

大樑的接合部

①高強度螺栓摩阻型接合　②焊接＋高強度螺栓摩阻型接合

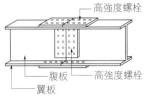

高強度螺栓
腹板　高強度螺栓
翼板

典型的梁接合，接合部設置在彎矩小的位置上

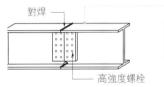

對焊

在樑端部設置接合部的話，會採用在現場焊接腹板

高強度螺栓

ⓘ 接合部的接合方法的原理

高強度螺栓摩阻型接合下的力傳遞

①高強度螺栓摩阻接合（左：雙面摩擦、右：單面摩擦）

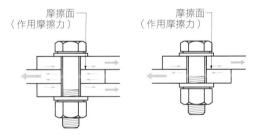

摩擦面（作用摩擦力）　摩擦面（作用摩擦力）

其他接合方法下的力傳遞

①鉚釘接合

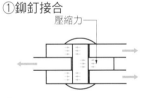

壓縮力

②螺栓接合

壓縮力

②高強度螺栓摩阻型接合的單根螺栓的容許承載力和最大承載力 [kN]

強度區分	螺栓名稱	長期容許剪力承載力		短期容許剪力承載力		最大剪應力承載力	
		單面摩擦	雙面摩擦	單面摩擦	雙面摩擦	單剪	雙剪
F10T	M12	17.0	33.9	25.4	50.9	65.3	131.0
	M16	30.2	60.3	45.2	90.5	116.0	232.0
	M20	47.1	94.2	70.7	141.0	181.0	363.0
	M22	57.0	114.0	85.5	171.0	219.0	439.0
	M24	67.9	136.0	102.0	204.0	261.0	522.0
	M27	85.9	172.0	129.0	258.0	331.0	661.0
	M30	106.0	212.0	159.0	318.0	408.0	816.0

近年，結構物上幾乎都是使用高強度螺栓摩阻式接合。

3
結構計算

! 接合部的應力計算方法

如下圖，配置格子狀的高強度螺栓承受彎矩 M、軸力 N 以及剪力 Q 時在螺栓上產生的最大剪力，可用下列步驟求出。

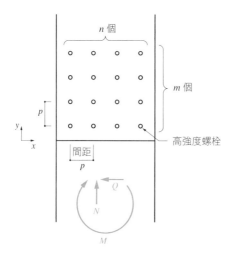

接合部位的螺栓絕對不可以毀損，所以必須算出最大剪力，確認其數值小於螺栓的容許應力。

①求出因軸力和剪力產生的應力（剪力）

假設軸力與剪力會由一個一個螺栓平均分擔，則因軸力、剪力產生的剪力 R_N、R_Q 可由下列算式（1）（2）求得。

$$R_N（因軸力而產生的剪力）= \frac{N（軸力）}{m \cdot n（螺栓的數量）} \quad \cdots\cdots(1)$$

$$R_Q（因剪力而產生的剪力）= \frac{Q（剪力）}{m \cdot n（螺栓的數量）} \quad \cdots\cdots(2)$$

②求出因彎矩而產生的應力（剪力）

因彎矩產生剪力 R_{Mx}、R_{My} 可由下列算式求得。

$$R_{Mx} = \frac{M}{S_x} \quad \cdots\cdots(3)$$

$$R_{My} = \frac{M}{S_y} \quad \cdots\cdots(4)$$

$$S_x = \frac{mn\{(n^2-1)+\alpha^2(m^2-1)\}}{6(n-1)}p \quad \cdots\cdots(5)$$

α：螺栓的間距比
$R_{Mx} \cdot R_{My}$：因彎矩而產生的剪力

$$S_y = \frac{(n-1)}{\alpha(m-1)} \cdot S_x \quad \cdots\cdots(6)$$

$$\alpha = \frac{m}{n} \quad \cdots\cdots(7)$$

③從①②求出最大剪力

以①求得的應力加上②求得的應力來思考最大剪力 R。
當同時承受彎矩、軸方向力、剪力時，

$$R = \sqrt{(R_{Mx}+R_Q)^2+(R_{My}+R_N)^2} \quad \cdots\cdots(8)$$

R：最大剪力

⊕ 求產生於高強度螺栓上的最大剪力

例題 如下圖，在高強度螺栓上施加下列條件的應力時，在高強度螺栓上產生的最大剪力是多少。

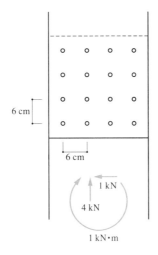

解答

①求出因軸力和剪力而產生的應力（剪力）

$$R_N = \frac{N}{m \cdot n} = \frac{4}{16} = 0.25 \text{ kN} \quad \cdots\cdots\text{根據算式(1)}$$

$$R_Q = \frac{Q}{m \cdot n} = \frac{1}{16} = 0.06 \text{ kN} \quad \cdots\cdots\text{根據算式(2)}$$

②求出因彎矩而產生的應力（剪力）

$$S_x = \frac{mn\left\{\left(n^2-1\right)+\alpha^2\left(m^2-1\right)\right\}}{6(n-1)} p = \frac{16\left\{\left(4^2-1\right)+1\left(4^2-1\right)\right\}}{6(4-1)} \times 6 \quad \cdots\cdots\text{根據算式(5)}$$
$$= 160 \text{ cm}$$

$$S_y = \frac{(n-1)}{\alpha(m-1)} S_x = \frac{\left(4^2-1\right)}{1\left(4^2-1\right)} \times 160 \quad \cdots\cdots\text{根據算式(6)}$$
$$= 160 \text{ cm}$$

$$R_{Mx} = \frac{M}{S_x} = \frac{100}{160} = 0.63 \text{ kN} \quad \cdots\cdots\text{根據算式(3)}$$

$$R_{My} = \frac{M}{S_y} = \frac{100}{160} = 0.63 \text{ kN} \quad \cdots\cdots\text{根據算式(4)}$$

③從①②算出最大剪力

$$R = \sqrt{\left(R_{Mx}+R_Q\right)^2 + \left(R_{My}+R_N\right)^2}$$
$$= \sqrt{(0.63+0.06)^2 + (0.63+0.25)^2}$$
$$= 1.46 \text{ kN} \quad \cdots\cdots\text{根據算式(8)}$$

∴在高強度螺栓上會產生 1.46kN 的最大剪力。

如何設計 搭接接頭？

！ 將柱與樑當成剛性相同 來計算應力

大樑與柱的搭接接頭實例。

在鋼骨造的搭接接頭當中，如右頁上方圖，柱、樑的接合部在結構性能上扮演著非常重要的角色。因為負責將產生於大樑上的力傳遞至柱上的就是搭接接頭。可想像成即使柱或大樑產生變形，搭接接頭部位仍然必須維持不會產生變形的「剛性」狀態。此外，搭接接頭部位是利用鋼板（加勁板）抵抗剪力的性能來傳遞應力，所以此區也稱為交會區。

確認搭接接頭安全性的方法

為了能夠讓大樑上的應力傳遞至柱上，細節部分非常重要。H 型鋼的柱子、以及箱型斷面的柱上都必須透過鋼板（橫隔板）連接左右的樑。因為傳遞著大的應力，所以會先在工廠進行對焊。這個鋼板也具有約束加勁板的作用。通常會用比大樑翼緣的板厚大 1～2 個尺寸的大鋼板，以確保足夠的性能。

地震時或暴風時會於左右大樑上產生彎矩，此交會區會因彎矩而產生剪力，為了確保交會區的安全性，必須保有足夠的抗剪承載力。實際上柱上除了會產生彎矩和剪力之外，還會產生軸力。但只要軸力在挫屈軸力的 40% 以下，對軸力的影響就可以忽略。

搭接接頭的應力計算方法

上述中，使用「剛性」來形容搭接接頭部分，但與 RC 造的斷面不同在於，鋼骨造是用薄鐵板所構成，所以實際上會產生變形。因此，一般鋼骨造的做法不同於 RC 造，不會將搭接接頭的剛性區域納入考慮，而會將接合部的柱端到大樑的中心位置（節點）為止，都當成與柱、樑有相同剛性來計算應力。此外，右頁的算式是針對中小地震（容許應力度計算）的檢討算式，大地震時則有產生些許塑性變形的可能性。

memo

鋼骨造的搭接接頭是指「柱與樑」和「樑與樑」接合部位。柱、樑的接合部（交會區。下圖①）會傳遞地震力，而樑與樑的接合部位主要扮演傳遞長期性力量的角色。下圖②～⑤為大樑與小樑的搭接接頭圖例。

①柱與樑

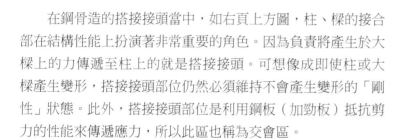

②大樑與小樑 1

③大樑與小樑 2

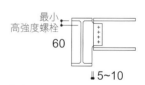

④大樑與小樑 3

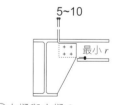

⑤大樑與小樑 4

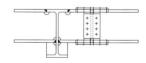

① 鋼骨造的柱、樑搭接接頭（剛接）的種類

①型鋼管柱（左：穿透式橫隔板、右：柱內橫隔板）

②H型鋼柱

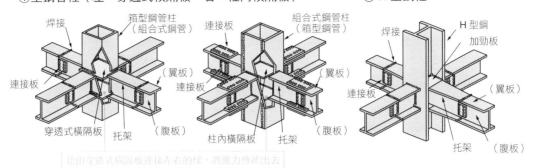

焊接　箱型鋼管柱（組合式鋼管）　連接板　組合式鋼管柱（箱型鋼管）　（翼板）　焊接　H型鋼　加勁板

連接板　（翼板）　連接板　（翼板）　連接板　（翼板）

穿透式橫隔板　托架　（腹板）　柱內橫隔板　托架　（腹板）　托架　（腹板）

藉由穿透式橫隔板連接左右的樑，將應力傳遞出去

① 交會區的設計方法

確認搭接接頭加勁板（樑柱交會區）上產生的剪應力度是否小於容許剪應力度。由此可推知樑柱交會區的鋼板厚度是否沒有問題。

確認應力度 ≦ 容許應力度

$$\tau_p = \frac{{}_bM_1 + {}_bM_2}{V_e} \leqq 2f_s$$

τ_p：樑柱交會區的剪應力度
V_e：根據下列算式。

$$V_e = h_b \times h_e \times t_w \text{（為 H 型鋼的柱時）}$$

$$V_e = \frac{16}{9} \times h_b \times h_c \times t_w \text{（為中空矩形斷面的柱時）}$$

f_s：長期容許剪應力度（N／mm²）
其他請參照右圖的記號

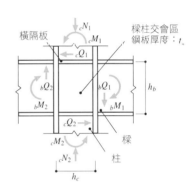

橫隔板　樑柱交會區鋼板厚度：t_w

確認實際上的樑柱交會區

例題 請確認右圖的樑柱交會區的剪應力度是否小於容許剪應力度，且確保鋼板厚度沒問題。

條件

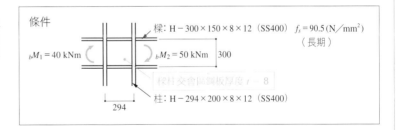

樑：H − 300 × 150 × 8 × 12（SS400）　$f_s = 90.5$（N／mm²）（長期）

${}_bM_1 = 40$ kNm　${}_bM_2 = 50$ kNm　300

樑柱交會區鋼板厚度 $t = 8$

294　柱：H − 294 × 200 × 8 × 12（SS400）

解答

$$\tau_p = \frac{{}_bM_1 + {}_bM_2}{2V_e} = \frac{{}_bM_1 + {}_bM_2}{2h_b \cdot h_c \cdot t_w} = \frac{40 \text{ kN·m} + 50 \text{ kN·m}}{2 \times 300 \times 294 \times 8}$$

$$= \frac{90 \text{ kN·m}}{1,411,200 \text{ mm}^2}$$

$$= \frac{90,000,000 \text{ N·mm}}{1,411,200 \text{ mm}^2}$$

$$= 63.78 \text{ N／mm}^2 < 1.5 \times 90.5 = 135.8 \text{ N／mm}^2 \cdots \text{OK}$$

因此鋼板厚度 8mm 沒問題

確認寬厚比真的很重要嗎?

! 若有產生局部挫屈的可能性的話,就是必須的

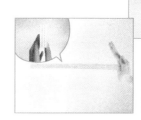

在薄板上施加壓力的話,板子會被凹折 [上方照片],厚板的話則不會 [下方照片]。

保有不會產生局部挫屈的承載力

鋼骨造是由薄鋼板組合成構材所構成的結構。薄的鋼板能夠抵抗拉力,但在承受壓力時則會產生彎曲,所以只具有小於拉力的承載力。

考慮到鋼骨造建築物的最終破壞狀態,可知構材端部產生降伏之前,在壓力部位會產生局部性的挫屈。一旦產生的話,就無法確保計算出來的承載力是否足夠。因此,不能產生局部挫屈是一項重點。

寬厚比的特性與變形能力的關係

寬厚比是確認不產生局部性挫屈的指標。值愈大愈容易產生挫屈。因此,根據樑與柱的各個「部位」和個別「型鋼種類」,制定了不同數值。

比較樑與柱的寬厚比,可知同時產生壓力與彎矩的柱,其數值較嚴格。此外,從H型鋼的H形狀來看,只有中間有腹板、翼板這點很像向兩端伸展的懸臂樑,前端部位容易產生挫屈,所以規定的數值也較嚴格。四方型鋼則因為面材的兩端相互連接,比起H型鋼是較能夠抵抗挫屈的形狀。

除了寬厚比,與鋼骨造的變形能力相關的還有鋼材的材料種類。SS材的變形能力低,SN材則具有變形能力。像斜撐結構的強度型建築物的話會使用SS材,但若是框架結構則需要使用SN材來確保變形能力。

再者,以斜撐結構設計中高層大樓的話,當斜撐受到破壞時,必須依靠框架的外框來防止倒塌,所以使用SN材較妥當。

memo

寬厚比並不是絕對性的規定。若能夠將建築物崩壞時的崩壞方法納入考慮,確保不產生局部挫屈的結構,就能放寬寬厚比的規定。

做為不讓局部挫屈產生的對策,需要有寬厚比指標。把寬厚比的計算方法融會貫通吧!

⚠ 寬厚比是預防局部挫屈的指標

各種型鋼的寬厚比可用下列算式求出。寬厚比須小於規定的值。

$$寬厚比 = \frac{b}{t} \quad (b：寬度、t：厚度)$$

b 與 t 的求法

①H型鋼

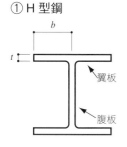

翼板

腹板

②四方形鋼

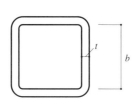

③圓形鋼管

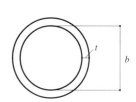

產生彎矩時，壓力側的翼板會產生挫屈

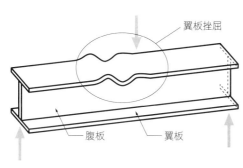

翼板挫屈

腹板　翼板

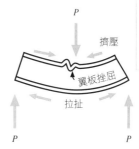

P

擠壓

翼板挫屈

拉扯

P　P

確保不會產生像左圖這種局部性挫屈，必須確認寬厚比。

⚠ 因寬厚比差異而產生的變形能力

寬厚比的基準

構材	斷面	部位	鋼材種類[原注]	幅厚比	
柱	H型鋼	翼板	400 級	$9.5\sqrt{235/F}$	9.5
			490 級		8
		腹板	400 級	$43\sqrt{235/F}$	43
			490 級		37
	四方形鋼	—	400 級	$33\sqrt{235/F}$	33
			490 級		27
	圓形鋼管	—	400 級	$50(235/F)$	50
			490 級		36
樑	H型鋼	翼板	400 級	$9\sqrt{235/F}$	9
			490 級		7.5
		腹板	400 級	$60\sqrt{235/F}$	60
			490 級		51

原注：400 級的 F 值 = 235、490 級的 F 值 = 325

因 H 型鋼的寬厚比而有所差異

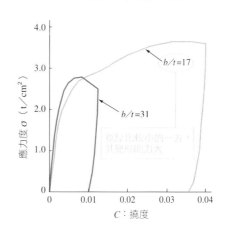

$b/t=17$

$b/t=31$

寬厚比較小的一方，其變形能力大

應力度 σ（t／cm²）

C：撓度

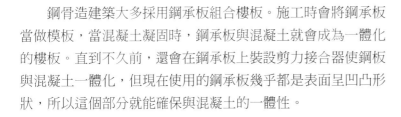
什麼是鋼承板組合樓板？

! 鋼承板與混凝土一體化的組合樓板

在鋼承板上鋪設鋼筋的樣子。接下來會澆置混凝土，變成鋼承板組合樓板。

　　鋼骨造建築大多採用鋼承板組合樓板。施工時會將鋼承板當做模板，當混凝土凝固時，鋼承板與混凝土就會成為一體化的樓板。直到不久前，還會在鋼承板上裝設剪力接合器使鋼板與混凝土一體化，但現在使用的鋼承板幾乎都是表面呈凹凸形狀，所以這個部分就能確保與混凝土的一體性。

鋼承板組合樓板的斷面計算方法

　　為了確保薄鋼板具有足夠剛性，鋼承板的形狀會設計成連續的山形斷面。並且方便澆置混凝土，混凝土斷面的下方也是呈山形。

　　右頁是鋼承板組合樓板的斷面設計的計算公式。從鋼承板單體的剛性，與混凝土單體的剛性求得中立軸，並且計算出撓度檢討用的混凝土與鋼承板的慣性矩。接著，從合成斷面的慣性矩與中立軸的位置，計算出鋼承板檢討用的拉力側的斷面模數，然後算出混凝土斷面檢討用的斷面模數。

　　求出合成斷面的斷面性能後，就可針對設計用載重，計算出每單位寬度上的應力，並根據數值進行斷面檢討。一般來說鋼承板的間隔會在施工時進行調整，所以必須當成簡支樑計算出有餘裕的應力來設計合成樓板。此外，在檢討撓度時，因為是鋼骨與混凝土的組合，潛變係數必須以 1.5 倍來做檢討。

　　本項中沒有提到的，組合鋼承板樓板必須由單一鋼承板來承擔施工時的載重與預拌混凝土的重量，所以施工時的檢討也很重要。

memo

當在防火建築物、準防火建築物的建築地板或屋頂上，使用鋼承板組合樓板時，只要做好防火披覆就不會有問題，但若是外露鋼承板的話，就必須確認是否符合日本建築基準法防火基準的國土交通大臣認定規範。譯注

地板必須具有的防火時間

最高層			柱、樑	地板、耐力牆
2 3 4 5 6 7 8		最高層以及由最高層往下數，層數為 2 以上 4 以下的樓層，或是屋頂部分	1 小時	1 小時
8 9 10 11 12 13 14		由最高層往下數，層數為 5 以上 14 以下的樓層	2 小時	2 小時
15 16 G.L.		由最高層往下數層數為 15 以上的樓層（包括地下樓層）	3 小時	2 小時

譯注：台灣方面參照行政院公共工程委員會國內施工規範〈第 05310 章鋼承板〉。

高層大樓的鋼承板樣式會隨著樓層而不同。

① 鋼承板組合樓板的基礎知識

鋼承板組合樓板的應力概念

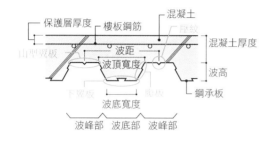

垂直載重

壓力
拉力　　　　　　　　　混凝土　　　　　　壓力
拉力

鋼承板

鋼承板組合樓板是以混凝土來抵抗壓力，以鋼承板來抵抗拉力。

鋼承板組合樓板的各部位名稱

保護層厚度　樓板鋼筋　混凝土
　　　　　　　　　　　　壓紋
山型鋼板　　　　　　　　　混凝土厚度
　　　　波距
　　　波頂寬度　　　　波高
下凹板　　　凹板　　鋼承板
　　波底寬度
波峰部　波底部　波峰部

鋼承板一例

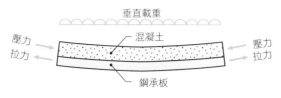

EZ50　t＝1.2、1.6

300
175
125
600／900
50

---

① 鋼承板組合樓板的斷面設計與設計載重

鋼承板是以簡支樑來設計，並且檢討鋼承板的應力度與撓度（有時也會將鋼承板的間隔納入考慮，當成連續樑進行計算）。

求鋼承板的應力度與撓度

① 確認應力度 $\sigma_t \leqq F／1.5$

$$\sigma_t = \frac{M}{_cZ_t} \leqq \frac{F}{1.5}$$

M：設計用彎矩
$_tZ_t$：拉力側有效等值斷面模數（$mm^3／B$）
F：鋼承板的基準強度

② 確認撓度

$$\delta = \frac{5wL^4}{384_sE \times \dfrac{_cI_n}{n}}$$

$$\frac{1.58}{L} \leqq \frac{1}{250}$$

$_sE$：鋼承板的楊氏係數
$_cI_n$：有效等值慣性矩（$mm^4／B$）
n：對鋼材的混凝土的楊氏係數比＝ 15

w
L
M
δ

上述的 $_cZ_t$ 與 $_cI_n$ 的值也可以使用鋼承板型錄等已計算出來的數值喔。

合成樑的構造

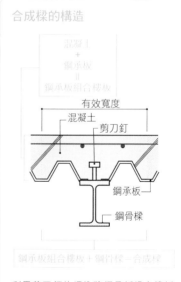

混凝土
＋
鋼承板
＝
鋼承板組合樓板

有效寬度
混凝土
剪刀釘

鋼承板
鋼骨樑

鋼承板組合樓板＋鋼骨樑＝合成樑

利用剪刀釘的螺栓將鋼承板組合樓板與鋼骨樑一體化，藉此提升樑的性能（合成樑）。

「樓」與「層」的不同

說明建築物垂直方向的位置時，在日常生活中常會用到「樓」這個字彙，但在說明結構模型時，有時會使用「層」這個字彙。

例如，考慮風壓力等水平力時，是由2樓的樑（第1層的樑）抵抗施加於1樓（第1層）上的水平力。使用「樓」這字彙的話容易搞混，所以使用「層」比較恰當。

樓的概念

日常生活中使用的樓的概念。

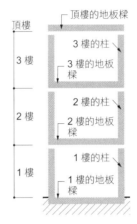

層的概念

結構計算用的模型。
以門型的框架（柱與樑）抵抗水平載重與垂直載重。

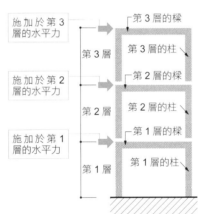

歷時反應分析模型

考慮載重時，對於樓和層的想法有些許不同。

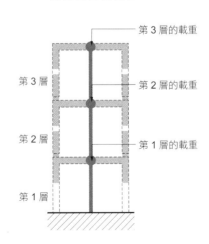

4

結構設計

什麼是剛性樓板？

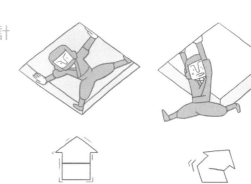

! 即使承受水平力也完全不會產生變形的理想地板

地板不只要承擔垂直方向的載重，也肩負將水平力傳遞至垂直耐震構件（耐震壁）的重要角色。

假設為剛性樓板的地板計算

即使承受地震力或風壓等水平力，也完全不會產生變形的地板稱為剛性樓板。一般說的剛性樓板有兩種不同的意義。一個是指理論上的剛性樓板（剛性樓板的假設），是為了簡化結構計算而不考慮實際的樓板狀況，將樓板假設為剛性樓板。

另一個則是經施工建造出來的剛性樓板，是指鋼筋混凝土造或鋼骨造中的混凝土樓板，實質上剛性高，不會產生變形。剛性樓板可將地震力傳遞至垂直耐震構件上。所以剛才舉的地板例一般會做為剛性樓板來進行計算，但圖面上若不是做為剛性樓板的話，則無法充分傳遞地震力至耐震構件上，必須特別注意。

此外，由於木造建築的材質柔軟，所以符合剛性樓板條件並非容易的事，但是只要將結構用的合板直接固定在樑、格柵托樑或地檻上，就變成剛性樓板結構了。

挑空的設計訣竅

挑空對剛性樓板有很大的影響。挑空是指一部分不相連的地板。由於挑空部位沒有地板，所以無法傳遞水平力，是結構上的弱點。即使設置了面對挑空的耐震壁，若不與地板相連，以耐震要素來看是幾乎沒有意義的。

設置挑空時，最重要的是將面對挑空的耐震壁的一部分與地板相連，或是補強挑空部位的樑，成為可以分配應力的結構。

memo

地板是將力量傳遞至耐震壁的重要耐震要素。近年來，大多是將電力管線直接埋設在樓板裡，實際上會有無法將水平力完全傳遞出去的情況。這點不太被意識到，然而設備也會對結構性能產生很大的影響。

地板的設計通常會用一貫性計算方程式來進行計算。但這個方程式是將剛性樓板的假設做為計算的基本，所以當有挑空設計時必須解除剛性樓板假設的設定，否則無法計算出正確的數值，這點必須特別注意！

① 剛性樓板與非剛性樓板的差異

建築物承受水平力時,地板擔任著非常重要的角色。

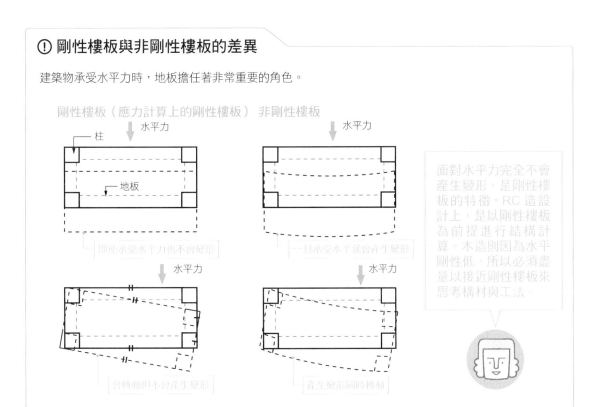

剛性樓板(應力計算上的剛性樓板)　非剛性樓板

面對水平力完全不會產生變形,是剛性樓板的特徵。RC 造設計上,是以剛性樓板為前提進行結構計算。木造則因為水平剛性低,所以必須盡量以接近剛性樓板來思考橫材與工法。

① 挑空的設計方法

挑空會使水平力的傳遞方式變得複雜,所以必須做出能夠確實將力傳遞出去的設計。

挑空的結構性弱點與對策
①承受水平力後產生的變化(左:承受水平力前、右:承受水平力後)

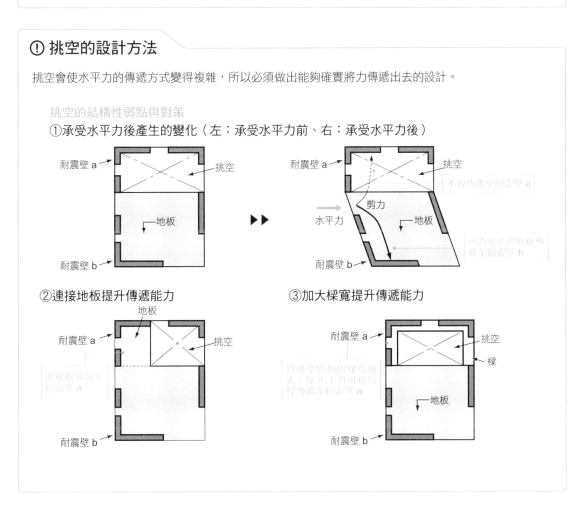

②連接地板提升傳遞能力

③加大樑寬提升傳遞能力

門打不開

keyword 077 層間位移角的計算

建築物遇到
地震時安全嗎？

! 一旦超過層間位移角的
限制數值就是危險的

只要柱或大樑具有良好的變形能力，就可以建造出擁有相當大變形能力的建築，且建築物不至於倒塌。但是，建築物裡或外的人是否是安全的呢？

何謂層間位移角？

層間位移角是確認建築物安全性的一項概略指標，是顯示出建築物各層因地震力而在水平方向上產生多少變形量，與各樓層高度的比例。

當建築物遇到地震產生很大的變形時，門可能會打不開，甚至無法進到裡面救援。而且，家具也會傾倒，天花板說不定會掉下來。但真正會有危險的是外牆掉落。乾式外牆會隨著建築物的層間位移角變化，所以一旦超過容許值的話，外牆就會剝離落下。

層間位移角的計算方法

層間位移角是水平方向的變位除以樓層的高度算出來的數值。除法會產生小數點，所以一般慣例以分數來表示。計算會將大地震和中小地震分開來考慮。建築物在中小地震時的層間位移角一般設計為 1 ／ 200 以下。大地震時並沒有特別規定，但外牆構材等完成面材料大多建造為可符合 1 ／ 100 的數值，所以大地震時的位移角也是以 1 ／ 100 為大致基準。此外，若是小規模的鋼骨造等這種具有很大變形能力的建築的話，即使是中小地震有時也會設計為 1 ／ 120 左右。

層間位移角是表示地震時安全性的數值，但是若以勉強接近標準值來做設計的話，有時會變成只受到風吹就會產生劇烈搖動的建築物。應特別注意設計務必具有居住品質。

memo

層間位移角與偏心率的計算也有關係。
計算偏心率時，除了根據日本建築基準法以外，還有慣例的規定。

①地震力按照第一級地震耐震設計法的規定。

②層間位移角以與上下樓板相連接的牆壁，以及柱的所有垂直構材來計算。

③若剛性樓板的假設成立且沒有產生偏心的話，當利用代表構材就能夠確認滿足限制數值這項條件時，因為該構材的計算結果，可視同已進行其他構材的檢討。

是否已經明白了層間位移角的重要性？也要實際演練計算方法，並融會貫通喔！

⊕ 層間位移角的求法

層間位移角的計算式

層間位移角 γ 是以下列算式計算出各樓層的數值。
在中小地震時的層間位移角有規定 $\gamma \leqq 1 / 200$，
大地震時的層間位移角則以 $\gamma \leqq 1 / 100$ 為大致基準。

$$\gamma = \frac{\delta}{h}$$

γ：層間位移角
δ：層間變位
h：樓層高度

樓層高度 h 的求法

①基本

樑　樑
柱　樓板　樓層高度 h
樑　樑

②反樑時

垂直方向的樓層高度 h（與①相同）

樑　樑
柱　樓板　樓層高度 h（反樑時）
樑　樑

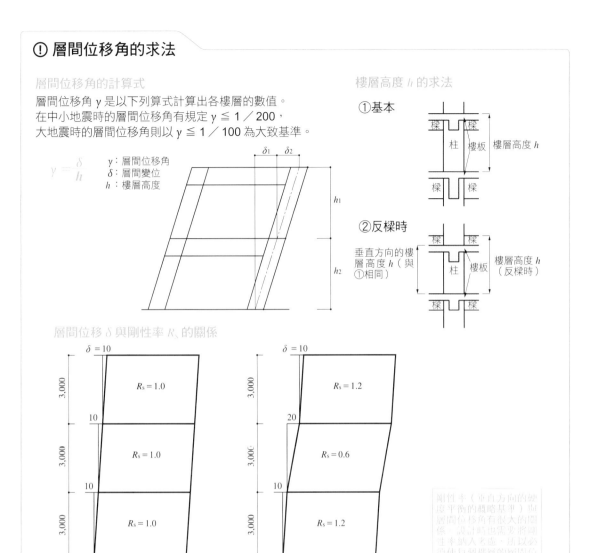

層間位移 δ 與剛性率 R_s 的關係

只要算出層間位移角，就能算出確認建築物剛性平衡的剛性率。

剛性率（由自方向的硬度平衡的概略基準）與層間位移角有很大的關係，設計時也需要將剛性率納入考慮，並以必須使每個樓層的層間位移角相同。

參閱 P.186

⊕ 層間位移角與重心位置

一旦產生了很大的變形，重心位置將會偏移，有可能會因此產生很大的彎矩，所以層間位移角的數值是愈小愈好。

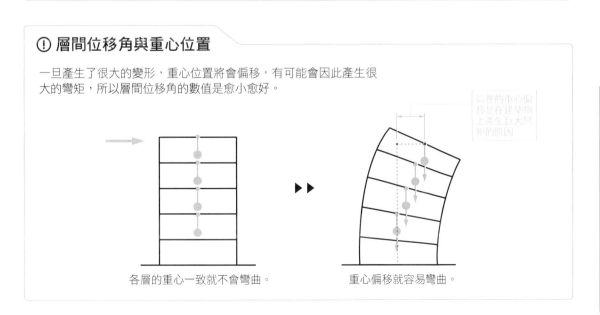

各層的重心一致就不會彎曲。

重心偏移就容易彎曲。

結構的中心偏移是在建築物上產生巨大彎曲的原因

如果有一個人力氣很小的話會發生什麼事？

key word 078 剛性率的計算

為什麼挑空設計很危險？

! 一旦失去剛性的平衡
! 就很危險

　　剛性率是表示建築物垂直方向的硬度（剛性）平衡的數值。若有剛性極端小的樓層的話，地震時力會集中在該層樓上，所以非常危險。

簡單算出剛性率的方法

　　集合住宅是將一樓部分做為停車場或腳踏車停放處，設計成四周沒有牆壁的挑空空間，上方則考慮到與各住戶間的隔音與防震而規劃了很多牆壁。這種設計必然會成為上方堅固、下方柔軟的結構。日本阪神、淡路大地震裡像這樣的集合住宅，就發生多起只有挑空樓層整體崩塌的案例。

　　除此之外，也發現到下方為 SRC 造、上方為 RC 的混合結構建築物的結構交替樓層處，發生整層崩塌的案例。據說可能是因為 SRC 內部鋼骨的剛性影響、或由於 SRC 部分的強度大，與之相比 RC 部分的強度小而引起整層崩塌。也就是說萬物能否取得平衡才是關鍵。

　　剛性率 R_s 的計算很簡單。將各層、各方向的層間位移角（水平變位／樓高）的倒數，除以倒數的相加平均值就可計算出值。

$$Rs = \frac{rs}{\overline{rs}}$$

$$rs = \frac{h}{\delta}$$

$$\overline{rs} = \sum \frac{rs}{n}$$

R_s：各樓層的剛性率
rs：各樓層的層間位移角（δ/h）的倒數
$\overline{rs}$：rs 的相加平均值
h：樓層高度
δ：層間位移
n：地上部分的樓層數

　　剛性率 R_s 的概略基準為 0.6 以上。未滿 0.6 時就需要將剛性平衡不佳納入考量，增加該層的形狀係數以進行水平承載力的計算。

memo

挑空這個用語在結構上與建築設計上的意思不同。在建築設計上是指對外部呈開放狀態的空間；在結構上則是指剛性小的樓層。就算不是 1 樓，只要是剛性較小的樓層都稱為「挑空」。
此外，姑且不談挑空對地震力的安全隱憂，在東日本大地震時，據說對外部呈開放的挑空，是非常有效對抗海嘯的一種形式。

建築物裡若有剛性特別小的樓層存在的話就很危險。必須熟練剛性率的計算喔！

⚀ 層間位移角與剛性率的關係

建築物部分樓層的剛性模數較小的話，變形會集中在此處。
計算建築物的剛性率，以確保平衡。

必須確實計算建築物的剛
性率以確保平衡！

①剛性率 R_s 相同的情況

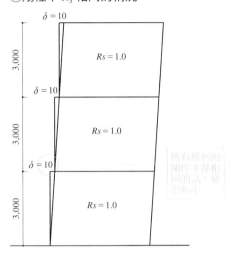

所有樓層的
剛性率都相
同的話，變
形較小

②剛性率 R_s 不同的情況

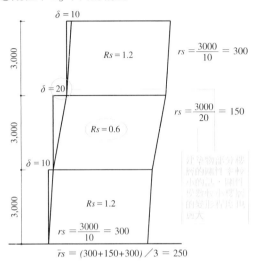

$rs = \dfrac{3000}{10} = 300$

$rs = \dfrac{3000}{20} = 150$

$rs = \dfrac{3000}{10} = 300$

$\overline{rs} = (300+150+300) \diagup 3 = 250$

建築物某方樓
層的剛性率較
小的話，剛性
模數較小建築
物的產生位移也
較大

⚀ 崩塌形式的例子

剛性較低的建築物會發生下列①～④這幾種崩塌方式。挑空形式的建築物必須著重崩塌方式，以確保
安全性。

OK：保有安全的崩塌方式　　**NG**：危險的崩塌方式

①位於 2 樓以上的整體彎曲降伏

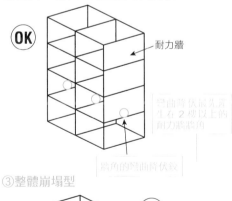

耐力牆

彎曲降伏最先產
生在 2 樓以上的
耐力牆牆角

牆角的彎曲降伏鉸

②位於人工地盤 2 樓的耐力牆的彎曲降伏

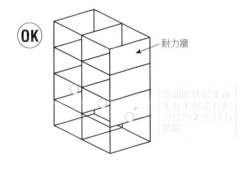

耐力牆

彎曲降伏最先產
生在 1 樓設有耐
力牆的 2 樓耐力
牆腳

③整體崩塌型

耐力牆

柱

彎曲降伏鉸

牆角的彎曲降伏鉸

彎曲降伏最先產
生在 1 樓的柱頭、
柱腳與耐力牆腳

④ 1 樓部分倒塌

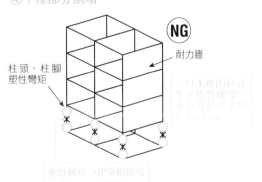

耐力牆

柱頭、柱腳
塑性彎矩

因 1 樓的柱產
生脆性破壞，進
而引起建築物倒塌

脆性破壞，建築物倒塌

4

結構設計

有可抑制偏心的方法嗎？

！ 偏心率愈大產生的變形也愈大，倒塌方式也會跟著改變

　　無論如何強化耐力牆，如果沒有平均地設置牆壁的話，一旦承受地震力等水平力時就有產生倒塌的危險性。建築物必須使重心（重量的中心）與剛心（剛性的中心）趨近一個點來設置耐力牆。建築物的重心與剛心偏離稱為偏心。

利用偏心率確認偏心的安全性

　　產生偏心的建築物，不只是外框會產生很大的變形。柱樑的框架架構與耐震壁能承擔的地震力分布將會變得不平均，就算是以具有相同承載力的框架來建構建築物，其倒塌順序也會改變。為了確保建築物的安全性，必須掌握偏心所造成的影響。

偏心率的確認方法

　　偏心率的定義是重心與剛心的偏離距離，與對扭轉的抵抗度的比例，其值愈大，代表偏心影響也愈大。偏心率的計算並不困難（參閱右頁）。算出建築物的偏心率後，確認其數值是否在 0.15 以下。超過 0.15 時就必須考慮偏心帶來的影響，增加該層的形狀係數以進行水平承載力的計算。

　　只是，日本建築基準法的偏心率，是用第一級地震耐震計算法（以各構材皆在彈性區域為前提）時的結果來計算。也就是說，如果承載力大的框架與小的框架同時存在，部分框架在早期就受到破壞的話，偏心也可能突然變大，所以檢討強度上的均等也很重要。

memo

從照片可知，牆壁偏一邊的積木房屋產生了偏心，就容易發生建築物變形。

沒有偏心

有偏心

memo

日本建築基準法中關於偏心率有兩極化的看法。即使是強度高的建築物，如果剛性偏離，就需要抑制偏心率，拿掉耐震壁、增加變形縫等調整其剛性。但也有人認為這樣不好，因為這是建築物整體的承載力朝向低落方向的調整。此外，其他國家有些並非以剛性做為判斷是否偏心，而是以左右變形量的差，確保偏心的安全性。

⊙ 偏心率是重心與剛心的偏離距離

建築物的重心與剛心的位置一旦產生偏離,當承受地震力等水平力時,變形變大、產生以剛心為中心轉動的搖動。

重心是指建築物的重量中心,也是地震力產生作用的中心。剛心則是指耐力牆的剛性中心,是建築物產生轉動(扭轉)的中心。

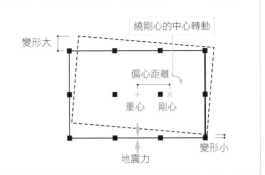

繞剛心的中心轉動

變形大

偏心距離

重心 剛心

地震力

變形小

⊙ 偏心率的計算方法

用來判斷耐力牆是否均等的準則,就是偏心率。偏心率的數值愈大,偏心的影響也愈大,倒塌的危險也跟著變高,所以必須按照下列步驟來確認偏心率是否控制在 0.15 以下。

①求重心位置(g_x, g_y)

$$g_x = \frac{\Sigma(N \times X)}{W}$$

$$g_y = \frac{\Sigma(N \times Y)}{W}$$

$$W - \Sigma N$$

中心位置通常是從柱軸力算出且中心位置

②求剛心(ℓ_x, ℓ_y)

$$\ell_x = \frac{\Sigma(K_y \times X)}{\Sigma K_y}$$

$$\ell_y = \frac{\Sigma(K_x \times Y)}{\Sigma K_x}$$

剛心位置是從各框架(或各個柱)的剛性計算出的值。近年電腦計算應力分析是主流,所以是從各柱所承受的剪力與變形計算出水平剛性

③求偏心距離(e)

$$e_x = |\ell_x - g_x|$$

$$e_y = |\ell_y - g_y|$$

④求扭轉剛性(K_R)

$$\overline{X} = X - \ell_x$$

$$\overline{Y} = Y - \ell_y$$

$$K_R = \Sigma(K_x \times \overline{Y}^2) + \Sigma(K_y \times \overline{X}^2)$$

扭轉剛性無論 X、Y 方向,都是以各框架的剛性,乘以與剛心距離的二次方後,將且數值相加求得

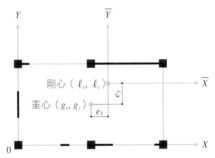

g_x, g_y : x, y 的重心座標
N : 因長期載重產生的柱軸力
X, Y : 構材的座標
ℓ_x, ℓ_y : 各樓層的剛心座標
K_x, K_y : 耐震要素計算方向的水平剛性
$\overline{X}, \overline{Y}$: 與剛心位置間的距離

⑤求彈力半徑(r_e)

$$r_{ex} = \sqrt{\frac{K_R}{\Sigma K_x}} = \sqrt{\frac{\Sigma(K_x \times \overline{Y}^2) + \Sigma(K_y \times \overline{X}^2)}{\Sigma K_x}}$$

$$r_{ex} = \sqrt{\frac{K_R}{\Sigma K_y}} = \sqrt{\frac{\Sigma(K_x \times \overline{Y}^2) + \Sigma(K_y \times \overline{X}^2)}{\Sigma K_y}}$$

將扭轉剛性除以各方向的水平剛性的數字開平方根,就可求出表示扭轉困難度的彈力半徑。偏心率即是偏心距離除彈力半徑求出。

⑥求偏心率(R_e)

$$R_{ex} = \frac{e_y}{r_{ex}}$$

$$R_{ey} = \frac{e_x}{r_{ey}}$$

最後步驟⑥中,欲求得的方向與偏心距離的相反喔!

什麼是建築物的固有週期？

！ 若固有週期與地震相同的話
就會產生很大的搖動

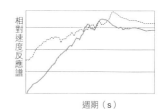

呈現靜止狀態的三個球。搖動一側的球之後，繩子一樣長的球也會大幅搖動。這就是週期相同的物體產生共振的例子。

在同一條繩子連接的鐘擺實驗中，搖動其中一個鐘擺的話，與其有相同長度的鐘擺也會大幅搖動。這個現象就是共振。

掌握建築物的固有週期

地震表面看起來毫無章法地震動，這個就是波動。地震是各種週期的波混合在一起由地盤內部傳播過來，震波有力量很強的週期，也有力量微弱的週期。

實際上建築物也具有容易產生搖動的週期（固有週期）。有的是容易往東西方向搖動的週期；有的則容易往南北方向搖動的週期，即使是同一個建築物因方向與部位不同，也會具有不同的週期。固有週期對建築物的安全性來說是非常重要的性質。想想看假設建築物的固有週期與地震的強烈週期一致時會發生什麼事情？即使承受同樣大小地震力，固有週期與地震的週期相同的建築物，會產生較劇烈的搖晃（共振）而倒塌。

其實地盤也具有這種固有週期。堅固的地盤與柔軟地盤當然不會有相同的週期。建築物的受災程度與地震的週期、地盤的週期、建築的固有週期有關。

日本建築基準法在計算地震力時，會將建築物與地盤的固有週期納入考慮做計算。雖然實際上會有各種不同情況，基本是依據結構種類，以和高度成正比的數值來算出固有週期。嚴格說來，建築物的固有週期不只是用高度來決定，也會因為柱的大小、樑的大小、地板上的承載物而變化。超高層大樓等是算出建築物個別的固有週期後輸入電腦中，使用地震波檢討建築物的安全性。

地板也有固有震動數，如果配合這個震動數跳動的話，將會產生很大的震動。舉個很多人都知道的例子，韓國的某辦公大樓就曾發生因為跳有氧舞蹈時造成建築物的大幅震動，使得在裡面工作的人誤以為地震而倉皇逃出的趣聞。

memo

地震同時具有相當多的週期。不過，因週期不同其強度也不同，所以會藉由繪製速度反應譜的曲線圖，比較檢討每個波數的大小（參閱 P194）。

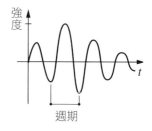

相對速度反應譜

週期（s）

東北地方太平洋外海地震
--- 新潟中越地震
—兵庫縣南部地震

何謂週期？

強度

週期

建築物搖動 1 次的時間就是其固有週期。建築物愈高，固有週期愈長。

⚠ 求建築物的固有週期

無論是建築物、或是地盤都有其固有週期。計算地震力必須考慮兩者。建築物的固有週期（T）可用下列算式求得。

$$T = 2\pi \sqrt{\frac{M}{K}}$$

M：重量
K：水平剛性

建築物的固有週期根據其結構種類，大致上是與其高度（H）成正比，所以 RC 造的話可用「建築物高度（m）×0.02」，S 造的話可用「建築物高度（m）×0.03」來做概算。
（例）
　RC 造的建築物，高度為 10m 時，$T = 10 \times 0.02 = 0.2$ 秒
　S 造的建築物，高度為 10m 時，$T = 10 \times 0.03 = 0.3$ 秒

固有震動數（f）是固有週期（T）的倒數喔！

$$f = \frac{1}{2\pi} \sqrt{\frac{K}{M}}$$

因結構造成的固有週期差異
①牆壁（堅固的建築）　②柱樑（柔軟的建築）

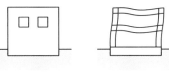

固有週期小　　　　固有週期大

因地盤造成的固有週期差異
①堅硬的地盤　　②柔軟的地盤

固有週期小　　　　固有週期大

⚠ 產生共振時，震動會變得很大

建築物的固有週期與地震波、地盤的固有週期與地震波週期、建築物的固有週期與地盤的固有週期，三種情形若產生共振就會引發相當大的震動。

建築物與地震波的共振

①不產生共振
（相異的固有週期）

②產生共振
（相同的固有週期）

建築物的固有週期 0.3 秒　　建築物的固有週期 0.3 秒

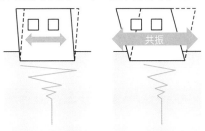

波形週期 0.5 秒　　　波形週期 0.3 秒

地盤與地震波的共振

①不產生共振（相異的固有週期）

堅固的地盤（固有週期 小）　　柔軟的地盤（固有週期 大）

地震波週期大　　　地震波週期小

②產生共振（相同的固有週期）

堅固的地盤（固有週期 小）　　柔軟的地盤（固有週期 大）

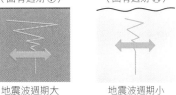

地震波週期小　　　地震波週期大

建築物與地盤的共振

①產生共振
（固有週期 小×小）

堅固的建築物 小

堅固的地盤 小

②不產生共振
（固有週期 小×大）

堅固的建築物 小

震幅小

柔軟的地盤 大

③不產生共振
（固有週期 大×小）

柔軟的建築物 大

震幅小

堅固的地盤 小

④產生共振
（固有週期 大×大）

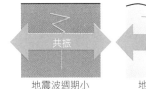

柔軟的建築物 大

柔軟的地盤 大

地震動能夠納入計算嗎？

！利用歷時反應分析可計算
　建築物的安全性

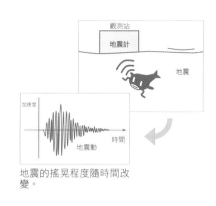

地震的搖晃程度隨時間改變。

歷時反應分析是利用隨時都在產生變化的地震力，將建築物變化的樣子化做數值（反應值），藉此確認結構安全性的計算方法。

歷時反應分析的需求理由

容許應力度等計算上，會將地震力置換成量與方向不會產生變化的靜態載重，然而原本地震動是由強烈週期（活躍期）與微弱週期等複數的週期波所構成。歷時反應分析是利用反應出會產生變化的地震波，來確認結構安全性的計算方法，所以可更加詳細地確認建築物的變化和特徵。

地震波會隨地點而改變，但近年關於地震波的研究已有大幅進步，從地盤的調查結果，製造該地點的模擬性地震波（人工模擬場地波）的技術，不僅確立也受到廣泛利用。此外，利用過去觀測到的地震波來進行結構計算的情況也很常見。經常受到利用的有 El Centro 震波（1940 年美國‧埃爾森特羅觀測到的地震動），以及 Taft 震波（1952 年美國‧塔夫特觀察到的地震動）。

此外，地震的能量傳遞到建築物之後，藉由建築物搖晃而轉換成熱能量等。此現象稱為阻尼。在歷時反應分析中也會將阻尼納入考慮並進行分析。在日本建築基準法中，也將歷時反應分析認可為結構計算法。舉例來說，在現行的日本建築基準法中，超過 60m 的高層大樓的結構安全性，光靠容許應力度等計算或臨界承載力計算還不夠，必須使用歷時反應分析進行結構計算，取得「日本國土交通大臣認定」之後，才可以開始建造該種規模的建築物。

此外，日本建築基準法也針對高樓層建物除外的建築物規定，無法符合日本建築基準法的設計規範的建築物等，可使用歷時反應分析來確認其結構的安全性。

memo

震動分析隨著電腦技術的進步，迅速地普及開來。現在在進行高層大樓的設計時，只要知道活斷層的位置與大小，就可以用人工模擬製作活斷層的地震波型，並進行分析。

震動分析是為了掌握地震時有多少地震力作用於建築物上。特別是高層建築，震動分析是日本建築基準法都有明確規定其義務的重要計算！

⚠ 何謂歷時反應分析?

歷時反應分析的概念

①將建築計畫模型化後進行結構計算

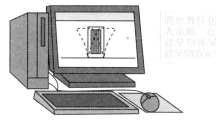

歷時反應分析是利用建築計畫用地的地盤調查的結果,製作模擬地震波(人工模擬場地波)、或 El Centro 震波等,用實際的地震動來分析建築物。

歷時反應分析使用的運動方程式

$$[M]\{\ddot{y}\}+[C]\{\dot{y}\}+[K]\{y\}=-[M]\{\ddot{y}_0\}$$

加速度　　速度　　變位　　地震波

M :質量。根據建築物的用途做適當的設定

C :阻尼
（例）鋼筋混凝土造建築 = 0.03%
　　　鋼骨造建築 = 0.02%

K :剛性

②將地震動施加於結構計算後的建築計畫上並進行模擬

將絕數倍化的地震動輸入出腦,在出腦中模擬建築物搖晃,藉此確認建築物的安全性

藉由上述方程式,先理解到輸入怎樣的條件,歷時反應分析會做怎樣的計算吧!

歷時反應分析的流程[譯注]

| 進行第一級地震耐震計算 |
| 進行載重漸增計算 |
| 進行歷時反應分析 [計算方法⇨ 2000 年日本建設省告示 1461 號] |
| 由認定機關處獲得分析結果的評定 |
| 取得日本大臣認定,於確認申請時提出 |

結構計算

法律上的手續

不只是歷時反應分析的原理與內容,也要將實際設計時的流程記起來喔!

⚠ 地震以外的振動

步行振動

因風而產生的振動

搖晃

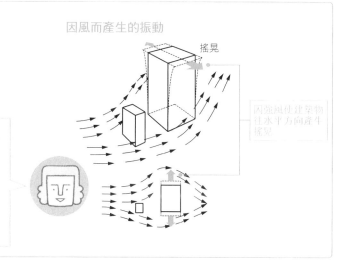

因強風使建築物往水平方向產生搖晃

步行振動是指人在建築物中步行時造成地板往垂直方向產生振動,也稱為地板震度。這是因為基礎下沉,或選用了不適當的地板設計、施工,以及地板構材等所引起的現象。至於因風而產生的振動,則是因強風造成的水平振動喔!

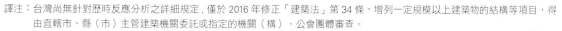

譯注:台灣尚無針對歷時反應分析之詳細規定,僅於 2016 年修正「建築法」第 34 條,增列一定規模以上建築物的結構等項目,得由直轄市、縣(市)主管建築機關委託或指定的機關(構)、公會團體審查。

4

結構設計

193

大地震的地震動特徵為何？

! 從速度反應譜可知
地震動的搖晃強度

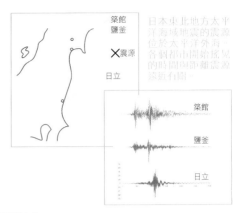

日本東北地方太平洋海域地震的震源位於太平洋外海，各個都市開始搖晃的時間則與距離震源遠近有關。

地震發生時常聽到震度、芮氏規模等用語。在建築界則會使用加速度（gal）、速度（kine）來談論有關地震的事。這些都是用來表現地震大小的標準。

解讀地震波的速度反應譜

各位是否聽過地震波這個詞呢？其實地震就是在地盤傳播的波動。波因為地盤的硬度不同在傳播速度上產生快、或慢；而在地盤的性質產生變化的地方，則會產生曲折與反射、外波甚至會互相重疊而變大或變小，形成各種各樣的變化。地震波就是觀測各式各樣的波互相重疊後的結果（速度反應譜）。

地震波由各種不同週期的波重疊而成。藉由分解每個週期的地震波的強度（傅葉爾變換）、並加以整理，便可依據週波數得知建築物的最大速度（速度反應譜）。當查看速度反應譜時會看到上面標記了阻尼係數 h，阻尼（搖擺幅度逐漸變小的現象）是波的重複次數愈多，變得愈大。

建築物具有容易搖晃的週期（固有週期）。在速度反應譜上若建築物的固有週期有重疊的情形，就會產生共振。根據建築物的固有週期與地震波的組合不同，建築物受到的災害程度也會不同。筆者常會被問到「建築物在多大震度的時候會倒塌？」，但從上述可知受災情況會隨著建築物的固有週期、與地震波的特性而產生變化，所以無法一言以蔽之。

最近，能夠將加速度、速度、變位、週期一併標示出的三軸圖經常被運用在速度反應譜上。

memo

震度： 用來表示地震強度的大小，正式名稱為計測震度。過去曾經以體感以及周圍的狀況來做推測，1996 年以降則是以計測震度計做自動化的觀測與測定。

芮氏規模： 用來表示地震的規模、大小的指標。

加速度： 每單位時間內速度的變化率

速度： 每單位時間內的變位

建築物的搖晃是採用與該建築物相同的固有週期、以及阻尼係數的鐘擺擺動來做計算，並取其最大值！

ⓘ 地震波是各式各樣週期的波的組合

地震波是在斷層處產生的波動。根據地盤的硬度以及波傳遞的路徑，產生各式各樣的變化。建築物會在這些波的組合狀態下產生搖晃。

地震波是各種週期的波的重疊

週期長的震波

＋

斷斷續續的短波

＋

週期短的強波

各種週期的地震或大小可從速度反應譜得出

＝

各種週期的波重疊後產生了地震波

地震波與速度反應譜

① 2011 年日本東北地方太平洋海域地震的地震波速度波形（築館）

② 2004 年日本新潟縣中越地震地震波的速度波形（川口）

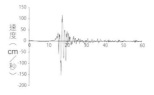

將日本中北地方太平洋海域地震與日本中越地震在中小規模間震波做比較的話，便可得知波的性質是不同的。

③三個地震的地震波的速度反應譜

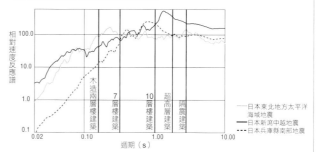

- 日本東北地方太平洋海域地震
- 日本新潟中越地震
- 日本兵庫縣南部地震

ⓘ 速度反應譜與建築物的固有週期

速度反應譜

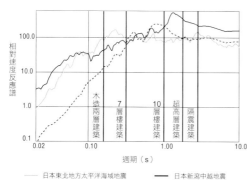

- 日本東北地方太平洋海域地震　　日本新潟中越地震
- 日本兵庫縣南部地震

圖表顯示地震週期與一般建築物的週期。建築物的週期和地震週期一致的話，便會產生共振，造成很大的災害。

三軸圖（三軸反應譜）

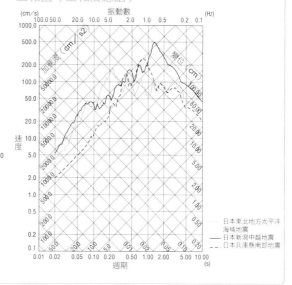

- 日本東北地方太平洋海域地震
- 日本新潟中越地震
- 日本兵庫縣南部地震

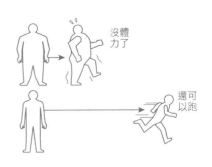

沒體力了

還可以跑

key word 083 臨界承載力設計法

如何進行臨界承載力計算？

! 計算是否具有只滿足目標數值的性能

臨界承載力計算是 2000 年日本建築基準法改正時，和既有的結構計算（容許應力計算、極限水平承載力計算）同樣受到規範的計算法。此計算法採用「性能設計」的觀念，先設定好設計的目標值，再計算結構體與構材是否具有只滿足目標值的性能，並進行確認。

檢討損壞臨界與安全臨界

基本的必要性能（目標值）有兩個。

一個是針對經常作用於建築物上的載重安全性目標值。此目標性能是指建築物建造完成後的期間（存在期間內），面臨有可能遭遇數次積雪、暴風，以及不常發生的地震動等，建築物處於不受損壞的範圍內（臨界），而這個臨界值則稱為損壞臨界（損壞臨界承載力）。因此必須確認在損壞臨界時各構材的承載力是否小於短期容許應力度，以及建築物的層間位移角能否控制在 1 ／ 200 以下等（損壞臨界檢討）。

另一個是指在面臨積雪或暴風時，極少會產生最大載重、外力，以及極少會產生地震動，建築物在不會倒塌、毀壞的範圍內（臨界），此臨界值稱為安全臨界（安全臨界承載力）目的在確認面對相當於極限水平承載力的水平力時的層間位移角（安全臨界檢討）。

和容許應力度等計算不同，臨界承載力計算會適當地評估地盤的性能狀態與建築物的固有週期後，再設定作用於建築物上的地震力，所以是更為合理的做法。此外，此計算法排除了與耐久性相關的規格規定（材料的品質或構材的耐久性等），即使不符合容許應力度計算所要求的規定也無所謂，所以對於像是傳統木造工法等，規格較難符合規定的建築物的結構計算來說，也是有效的計算方法。只不過，臨界承載力計算的前提是必須為形狀完整且平衡佳的建築物，所以並不是所有建築物都適用。

不常發生的地震動

為了確認超高層建築物等在結構承載力上的安全性，而進行結構計算時所使用的地震力的一種，在日本氣象廳所規定的地震等級中相當於震度 5 的地震動。

極少發生的地震動

為了確認超高層建築物等在結構承載力上的安全性，而進行結構計算時所使用的地震力的一種，在日本氣象廳所規定的地震等級中相當於震度 6 強～7 左右的地震動。

臨界承載力的計算，是經過損壞臨界與安全臨界兩個階段確認的合理的結構計算！

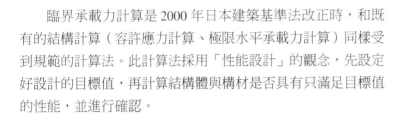

⊙ 損壞臨界的檢討方法

將損壞臨界時的層間位移角設定為 1／200 以下，並確認建築計畫在損壞臨界時產生的變形是否可抑制在其範圍內。

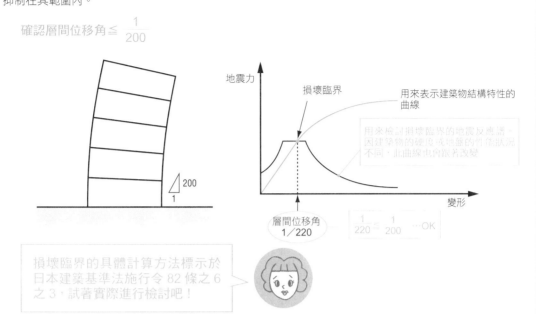

確認層間位移角 ≦ $\dfrac{1}{200}$

地震力

損壞臨界

用來表示建築物結構特性的曲線

用來檢討損壞臨界的地震反應譜，因建築物的硬度或地盤的性能狀況不同，此曲線也會跟著改變

變形

層間位移角 1／220

$\dfrac{1}{220} ≦ \dfrac{1}{200}$ …OK

損壞臨界的具體計算方法標示於日本建築基準法施行令 82 條之 6之 3，試著實際進行檢討吧！

⊙ 安全臨界的檢討方法

臨界承載力計算的安全臨界是由設計者的判斷來做設定，但與極限水平承載力不同，建築物變得愈柔軟、其水平力也變得愈小。由此來看，如果將層間位移角設定為小，水平力也會因此變小到只產生局部性的破壞，乍看之下很合理的設定，但是在損壞臨界與安全臨界之間，當安全臨界時的層間變位角過小時，即使不倒塌、最初受到破壞的構材也會產生降伏而有落下的風險。所以實際設計上，會設定層間位移角為 1／75 左右來做計算。

檢討設定好變形時的構材是否會產生降伏

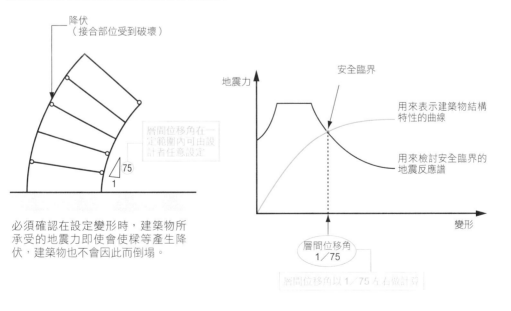

降伏
（接合部位受到破壞）

層間位移角在一定範圍內可由設計者任意設定

必須確認在設定變形時，建築物所承受的地震力即使會使樑等產生降伏，建築物也不會因此而倒塌。

地震力

安全臨界

用來表示建築物結構特性的曲線

用來檢討安全臨界的地震反應譜

變形

層間位移角 1／75

層間位移角以 1／75 左右做計算

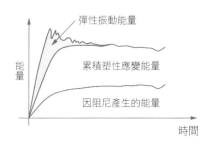

彈性振動能量

累積塑性應變能量

因阻尼產生的能量

能量

時間

key word 084 能量法

什麼是
能量法？

！ 與臨界承載力計算等都是
新的結構計算方法

　　「以能量的平衡做為基礎的耐震計算法（能量法）」是於 2005 年日本國土交通省告示 631 號中規定的條約。在法規上，是與容許應力度計算和臨界承載力計算具有同等的重要性。

memo

能量法對設置了隔震裝置的建築物來說是非常有效的計算方法，但不適用於採用了隔震裝置的建築物。

利用能量法來確認安全性的方法

　　由現狀來看，目前最普遍的是容許應力度計算和極限水平承載力計算，很少會使用臨界承載力計算或能量法來確認建築物的安全性。不過，最近藉由其他方法，也闡明了因地震於建築物輸入的能量，會取決於建築物的總質量與設計用最長週期。此外，近年展開急速普及的隔震阻尼器的安裝，也是利用能量法的計算方法會比較簡單。

　　安全性的確認方法，首先是比較因地震而輸入建築物的能量 E_d，和建築物產生塑性化為止可吸收的能量 W_e（能量吸收能力）。藉此可知讓建築物產生塑性應變的能量大小。此外，影響建築物能量吸收能力的主要因素有三個。分別是彈性振動能量、累積塑性應變能量、以及因阻尼而產生的能量。彈性振動能量是建築物在彈性區域內的吸收能量；累積塑性變形能量是建築物產生降伏、逐漸變形時在塑性區域的吸收能量；因阻尼產生的能量則是因黏性阻尼而產生的吸收能量。輸入建築物的能量大小 E_d，是參照建築物總質量和地盤種類、利用地震時的輸入能量速度來進行計算。接下來，將引起塑性應變的能量 E_s，依照各樓層的剛性與承載力大小，將各樓層所需要的能量分配出去。然後將這裡算出的各樓層所需的能量大小，與各樓層的能量吸收能力做比較，藉以確認其安全性。此外，各樓層的能量吸收能力是使用淨力彈塑性分析法來做計算。

目前的現狀是能量法尚未普及，但讓隔震裝置的阻尼器產生降伏，是能量法特有的理論。期待這種計算方法能夠更廣泛受到利用！

⊙ 利用能量法進行結構計算的原理

能量法是利用地震時輸入建築物的能量 E_d，減掉建築物可吸收的能量 W_e，計算出引起塑性應變的能量 E_s。

引起塑性應變的能量 E_s 的計算

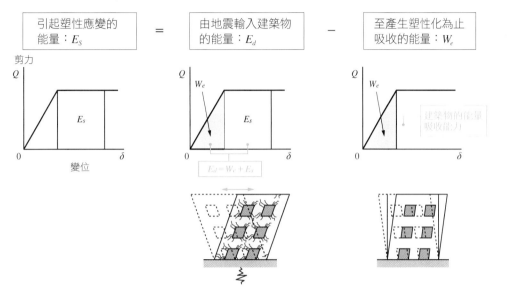

| 引起塑性應變的能量：E_s | = | 由地震輸入建築物的能量：E_d | − | 至產生塑性化為止吸收的能量：W_e |

輸入建築物的能量 E_d 的計算式

$$E_d = \frac{1}{2} M \cdot V_d^2$$

E_d：作用於建築物上的能量大小
M：建築物地面以上部分的質量
V_d：作用於建築物上的能量大小的速度換算值

能量法的基礎是高中物理會教的算式 $1/2MV^2$。

⊙ 建築物的必要能量吸收量 E_S

想成將全部的能量吸收能力分配至各樓層。必要能量吸收量（塑性應變能量）往各樓層的分配如下圖所示。

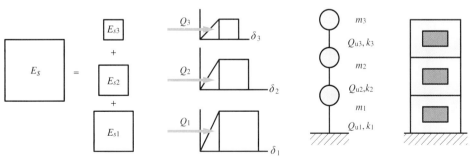

m：質量、Q：剪力、k：彈簧常數

將整體應吸收的能量總量，按照各樓層的剛性（彈簧力大小）來分配

4
結構設計

199

keyword **085** 基礎的種類

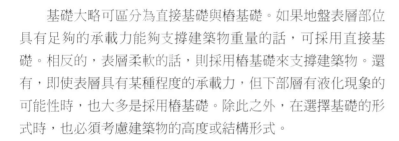

板式基礎
真的堅固嗎？

！ 板式基礎所費較高，
但可抵抗不均勻沉陷

　　基礎大略可區分為直接基礎與樁基礎。如果地盤表層部位具有足夠的承載力能夠支撐建築物重量的話，可採用直接基礎。相反的，表層柔軟的話，則採用樁基礎來支撐建築物。還有，即使表層具有某種程度的承載力，但下部層有液化現象的可能性時，也大多是採用樁基礎。除此之外，在選擇基礎的形式時，也必須考慮建築物的高度或結構形式。

直接基礎與樁基礎的特徵、設計重點

　　直接基礎分為連續基礎和板式基礎。所謂連續基礎，是呈倒 T 字型（或 L 字型）的基礎，利用基腳（底盤）將建築的載重傳遞至地盤。因為基腳相連在一起，所以又稱為連續地腳基礎。板式基礎則是利用設置在建築物下方的整面基礎樓板，將載重傳遞至地盤的基礎。由於混凝土量多，成本比連續基礎高，但是可抵抗不均勻沉陷，所以最近使用的狀況變多了。此外，基腳不連續而是一根根單獨設置的獨立基腳基礎，或稱為獨立基礎，這種基礎因為容易產生沉陷，必須藉由沉陷量計算等來確認其安全性。

　　樁基礎是用於地盤表層較為柔軟的地盤上的基礎形式。將樁延伸到能夠承受建築物載重的承載力的地盤層，支撐起建築物。

　　樁的種類與施工法有很多種，依施工方法可分為場鑄混凝土樁與預製樁；又依確保支撐力的方法則又分類為支撐樁與摩擦樁。

　　在 2000 年日本建設省告示 1347 號中，依照地盤的長期容許應力度，已規定出可選擇的基礎形式。設計基礎時必須調查計畫用地的地盤的容許應力度。根據地盤調查結果，依照 2001 年日本國土交通省告示 1113 號規定，計算地盤的支撐力。

譯注

譯注：台灣方面可參照內政部營建署〈建築物基礎構造設計規範〉。

何謂打底？

在施工現場，開挖地面後鋪設礫石，並在上面澆置一層薄的混凝土。這個礫石稱為填隙礫石、混凝土稱為打底混凝土，兩個合併在一起就稱為打底。這點對於建築物的建設來說非常重要，不只是做為尚未凝固的基礎或地樑的重要支撐地盤，也是做為施工放樣、打墨線標記構材位置的一個平面。直接基礎的打底部分是支撐柱上方建築物的一部分。

不同種類基礎的併用

原則上，日本建築基準法是禁止併用不同結構的基礎（異種基礎），但因為地盤的狀況不得不併用異種基礎時，必須遵照日本建築基準法規定的結構計算，確保結構承載力上的安全性。

必須先詳細檢討地盤的狀態、或上方的載重等各種條件後，再選擇基礎。因為做任何事最重要的就是基礎！

① 基礎的種類與結構

基礎的形式

①直接基礎
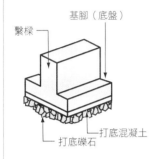
▼地盤
▼支撐層

②樁基礎
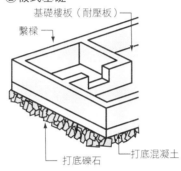
▼地盤
▼支撐層

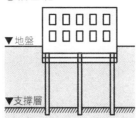
基礎形式大致分為直接基礎和樁基礎。直接基礎有連續基礎、板式基礎和獨立基礎。樁基礎則有場鑄混凝土樁、既製樁和鋼管樁等種類。

直接基礎的種類

①連續基礎
繫樑
基腳（底盤）
打底混凝土
打底礫石
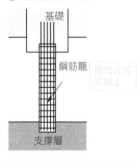

②板式基礎
基礎樓板（耐壓板）
繫樑
打底礫石
打底混凝土

③獨立基礎
基腳（底盤）
打底混凝土
打底礫石
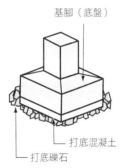

樁基礎主要的種類

①場鑄混凝土樁
基礎
鋼筋籠
現場灌置混凝土
支撐層
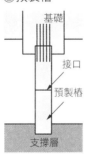

②預製樁
基礎
接口
預製樁
支撐層
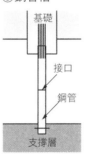

③鋼管樁
基礎
接口
鋼管
支撐層

在樁基礎中最常使用的有木樁、混凝土樁、鋼管樁。其中混凝土樁有往削鑽孔中灌入混凝土的場鑄混凝土樁，和預製混凝土樁。

---

① 板式基礎的施工

澆置混凝土前

板式基礎的耐壓板和繫樑的配筋狀況。繫樑的模板還沒拆掉。

澆置混凝土後

拆掉模板，在板式基礎的繫樑上進行地檻與柱的施工狀態。

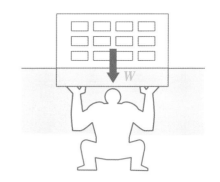

什麼是
地盤反力？

! 地盤是承受建築物的重量
而產生的反彈的力。在基
礎設計上非常重要

直接基礎的種類

直接基礎是支撐直接設置在地面上的建築物的基礎。直接
基礎分為建築物底面全部設置耐壓板（底板），使地盤能支撐
起建築物的板式基礎、以及在地樑下設置加寬的底盤來支撐建
築物的連續基礎。另外，雖然較少使用，於柱下設置四角形底
盤的獨立基礎也是直接基礎的一種。

直接基礎的設計重點

為了判定直接基礎的建築物安全性，必須確認地盤是否能
夠支撐起建築物的重量。地盤的支撐力（地層容許承載力），
可藉由平板載重試驗等得知地盤調查的結果。

因重力作用，建築物重量會藉由基礎的底盤傳遞至地盤面
上。將建築物的重量，除以底盤面積所得的每單位面積重量，
稱為接觸壓力。若接觸壓力小於地盤的地層容許承載力值（容
許應力度），則可以確認該地盤能夠支撐起建築物。

另一方面，底盤本身處於受到地盤擠壓的狀態。此擠壓的
力會在底盤上產生彎矩，所以和樓板同樣需要計算底盤的必要
鋼筋數量，並且以大於必要鋼筋量的鋼筋來進行配筋。

需要注意的是，計算底盤的應力時，從地盤產生的反力是
由下往上，但底盤本身的重量則會因為重力作用而產生由上往
下，所以兩者可相互抵消。

此外，板式基礎必須將被地樑包圍的柱底板（樓板）假設
為鉸支撐或固定支撐計算出應力；連續基礎則將地樑當做懸臂
樓板進行計算。

memo

本項中是單純將地樑位置當做
支點進行計算，但實際的地盤
與彈簧一樣，在地樑附近會產
生大的接觸壓力，而樓板中央
的接觸壓力則會變小。對相對
小型的建築物來說，利用此計
算不會有什麼問題，但面對大
型底盤則必須做地盤的彈簧模
擬，並進一步檢討接觸壓力和
底盤的設計。

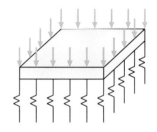

直接基礎的接觸壓力
的值非得小於地層容
許承載力不可。先掌
握住底盤的必要鋼筋
量的計算方法。板式
基礎跟連續基礎在計
算方法上的相異點也
須特別注意！

① 板式基礎的設計步驟

①計算建築物的重量 W（包含基礎的重量）

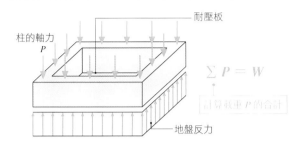

柱的軸力
P

耐壓板

地盤反力

$$\sum P = W$$

計算載重 P 的合計

②計算接觸壓力 σ

建築物的重量除以基礎樓板的底面積

$$\sigma = \frac{W}{A}$$

σ：接觸壓力
A：基礎的底面積

③比較接觸壓力 σ 與地層容許承載力 f_e

$$\sigma \leqq f_e$$

f_e：地層容許承載力

只要接觸壓力小於地層容許承載力就 OK

④耐壓板的設計（必要鋼筋量的計算）

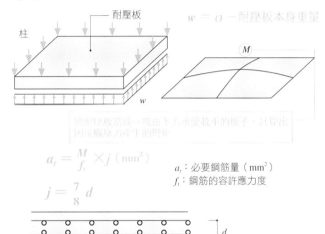

柱

耐壓板

M

$w = \sigma -$ 耐壓板本身重量

w

將耐壓板當成一塊由下方承受載重的板子，計算出因接觸壓力產生的彎矩

$$a_t = \frac{M}{f_t} \times j \ (\text{mm}^2)$$

$$j = \frac{7}{8} d$$

a_t：必要鋼筋量（mm²）
f_t：鋼筋的容許應力度

d

連續基礎的設計重點

①接觸壓力的檢討與板式基礎相同（板式基礎設計步驟①～③）
②至於底盤的設計，

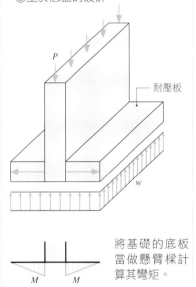

P

耐壓板

w

M　M

將基礎的底板當做懸臂樑計算其彎矩。

---

① 當基礎產生偏心時，接觸壓力 σ 的計算表

一旦基礎上產生彎矩，接觸壓力的分布就不會一致。先計算偏心距離，再計算或利用右圖，求出最大接觸壓力。

接觸壓力是耐壓板傳遞至地盤的每單位面積上的載重大小。假設建築物的重量相同，底盤的面積愈大時，接觸壓力也會愈小。

接觸壓力係數 α, α'（長方形的基礎時）

當偏心量愈大，接觸壓力就會愈大

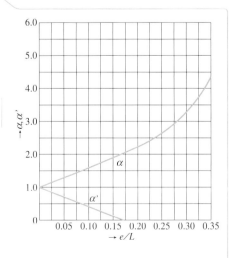

P

e

L

$\alpha \dfrac{P}{A}$　　$\alpha' \dfrac{P}{A}$

最大接觸壓力 σ

樁基礎的種類與原理是什麼？

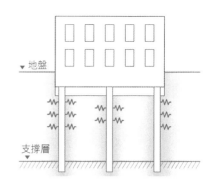

▼地盤

支撐層
▼

❗ 樁基礎隨著施工法或支撐結構的不同，有好多種不同的種類

　　樁基礎是在柔軟的地盤得以支撐起建築物的有效基礎形式。將結構體設置至深達地盤內部的堅固地盤（支撐層）為止，藉此對抗建築物的重力，將建築物支撐起來。

樁基礎的種類與設計重點

　　樁可根據施工法分類。在地面鑽孔、設置鋼筋籠之後，澆置預拌混凝土的場鑄混凝土樁，是大型建築物的標準基礎形式。其特徵為直徑大、具有大的支撐力。由於土壤液化的地盤，在液化後會失去抵抗來自水平方向的力的能力，所以有些樁會在基樁樁頭裝設鋼管，藉以提高耐震性。此外，為了有效得到高支撐力，也會採用將基樁底部擴大的擴底樁。

　　大多數的小規模建築物會採用預製樁。超過半數的樁體會採用超高牆預應力混凝土管樁（PHC 樁）。主要的施工法是利用打樁機將樁打入地下的打擊式工法，但因為噪音大，這幾年與水泥乳漿一起固定在地盤上的水泥乳漿工法等才是主流。此外，近年連木造建築也會進行基礎設計，即使在狹小的基地也能施工的鋼管樁受到廣泛使用。

　　支撐起建築物的樁的垂直支撐力，是將樁前端地盤的支撐力，以及樁體表面的摩擦力兩個效果估計在內計算出的值。因為是在地盤看不到的部分進行施工，所以不同於鋼筋或混凝土，必須以高安全率看待。長期的垂直支撐力為極限支撐力的 1／3，短期則為 2／3。

　　樁的水平力檢討也很重要。於建築物上產生的水平力，會藉由樁傳遞至地盤，但地盤過於柔軟時，樁上產生的彎矩就會變大。因此必須考慮地盤橫向的彈簧效果，進行水平方向的設計。

memo

樁頭部分是固定於基礎。以前也有將基礎放於樁的上方，但曾發生過大地震時樁頭遭破壞的情形，所以才將樁頭當做固定支撐來進行應力計算，確保牢固地固定在基礎上，以進行配筋作業、以及樁體整個埋入基礎中。

memo

樁也要承受水平力。

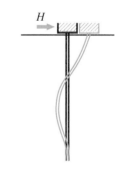

H

關於樁基礎，不只要理解種類和結構，也要熟悉設計方法喔！

ⓘ 椿基礎的種類與結構

依據施工法和支撐方式的不同,椿基礎可大致分為兩類。

依施工法分類

①場鑄混凝土椿
②鑽孔埋設椿(預製椿)
③打擊椿(預製椿)

①場鑄混凝土椿

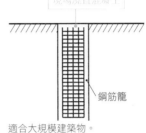

現場澆置混凝土

鋼筋籠

適合大規模建築物。

②鑽孔埋設椿
(左:預製混凝土椿、右:鋼管椿)

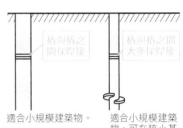

椿與椿之間以焊接

椿與椿之間大多以焊接

適合小規模建築物。

適合小規模建築物。可在狹小基地施工。

依支撐方式分類

①支撐椿
②摩擦椿
③椿筏基礎
④抗拔椿
⑤斜椿

椿基礎有很多種類,根據地盤或用途、施工費用等條件或狀況,以能夠找到適切的方法為目標努力吸取相關知識吧。

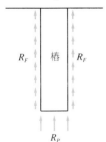

①支撐椿

P

軟弱層

支撐地盤

②摩擦椿

P

柔軟或中等的土層

③椿筏基礎

填土

▽原地盤面

軟弱黏性土

椿

④抗拔椿

P

⑤斜椿

ⓘ 椿的垂直支撐力的計算方法

椿的垂直容許支撐力 R_a = 前端支撐力 R_P + 表面摩擦力 R_F

長期:$_LR_a = \dfrac{1}{3}(R_P + R_F)$

短期:$_SR_a = \dfrac{2}{3}(R_P + R_F)$

R_a:椿的垂直容許支撐力 [kN]
R_P:椿的前端支撐力 [kN]
R_F:椿的表面摩擦力 [kN]

算出椿的垂直容許承載力,比較柱的軸力或建築物的重量。

R_F | 椿 | R_F

R_P

R_P 的計算
· 打擊椿　　：$R_P = 300\bar{N}A_P$
· 鑽孔埋設椿：$R_P = 200\bar{N}A_P$
· 場鑄椿　　：$R_P = 150\bar{N}A_P$

$\bar{N}$:支撐地層的平均 N 值(≦ 50)
A_P:椿的前端面積 [m²]

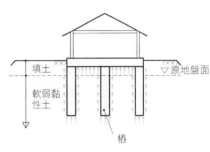

R_F 的計算

$$R_F = \frac{10}{3}\bar{N}_S L_S\ \psi + \frac{1}{2}\bar{q}_u L_c\ \psi$$

$\bar{N}_S$:砂質土地盤的平均 N 值
L_S:椿與砂質土地盤的接觸長度 [m]
ψ:椿的周長 [m]
$\bar{q}_u$:黏性土地盤的單軸抗壓強度的平均值 [kN/m²]
L_c:椿與黏性土地盤的接觸長度 [m]

key word 088 不均勻沉陷與傾斜沉陷

沉陷的建築物
很危險嗎？

！ 產生沉陷差異的不均勻沉陷
尤其危險

比薩斜塔（Leaning Tower of Pisa）是世界最有名的沉陷例子。

何謂不均勻沉陷與傾斜沉陷

由於建築物受到地盤的支撐，一旦地盤過於軟弱就會使建築物下沉。這種下沉就稱為沉陷。沉陷的方式有不均勻沉陷和傾斜沉陷兩種。對建築物來說影響較大的沉陷是不均勻沉陷。這是指建築物的不同地方產生沉陷差異的狀態，在基礎或建築物上產生裂縫。但對於建築物本身並沒有什麼影響，會影響到居住品質的沉陷是傾斜沉陷。雖然不會在建築物上產生很大的應力，但是建築物整個會傾斜下沉。

沉陷的原因與對策

在地盤內部，有可能埋藏廢棄混凝土等地下障礙物。當直接基礎建築物的地盤裡有地下障礙物時，產生不均勻沉陷的可能性就會高，必須全部清除再回填土壤。若清除後的地盤不夠夯實的話，就有必要進行地盤的補強。有時候也會在不均勻沉陷發生之後，才察覺地下障礙物。還有，基礎下面有樹根的話，當樹根腐蝕時會使該部位變得軟弱。就算是均勻的地盤上採用直接基礎，只要上方建築物的載重有集中一邊的傾向，就容易產生不均勻沉陷，必須加以留意。此外，不只是直接基礎會產生沉陷，椿基礎也會如此。當椿沒有延伸至支撐地層、或發生地震時椿受到破壞的情況，也會產生不均勻沉陷。尤其必須注意就算只是些微的沉陷量，有時也會發生底下的椿已經遭到重大破壞的情況。

沉陷對策有增設椿等方法，但針對不均勻沉陷，也可考慮將聚氨酯等注入於地下填滿空隙的方法。不過，如果是區域整體產生沉陷的話，也有完全對策無法做到的情況。

memo

防空洞、廢棄礦坑、鐘乳石洞等這類洞穴有可能存在於建地的地下。這類地方可能曾經發生過土壤流進洞穴裡而造成沉陷。利用鑽探試驗判斷出有洞穴存在時，用流動化處理土填滿，或是設置能夠跨越洞穴的大型基礎，都是對付沉陷的對策。

沉陷是問題最多的現象。有必要多加理解。

⚠ 融會貫通沉陷的基本知識

不均勻沉陷的種類與原因有很多，在確認是不均勻沉陷之前，必須先測量建築物的沉陷程度。然後按照其程度，比較相對沉陷量和總沉陷量的容許值。

沉陷的種類

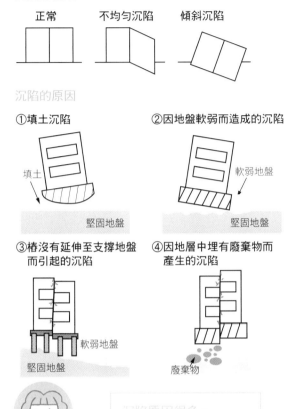

正常　　　不均勻沉陷　　　傾斜沉陷

沉陷的原因

①填土沉陷

填土 →

堅固地盤

②因地盤軟弱而造成的沉陷

軟弱地盤

堅固地盤

③樁沒有延伸至支撐地盤而引起的沉陷

軟弱地盤

堅固地盤

④因地層中埋有廢棄物而產生的沉陷

廢棄物

沉陷原因很多。

結構類別的沉陷量容許值（例）

①相對沉陷量的容許值（cm）

支撐地盤	結構類別	CB 造	RC 造、壁式結構 RC 造		
	基礎形式	連續	獨立	連續	板式
固結地層	標準值	1.0	1.5	2.0	2.0～3.0
	最大值	2.0	3.0	4.0	4.0～6.0
風化花崗岩（陶瓷土）	標準值	—	1.0	1.2	
	最大值		2.0	2.4	
砂層	標準值	0.5	0.8		
	最大值	1.0	1.5		
沖積黏土層	標準值		0.7		
	最大值		1.5		
所有地盤	結構類別	完成面材料		標準值	最大值
	鋼骨造	非軟性完成面材		1.5	3.0
	木造	非軟性完成面材		0.5	1.0

②總沉陷量的容許值（cm）

支撐地盤	結構類別	CB 造	RC 造、壁式結構 RC 造		
	基礎形式	連續	獨立	連續	板式
固結地層	標準值	2	5	10	10～(15)
	最大值	4	10	20	20～(30)
風化花崗岩（陶瓷土）	標準值	—	1.5	2.5	
	最大值		2.5	4.0	
砂層	標準值	1.0	2.0	—	
	最大值	2.0	3.5	—	
沖積黏土層	標準值	—	1.5～2.5		
	最大值		2.0～4.0		
固結地層	結構類別	基礎形式		標準值	最大值
	木造	連續 板式		2.5 2.5 ～(5.0)	5.0 5.0 ～(10.0)
瞬時沉陷	木造	連續		1.5	2.5

（原注）固結層是針對固結後的沉陷量（忽略建築物的剛性的計算值），其他數值則是針對瞬時沉陷量。（ ）括號內表雙重樓板等剛性大的情況。木造的整體傾斜角的標準值為 1／1,000，最大值為 2／1,000～（3／1,000）以下

⚠ 對付地下障礙物的沉陷對策

地下若有混凝土廢棄物等障礙物存在時，當時間一久就有產生不均勻沉陷的危險。

樹根埋藏在地下的例子。

挖掘出混凝土廢棄物的例子。

沉陷對策

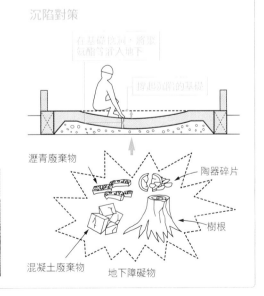

在基礎挖洞，將架設鋼帽等送入地下

撐起沉陷的基礎

瀝青廢棄物

陶器碎片

樹根

混凝土廢棄物　地下障礙物

4 ｜ 結構設計

於隔震層中設置隔震裝置。照片是藉由中央可動部滑動，以發揮隔震效果的結構。

隔震是什麼樣的結構？

! 設置隔震裝置，讓地震力
不易傳遞至建築物上

隔震結構是在建築物內設置柔軟且具有大的變形能力的部分（隔震層），藉以減低來自地盤傳遞至建築物上的地震力系統。

隔震結構的設計重點

建築物根據硬度或形狀，具有強烈搖晃的特有週期（固有週期）。另一方面，地震波是具有很多週期的波。在活斷層上產生震波的地盤好比是過濾器的替代品，可複合出各式各樣的週期，最後在這些波當中，會產生對建築物有強大影響力的強波，與影響力較小的弱波。

地震波中影響力最大的週期是卓越週期。地震時，一旦地震波的卓越週期與建築物的固有週期變成相同的話，搖晃會重疊，使建築物產生劇烈晃動（產生共振）。地震波的卓越週期一般來說大約是 1～2 秒。若使用隔震裝置，建築物的固有週期會變成 3～4 秒，如此一來可防止地震波的週期與建築物的固有週期產生重疊。

隔震建築大多採用基礎隔震這種在基礎部分設置隔震層的方式，但也可以設置在建築物的任何樓層。基礎隔震是在基礎的上方裝設隔震裝置，並在其上方蓋上建築物主體。隔震裝置大多使用橡膠與鐵板交互層疊的積層橡膠，但因為積層橡膠剛性大，相較起來重量輕的獨棟建築則會採用滾軸式支撐或滑動支撐（參閱右頁下圖）。

隔震計畫應確保與鄰地的空隙（間隙）。因為隔震建築物在地震時會產生大幅度的移動，所以與鄰地之間得有足夠的空間不可。此外，考慮到未來的維修需求，隔震層必須確保有足夠人員進出作業的空間。而且隔震建築物受到強風吹襲時也可能發生晃動，所以日常中經常颳強風的地點，應考慮是否會影響居住品質。

長週期地震動的對策

以前地震的固有週期一直被認為是 1～2 秒，但隨著設置很多的地震計，以及對地震原理所知漸增，最近才發現有超過 3 秒的長週期地震的存在。因此在設計隔震裝置時，有必要針對這種長週期地震動好好地進行檢討。

memo

光只有隔震裝置，無法讓搖晃停止，還要設置阻尼器這種讓地震力減弱的裝置。

耐震結構與隔震結構的差異在於，耐震結構是用建築物整體抵抗地震力，而隔震結構則是用隔震裝置吸收地震力。隔震結構較能夠將災害減至最小，但成本高！

ⓘ 隔震結構

隔震結構是將積層橡膠等容易往水平方向產生變形的隔震裝置,設置於基礎部分,讓建築物的固有週期變長,藉此防止與地震波產生共振、減弱地震力的結構。此外也必須設置阻尼器等削弱地震力的裝置。除了超高層大樓、公寓之外,像是大型醫院等也都採用這種裝置。

設計時的重點和基本原理

①確保空隙

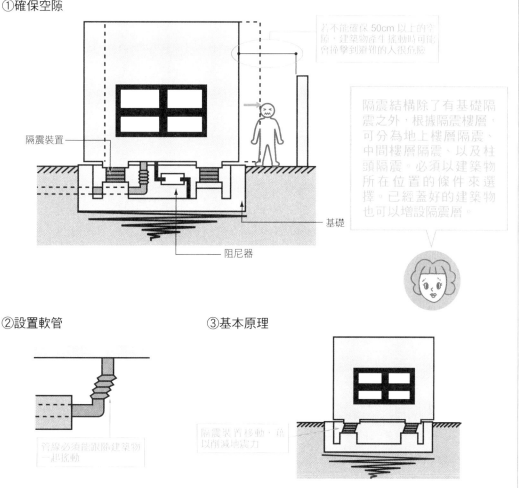

若不能確保 50cm 以上的空隙,建築物產生搖動時可能會撞擊到避難的人很危險

隔震裝置

基礎

阻尼器

隔震結構除了有基礎隔震之外,根據隔震樓層,可分為地上樓層隔震、中間樓層隔震、以及柱頭隔震。必須以建築物所在位置的條件來選擇。已經蓋好的建築物也可以增設隔震層。

②設置軟管

管線必須能跟隨建築物一起搖動

③基本原理

隔震裝置會移動,藉以削減地震力

ⓘ 隔震裝置的種類

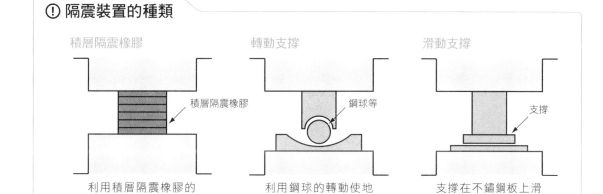

積層隔震橡膠

積層隔震橡膠

利用積層隔震橡膠的變形使地震力減弱。

轉動支撐

鋼球等

利用鋼球的轉動使地震力減弱。

滑動支撐

支撐

支撐在不鏽鋼板上滑動使地震力減弱。

因液化而喷出的砂子　受到破壞的人行道

因地震而造成液化的例子

keyword 090 土壤液化
防止土壤液化的方法？

！ 減輕地盤的壓力和強化基礎
都是有效的做法

　　每當發生大地震時，關於土壤液化的影響就會成為報章媒體的話題。在東日本大地震中，千葉線的沿岸區域也發生了許多土壤液化的災情。應該有很多人都看過房子被砂子淹沒掉的影像吧？

因土壤液化造成的災害

　　土壤液化是由於地震造成地盤晃動而使砂子產生液體化，是黏土成分少的砂子較容易引發的現象。一旦地盤液化，就會發生砂子噴出地表、地盤產生陷落、以及失去側向作用力的樁折斷等現象。

　　就算建築物本身不會遭受災害，但若是道路產生液化，就無法讓車輛通行；若是自來水管與瓦斯管線被折斷，也會造成很大的災害。還有，液化引起的地盤下陷問題，會使樁基礎建築物的 1 樓部分移動到很高的位置，連帶產生機能障礙等問題。

防止液化的有效對策

　　可減輕地盤承受地震時的壓力的砂井排水法、或用鋼管樁強化基礎，都是有效的液化防止對策。但是個人住宅無法負擔高額工程，所以會採取區域性的液化防止對策。

　　雖然和液化程度也有關係，但獨棟建築的板式基礎據說能夠有效對抗液化。有此說法是因為可期待房屋如同船般漂浮於地盤上的效果。

　　土壤液化一直被報導成危險的現象，但令人意外的是，液化現象具有使大地震減弱的效果。這是因為液化後震波就無法往前傳遞，因此在液化區域周邊的建築物鮮少受到災害。不過，就現代的技術來說，尚且無法利用液化做為有效的地震對策。

液化的大略判斷基準

地震時可能有液化危險的地盤，如下列①～④的砂質地盤。
①砂質土壤、且位於地表 20m 深以內
②砂質土壤、且砂粒直徑是由較為均勻的中等顆粒等組成
③因地下水而呈現飽和
④N 值大約 15 以下

何謂側向作用力

樁不會因為周圍土壤的側向作用力而產生挫屈，但產生液化時，側向作用力會消失，樁就有可能因為挫屈而折斷。

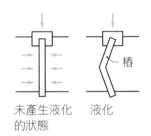

　　　　　　　　　　　　樁

未產生液化　　液化
的狀態

東日本大地震時很多地方都出現液化現象。特別需要注意河川兩岸和海邊等地方。

⚠ 土壤液化產生的過程與原理

下圖是因地震而產生液化的過程。可知砂質地盤的砂粒與水，因為地震而產生了變化。

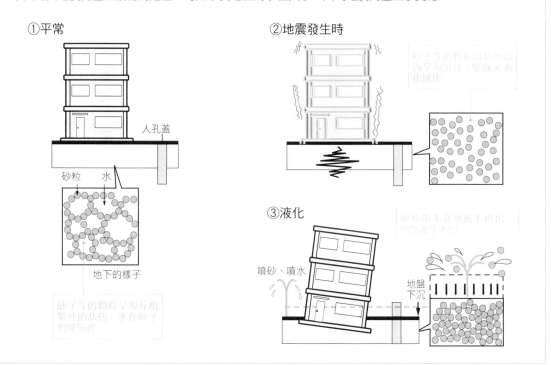

①平常

人孔蓋

砂粒　水

地下的樣子

砂子等的顆粒呈現互相緊貼的狀態。水在砂子的縫隙裡

②地震發生時

砂子等的顆粒因為地震而呈現分離，變成泥水化狀態

③液化

噴砂、噴水

砂粒與水竄地底下噴出，向外產生水層

地盤下沉

⚠ 液化預測圖的活用法

近年，日本各個自治單位開始調查鄰近的活斷層和地盤的狀況，並將容易因地震帶來的災害或液化造成的危險性，標示在地圖上做成資料。
只要確認自己居住地的危險程度，就可能於事前訂定對策。就算沒有對策，也可以事先知道往哪個方向避難較安全，是有實質上的防災效益。

日本川崎市市內地震的液化危險度分布圖

液化危險度
■ 高
　稍高
　低
　非常低
　不在判斷對象內

0　　4　　8
km

（出處：「日本川崎市地震被害想定調查報告書」2010年3月）

日本自治單位都有製作和公布像左圖這樣的預測圖，確認自己居住的市鎮的 HP 吧。

譯注：台灣方面，可至經濟部中央地質調查所網站查詢。

結構設計一級建築士證照	
達比　博士	昭和○年○月○日生
建築士證發行號碼　第○○○○號	
中央指定登錄機關	平成○年○月○日
社團法人日本建築師會聯合會會長　○○○○	
社團法人日本建築師會聯合會是根據建築士法第10條之4第1項的規定由國土交通大臣指定之中央指定登錄機關　　　國土交通大臣　○○○○	

日本結構設計一級建築士證照圖例。

key word 091 結構設計一級建築士

什麼是只有結構設計一級建築士才能設計的建築物？

! 凡設計一定規模以上的建築物，就必須有結構設計一級建築士的資格

日本建築士法與日本建築基準法同為1950年制定的法律，其目的為「訂定建築物的設計和工程監督等技術人員的資格，衡量其業務的適當正確性，並致力於提升建築物品質」（根據日本建築士法第1條）。

一級建築士、二級建築士、木造建築士的差別

日本建築士法定義的建築士資格有兩種，分別是取得日本國土交通大臣的執照執行業務的一級建築士、以及取得日本都道府縣知事的執照執行業務的二級建築士、木造建築士。根據資格能夠建築的建築物規模，或用途都受到限制。學校或醫院等公共性質高的建築物且超過500m^{2}的建築物、或總樓地板面積超過1,000m^{2}的建築物等，必須是一級建築士才能夠進行設計監督。總樓地板面積超過300m^{2}的木造建築、木造結構以外的建築且超過30m^2，或者是3層樓以上的建築，都是一級建築士或二級建築士的業務範圍。木造的話總樓地板面積超過100m^{2}的建築物，則必須是一級建築士、二級建築士、或木造建築士才能夠設計。

何謂「結構設計一級建築士」？

日本受到2005年耐震強度偽裝事件的影響，日本建築士法在2007年進行了大幅的修正。在修正之前，只要是一級建築士，就算不是結構設計的專家，也可以進行包括藉由結構計算確認安全性的行政手續。然而修正後變成一定規模以上的建築物，就得具備「結構設計一級建築士」的資格不可。此外，確認申請時變成必須附上已經由結構計算確認其安全性的證明書，證明書的寫法也受到日本建築士法施行規則17條之14之2的規定。與結構設計一級建築士同時間，另外新設立了「設備設計一級建築士」。

memo

與結構相關的資格，除了本文介紹到的結構設計一級建築士之外，還有非法定資格的「JSCA結構士」。要取得這項資格更不容易，必須先取得一級建築士資格後、且具有4年以上實務經驗，經過考試並合格者才能取得證照。至於國際證照則有「APEC工程師」資格。

結構設計一級建築士可以設計、監督日本國內所有的建築物，但取得資格並非容易。成為結構設計一級建築士之前，首先得取得一級建築士的資格。

⨀ 什麼是結構設計一級建築士？

結構設計一級建築士的資格條件與業務內容如下圖所示。成為結構設計一級建築士，必須取得一級建築士資格，且具有 5 年以上的結構設計實務經驗才能取得證照。

資格條件與業務內容

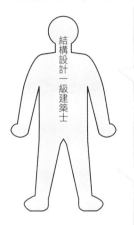

結構設計一級建築士

資格條件
（建築士法 10 條之 2）
一級建築士須有 5 年以上的結構設計實務經驗，並完成登錄講習機關的講習課程者

結構設計一級建築士能從事的業務內容
（建築士法 20 條之 2）
日本建築基準法 20 條 1 號以及 2 號中規定建築物（右表 ①～⑤），須由結構設計一級建築士進行結構設計。結構設計一級建築士以外的一級建築士進行結構設計之際，須由結構設計一級建築士確定其合法性

結構設計上，需要有結構設計一級建築士資格的建築物

① 高度超過 60m 的建築物

② 木造且高度超過 13m 或簷高超過 9m

③ 鋼骨造且不包含地下樓層的樓數超過 4 層以上

④ RC 造或 SRC 造且高度超過 20m 以上

⑤ 其他※

※：關於其他的混合結構、砌體造結構等規定，則參考日本建築基準法施行令 36 條之 2。

⨀ 建築士法的結構相關規定

為了進行建築物的結構設計、監督，建築士法依個別資格做出了規定。
從下圖可知，愈高階的建築士，能夠設計、監督業務範圍也愈廣。

一級建築士

【能做的設計、監督業務】
①所有結構
・特定用途
　（學校、醫院、電影院等）
　⇒總樓地板面積＞500m²
・其他用途
　⇒樓層數≧2、
　且總樓地板面積＞1,000m²

②木造
・高度＞13m、簷高＞9m

③其他結構
・總樓地板面積＞300m²
　高度＞13m、簷高＞9m

二級建築士

【能做的設計、監督業務】
①木造
・總樓地板面積＞300m²、
　樓層數≧3

②其他結構
・總樓地板面積＞30m²、
　樓層數≧3

木造建築士

【能做的設計、監督業務】
①木造
・100m²＜總樓地板面積
　≦300m²
・高度≦13m、簷高≦9m、
　且樓層數≦2

原注：高階的建築士可執行低階建築士的業務。

已經由結構計算確認其安全性的證明書
○○○○

委託人　×××先生（小姐）

現在，結構設計書都必須附上安全證明書。安全證明書是由具有且資格者，開立給委託人的證明。

4
結構設計

keyword 092 設計與結構

建築設計師與結構設計師的關係？

❗ 建築設計師與結構設計師
是合作關係

　　從開始設計到施工階段為止的各種情況，會由建築設計師與結構設計師共同召開開會討論。

建築設計師與結構設計師從基本計畫到施工為止所扮演的角色

　　在基本計畫階段，主要針對雙方對於架構的想法進行討論，並決定基本的結構形式。建築設計師向結構設計師傳達計畫概要，並聽取結構設計師說明本計畫中，柱、樑、以及地板（樓板）在結構上的作用。建築設計師會一邊考慮動線、房間的使用用途、外觀、以及環境，一邊決定結構構材的大致配置。不過，實際上對照各樓層的平面圖時，會發現柱子沒有貫通、地板浮在半空中等情況也不少。這種情況下，建築設計師除了與結構設計師確認以外，還要檢討各構材的配置變更。此外，結構設計師也會在這個階段，傳達構材的大略斷面尺寸（假設斷面）等組裝相關的資訊，確保建築設計、設備設計能順利進行。

　　進入實施設計階段時，由於構材的位置與尺寸都已確定下來，結構設計師就可確認設計圖與設備圖在結構上是否有矛盾地方。近年，建築確認申請開始重視結構計算書與圖面的整合性，所以在確認申請提出之前，建築設計師與結構設計師必須相互確認結構計算書上所使用的斷面尺寸等數值或式樣沒有更改。

　　確認申請受理後，就是進入施工階段，施工業者必須根據設計圖，製作施工圖和施工計畫書。建築設計師（監督者）必須確保施工圖、施工綱要能夠正確地製成，在與結構設計師確認式樣、各種形狀、尺寸時，同時還要傳達給施工業者。另外，結構設計師必須身兼監督者角色，比照施工圖、施工計畫書與結構圖，一旦有與設計圖相異之處，必須與建築設計師和施工業者進行協議、改正錯誤。

建築設計師與結構設計師

以前，建築設計師與結構設計師並沒有明確的區分。隨著經濟高度成長，建築物朝向巨大化、技術也大幅地進步，使得設計師無法單獨進行設計，為此才將建築設計師與結構設計師做了明確地區分。

從設計過程開始，建築設計師必須身兼建築設計與計畫經理人兩種角色，扮演統整設計業務的作用。此外，結構設計師則是身兼技術人員須參與建築設計業務。

> 從基本設計階段到實施設計階段為止，建築設計師與結構設計師會經過無數次的協商、確認之後進入施工階段！

⚠ 建築設計師與結構設計師的工作分工

建築設計師與結構設計師從基本設計階段開始，便以分擔各種不同的角色，相互合作推進工作進度。

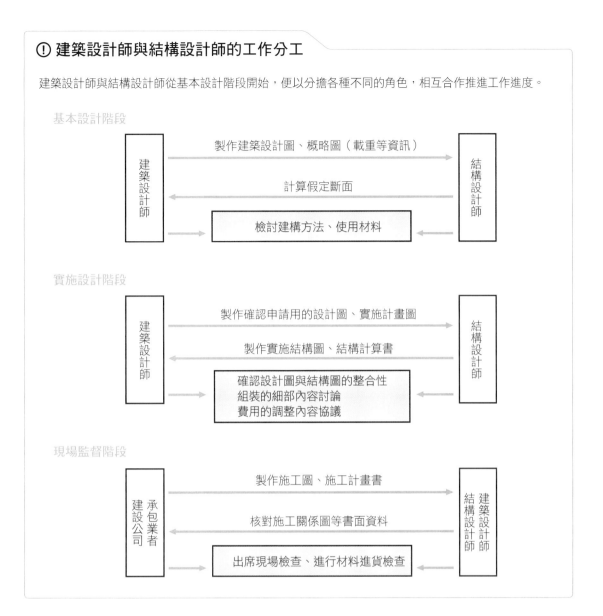

基本設計階段

建築設計師 → 製作建築設計圖、概略圖（載重等資訊） → 結構設計師
建築設計師 ← 計算假定斷面 ← 結構設計師
檢討建構方法、使用材料

實施設計階段

建築設計師 → 製作確認申請用的設計圖、實施計畫圖 → 結構設計師
建築設計師 ← 製作實施結構圖、結構計算書 ← 結構設計師
確認設計圖與結構圖的整合性
組裝的細部內容討論
費用的調整內容協議

現場監督階段

承包業者 建設公司 → 製作施工圖、施工計畫書 → 建築設計師 結構設計師
承包業者 建設公司 ← 核對施工關係圖等書面資料 ← 建築設計師 結構設計師
出席現場檢查、進行材料進貨檢查

⚠ 建築相關的職業

實際上建築是由很多職業共同合作。

設計
不動產公司　建築設計師　結構設計師
設備設計師（電力設備·供排水）　照明設計　室內設計
家具設計　景觀設計　指示牌計畫設計
門面設計　顏色設計

建築

施工
承包業者（承包商）　建設公司　鋼筋工人　模具工人
鷹架業者　土木工　樁業者　測量業者　地盤調查業者　地盤改良業者　內部裝潢業者
自來水工程業者　汙水工程業者　電力工程業者　電信工程業者　警衛　預拌混凝土業者
產業廢棄物業者　搬運業者　鋼骨業者　預鑄混凝土業者　預鑄混凝土工程業者　等等

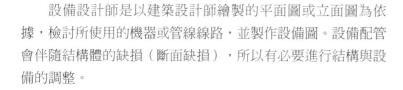

設備設計師與結構設計師的關係？

！ 從設計階段就必須進行調整

設備設計師是以建築設計師繪製的平面圖或立面圖為依據，檢討所使用的機器或管線線路，並製作設備圖。設備配管會伴隨結構體的缺損（斷面缺損），所以有必要進行結構與設備的調整。

設備設計師與結構設計師有必要協調的理由

上述提到會伴隨斷面缺損的設備，包括空調的風管與排水管等。貫穿的位置與大小各有不同，但是處理上會取決一般規定。舉個例子來說明，鋼筋混凝土（RC）樑的貫穿孔，依照慣例其半徑必須大約為樑高的 1 ／ 3 以下。設置貫穿孔會使 RC 樑的箍筋間隔變大，抵抗剪力的性能也會因此變差，所以必須用鋼筋補強。

再舉個例子，鋼骨造的樑在抵抗剪力的性能上較佳，按照慣例貫穿孔直徑為樑高的 1 ／ 2 以下，所以會用鋼板或鋼管焊接補強。此外，當設置四方形開口時，必須假設該開口是以其對角線長度做為直徑的圓來檢討應該如何補強。

開口處設置耐震牆時，必須遵守日本建築基準法（2007年日本國土交通省告示 594 號）規定的開口尺寸（參閱 P65）。從牆壁面積與開口面積的比的平方根，以及長度比進行確認。有兩個以上的開口時，雖然有加總開口面積的檢討方法，但也有變成危險區域的可能性，所以大多會以包含兩個開口的大型開口來進行檢討。

除此之外，由於電力管線體積小，所以原則上不將其列入考慮。話雖如此，近年來在內部設置 LAN 或 IH 調理爐的家庭很多，電力管線的量也日漸增加。其中很多例子是開始進行工程之後，才發現在結構計算上沒有預料到的斷面缺損。就算結構計算上是安全的樓板厚度或牆壁厚度，也有在考慮電力管線後發現不夠安全的情況，所以在設計階段中進行建築設計、設備、結構設計的調整，就變得更加重要。

memo

以廣義考慮設備的話，如下列有很多伴隨結構體缺損的設備。
①基礎樑上的通孔
②插座
③開關
④配電盤
⑤排水管
這些設備不僅適當且對結構承載力不會有影響，一般採取忽略小型設備、或在結構體上增設保護層並設置於保護層中。

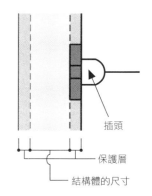

插頭

保護層

結構體的尺寸

不管是否有管線造成的結構體貫穿部分，設備設計師與結構設計師在設計階段的協調都是必要的！

① 樑貫穿孔的規定

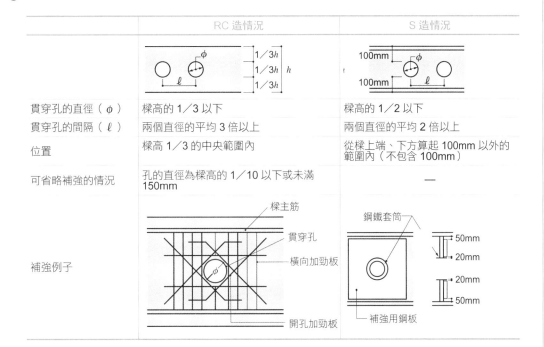

	RC 造情況	S 造情況
貫穿孔的直徑（φ）	樑高的 1／3 以下	樑高的 1／2 以下
貫穿孔的間隔（ℓ）	兩個直徑的平均 3 倍以上	兩個直徑的平均 2 倍以上
位置	樑高 1／3 的中央範圍內	從樑上端、下方算起 100mm 以外的範圍內（不包含 100mm）
可省略補強的情況	孔的直徑為樑高的 1／10 以下或未滿 150mm	—
補強例子		

① 必要進行詳細調整的地方

在設備設計圖與結構設計圖上，結構與設備共存的部分需要進行嚴密的調整。
特別是下列這幾個地方必須細心地檢查。

①樑與配管共同存在的地方

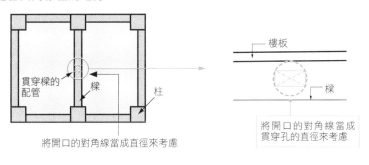

將開口的對角線當成直徑來考慮

將開口的對角線當成貫穿孔的直徑來考慮

②電力用配管集中的地方

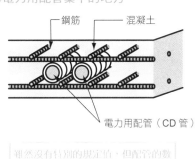

雖然沒有特別的規定的，但配管的數量更多時必須確保配管產生的缺陷不會造成問題

③兩個以上開口的情況

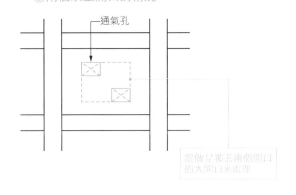

當做是涵蓋兩個開口的大開口來處理

key word 094 專業的道德

為什麼會發生偽裝事件？

! 保證不再發生偽裝事件，
需要嚴格的道德觀

關於建築物載重的安全性，除了掌握在專業人員的技術能力以外，也與職業道德觀有關。

無論法律再如何嚴格規定，一旦專業人員私下更改計算的位數、或更改計算機計算結果的內容，就無法確保建築物的安全性。

建築設計的經濟效益與專業人員的報酬

包含筆者在內的所有專業人員都面臨非常嚴峻的情況。除了考量設計的工時與建築物的經濟效益之外，更要確保自身營生下去所需的報酬。若以過於低的價格接下工作，勢必不能耗費太多時間設計，自然就容易產生錯誤。此外，若承包高於自身專業能力的建案，也有可能產生連自己都無法察覺的錯誤。

業主強迫做不法設計的情形

更加複雜的情況是業主認為是自己的建築物，所以也有可能會強迫承包商做違法的事。就算是業主的要求，難道專業人員就可以規避法律的約束嗎？

再者，說不定業主會將完工的建築物立刻脫手轉賣。買家當然會以為這是符合建築法規標準的建案才購買。而且就算沒有買賣，業主的友人也有可能來到該建築物裡。雖然付錢的是業主，但建築物是半公共物品，設計是必須為不特定的多數生命負起責任的業務。

建築設計相關的專業人員都有可能面臨被迫做出違反自身利益的決定，所以必須有嚴格的道德觀時時刻刻自我約束。

memo

有人類最古老的法典之稱的漢摩拉比法典（Code of Hammurabi）中，明確提到建築物乃是建造者的責任。
「建造房屋之人，若沒有適切地建造，導致房屋毀壞、居民死亡的話，該判死罪」（根據漢摩拉比法典 229 條）

建築專業人員必須具有良好的道德觀。

⚠ 日本建築學會的道德綱領與行動規範

日本建築學會針對專業人員的道德觀，如下列規範。

日本建築學會的道德綱領

> 日本建築學會尊重各個區域特有的歷史與傳統文化，促使地球規模之自然環境與所學智慧與技術共存，專業人員須自覺建築物擔負著富足人類生活基礎之社會角色與責任，並以此為使命向社會大眾貢獻己力。

日本建築學會的道德綱領與行動規範

1. 為人類福祉，傾注自身之睿智與習得學術、技術、藝術方面之能力，懷抱勇氣與熱忱，朝向創造建築與都市環境的目標。
2. 保持深厚知識及高度判斷力，努力促進社會生活之安全以及提升人們之生活價值。
3. 朝向能持續發展的目標，認識資源之有限性，並且為自然及地球環境，設法將廢棄物與汙染之發生維持於最小程度。
4. 自行針對建築物對於近郊及社會造成的影響進行評估，勤勉於充實優質之社會資本與公共之利益。
5. 公開任何可能帶給社會不當損害之事物，並且致力排除。
6. 尊重基本之人權，不侵害他人之知識成果、著作權。
7. 分享自身專門領域之資訊予他人，除了會員相互交流之外，也尊重具有其他專業能力之集團，並不吝給予協助。

⚠ 結構設計者面臨的狀況

結構設計者為了確保安全而不得不面對的各式各樣的問題。

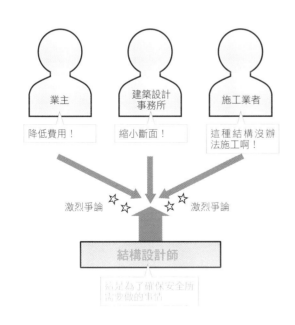

結構設計書偽造問題

①概要

2005 年 11 月日本國土交通省公開千葉縣姊齒一級建築設計事務所，涉嫌對已做結構計算的建築物偽造結構計算書一案。就此揭露一連串的耐震偽裝事件。

②對社會的影響等

- 對結構設計師的信賴感下降
- 日本建築基準法的改正
  （加強以人性本惡為本的規定）
- 設立結構設計一級建築士資格
- 設立適合性判定機關

日本建築基準法
與過去相同嗎？

! 1980 年舊耐震變成新耐震
   的大幅改變

日本的建築結構規定在過去的一百年間有大幅地進化。

日本建築基準法的前身

　　從 1919 年相當於日本建築基準法前身的日本市街地建築物法制定以來，結構有關的規定和地震災害的歷史與計算機的發達一同進化了。以關東大地震為契機，開始導入了水平震度的想法，並於 1947 年提高預測的水平震度數值，加上從新瀉地震、十勝沖地震獲取的經驗，更進一步導入剪力補強的概念。於是，日本建築基準法（舊耐震）於 1950 年制定完成。

新耐震設計法以降的日本建築基準法

　　此後，日本建築基準法在 1980 年大幅地改正，主要導入地震力的剪力分布係數、以及極限水平承載力的概念。修止後的日本建築基準法也稱為新耐震設計法（新耐震）。新耐震頒布之後的建築物，即使進行耐震診斷也會得到可確保大略耐震性的結果。自此之後的大地震中，在能夠確保居民的生命安全層面來看，幾乎沒有災情傳出。

　　新耐震設計法的計算非常困難，但隨著電腦的急速發展，連帶計算程式的開發也有了進展，已發展到任何人都能算出困難的計算。而且不只是應力計算，用電腦進行斷面計算或圖面的製作也變成可能的事。

結構設計一級建築士制度的導入

　　2005 年的耐震偽裝事件就是利用程式計算，有意竄改程式而觸法的案例。受到偽裝事件的影響，因此新設結構計算適合性的判定機關，並且導入結構設計一級建築士制度，並直到現在。

memo

以前是利用計算尺做複雜的計算，之後經過一連串的演變直到今日的電腦（計算機 ⇨ 方程式 計 算 機 ⇨ 大 型 電 腦 ⇨ 電腦）。

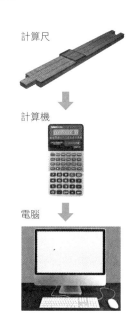

計算尺

計算機

電腦

① 日本建築結構規定的變遷

西元 （年）	結構規定的變遷	變更內容	主要大事記
1919	**日本市街地建築物法**		
1924	改正日本市街地建築物法施行規則之結構規定	新設地震力的規定（水平震度 0.1） 水平震度 0.1 $k=0.1$	關東大地震（1923）
1932	改正日本市街地建築物法施行規則之結構規定	混凝土的容許應力度（根據水與水泥比例算出的強度算式）鋼骨的接合方法（承認鉚釘接合以外的方式）	柔剛爭論（1925～1935） 室戶颱風（1934）
1937	改正日本市街地建築物法施行規則之結構規定	導入長期、短期容許應力度	帝王郡地震（1940） （觀測到 El Centro 震波）
1943～44	臨時日本標準規格	地震力：普通地盤 0.15、軟弱地盤 0.20	
1947	日本建築規格建築三〇〇一	長期、短期應力的組合 地震力：普通地盤 0.2、軟弱地盤 0.3 水平震度 0.2 $k=0.2$	P192 的 El Centro 波就是這時候觀測到的地震波
1950	**制定日本建築基準法（舊耐震）**		
1959	改正日本建築基準法	新設補強混凝土磚造的規定等	新潟地震（液化）（1964） 霞關大樓竣工（1968） （照片：Aflo） 十勝沖地震（脆性破壞）（1968）
1971	改正日本建築基準法	確保韌性與剪力	
1980	**改正日本建築基準法（新耐震）**	新耐震設計法（導入極限水平承載力計算） A_i：地震層剪力係數的分布係數 A_i	新耐震可說是因為新潟與十勝沖地震而誕生的呢
1987	改正日本建築基準法	新設木造建築物的規定	
1995	與促進日本建築物耐震修改相關的法律（10 月）		兵庫縣南部地震（1995 年 1 月）
2001	改正日本建築基準法	極限承載力設計法的導入 歷時反應分析 地震動	耐震強度偽裝事件（2005）
2007	改正日本建築基準法（施行）	新設適合性判定機關	
2008	改正日本建築士法	新設結構設計一級建築士	東北地方太平洋海域地震（2011）

4 — 結構設計

什麼是結構計算路徑？

「計算路徑」這個用語有兩種使用方法。

一個是指日本建築基準法中所認定的計算方法（容許應力度計算、極限水平承載力計算、臨界承載力計算、歷時反應分析）。另一個用法，則是指耐震計算的一連串結構計算過程。通常計算路徑是指耐震計算的路徑（如下圖）。

耐震計算路徑是由容許應力度計算（一級耐震設計）與極限水平承載力（二級耐震設計）兩個階段演變來的計算方法。計算過程中，加上日本建築基準法施行 82 條所規定的計算方法，包含了面對地震能夠確保安全性的規定。依據安全性的確認項目的不同，分為三個路徑，分別稱做「路徑 1」「路徑 2」「路徑 3」。

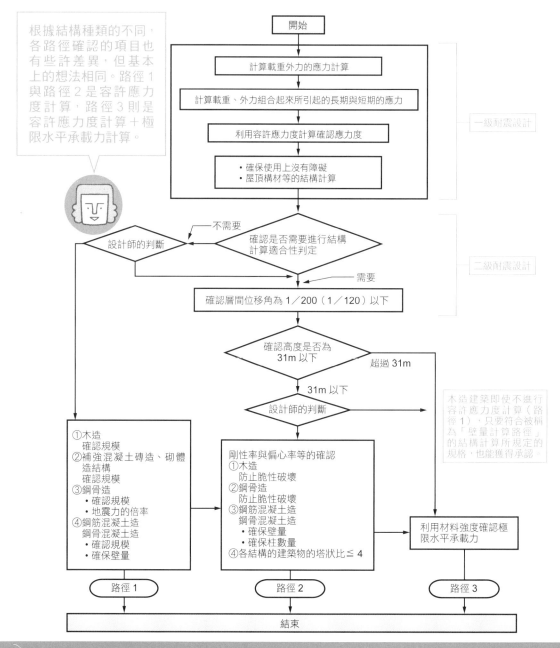

根據結構種類的不同，各路徑確認的項目也有些許差異，但基本上的想法相同。路徑 1 與路徑 2 是容許應力度計算，路徑 3 則是容許應力度計算＋極限水平承載力計算。

木造建築即使不進行容許應力度計算（路徑 1），只要符合被稱為「壁量計算路徑」的結構計算所規定的規格，也能獲得承認。

開始

計算載重外力的應力計算

計算載重、外力組合起來所引起的長期與短期的應力

利用容許應力度計算確認應力度

・確保使用上沒有障礙
・屋頂構材等的結構計算

一級耐震設計

不需要　設計師的判斷　確認是否需要進行結構計算適合性判定

二級耐震設計

需要

確認層間位移角為 1／200（1／120）以下

確認高度是否為 31m 以下　　超過 31m

31m 以下

設計師的判斷

①木造
　確認規模
②補強混凝土磚造、砌體造結構
　確認規模
③鋼骨造
　・確認規模
　・地震力的倍率
④鋼筋混凝土造
　鋼骨混凝土造
　・確認規模
　・確保壁量

剛性率與偏心率等的確認
①木造
　防止脆性破壞
②鋼骨造
　防止脆性破壞
③鋼筋混凝土造
　鋼骨混凝土造
　・確保壁量
　・確保柱數量
④各結構的建築物的塔狀比 ≦ 4

利用材料強度確認極限水平承載力

路徑 1　　路徑 2　　路徑 3

結束

5

耐震設計

key word 096 耐震診斷

老舊建築物安全嗎？

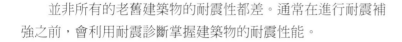

! 調查建築物並進行耐震性能診斷

並非所有的老舊建築物的耐震性都差。通常在進行耐震補強之前，會利用耐震診斷掌握建築物的耐震性能。

建築物的耐震性能診斷方法

為進行耐震診斷就必須收集設計圖等與建築物的結構相關的資料。然而，需要耐震補強的古老建築往往都沒有留下任何資料，所以會事前調查建築物，整理出耐震診斷所需的資訊。以鋼筋為例，必須敲碎混凝土確認鋼筋直徑與鏽蝕的程度，並且使用鋼筋探測器確認其間距。混凝土的話會在每一樓層鑽孔取芯（圓筒狀的混凝土）來測定強度。就算設計圖有保留下來，也不能保證圖面與現狀一定一致。以前施工不如現在嚴謹，有在現場變更的可能性。此外，在無須提出確認申請的範圍內進行增減建工程也是可能的。建築物的劣化程度也與耐震性息息相關。一般是透過裂縫調查以及酚酞指示液進行中性化的測定。

經調查收集到資料後，接下來是進行耐震診斷。耐震診斷是比較結構耐震判定指標（建築物須保有的數值）與結構耐震指標（根據計算所算出的建築物強度指標），再經過計算算出建築物耐震補強的必要性。耐震診斷有 1 次診斷、2 次診斷、3 次診斷三種方法。根據事先收集好並製作成資料的內容與需要的安全性、成本、建築物的特性等決定哪種診斷方法。1 次診斷是以較少資料進行的簡易診斷，結構耐震判定指標比 2 次與 3 次設定的數值保險。2 次診斷是掌握柱與牆壁在地震時的性能，邊思考破壞的形式邊計算耐震性能。3 次診斷是最嚴密的診斷，不只考慮柱與牆壁，也將樑的性能納入做耐震性能的計算。

memo

阪神淡路大地震時，有很多老舊建築物倒塌了。據說幾乎所有倒塌的建築都是新耐震設計法施行 1981 年以前的建築物。東日本大地震時海嘯造成了非常慘重的災害，但建築物幾乎沒有受到災害。近年，媒體不斷報導在東海、東南海的大型海洋性地震，以及東京直下型地震都有很高的發生機率，因此耐震補強可謂當前的當務之急。

增改建新房也要調查？

新房進行增建或改建時也必須接受調查。持有確認申請書和檢查完了證明書，就代表圖面與現狀一致，但沒有這些文件的話，就必須證明現狀與設計圖相符。雖然會因為個別案例而有所不同，但都需要經過與耐震診斷相同的調查。

處於耐震補強成了當務之急的現今，關於耐震診斷的流程與方法是必備的知識喔！

ⓘ 耐震診斷的種類

診斷法	特徵
1 次診斷	依據柱與壁量或平衡等評價建築物的耐震性。 這種是最簡單的診斷,也稱為簡易診斷。因為沒有實際確認構材的強度,使得判斷曖昧。 特別是牆壁少的建築物,牆壁的強度會左右實際的耐震性能,所以應該避免只用 1 次診斷 的結果進行耐震補強。
2 次診斷	除了 1 次診斷的內容之外,還要調查柱與牆壁強度或韌性,邊思考破壞的形式邊確認耐震 性能。是最為廣泛使用的方法。
3 次診斷	三種之中最精密的診斷。除了 2 次診斷的內容之外,還要從樑與基礎的強度或韌性診斷耐 震性能。雖然可以詳細地確定耐震性能,但因為費工且費用高,最好先確定投資報酬率後 再決定是否採取此種診斷。

ⓘ 耐震診斷的事前調查

進行耐震診斷之前,必須實際到現場調查建築物的強度與劣化程度、或利用採樣進行試驗。

①筒狀混凝土壓縮試驗　　　　　④鋼筋腐蝕度測定
②中性化試驗　　　　　　　　　⑤使用史密特衝槌的混凝土強度試驗
③鹽分含有量試驗　　　　　　　⑥鹼粒料反應試驗　　等

事前調查和各種試驗

①現場調查

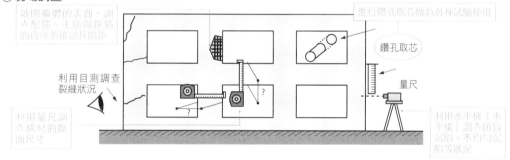

利用目測調查裂縫狀況

鑽孔取芯

進行鑽孔取芯做各種試驗使用

量尺

敲開軀體的大面,調查配筋、主筋與箍筋的直徑並確認其間距

利用量尺調查構材的斷面尺寸

利用水平機(水平儀)調查傾斜沉陷、不均勻沉陷等狀況

②使用混凝土芯的試驗

將軀體的一部分取出

鑽孔拔芯

在混凝土芯上使用酚酞指示液來確認其中性化

中性化深度

酚酞指示液

利用壓縮實驗來確認其強度

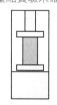

鑽孔拔芯的樣子。施工中(前)與施工後(後)。

使用混凝土芯做壓縮試驗的樣子。

如何判定老舊建築物的危險程度？

0.6 以上　　0.3 以下

！ 在耐震診斷之後，
比較 I_S 值與 I_{SO} 值！

　　建築物中有很多都是老舊的建築。就像人會變老一樣，建築物也會老朽化。另一方面，建築的技術卻是日新月異。拿古老技術建造的建築物，與現代技術建造的建築物做比較的話就可知道舊的性能上的不足之處。所以確認古老建築物是否安全，會進行耐震診斷。

耐震診斷的方法與診斷程度

　　當進行耐震診斷時，必須事前調查所需的相關資料。測定裂縫的寬度、長度，再鑽孔取芯確認其強度。此外，並非所有的老舊建築，都像現在這樣有嚴格地依照計畫圖施工，所以必須敲開牆壁進行鋼筋尺寸等確認作業，才能檢查設計圖與現況是否相符。經由調查判斷出長年劣化程度、或進行耐震診斷計算時的強度。

　　耐震診斷有 1 次診斷、2 次診斷、以及 3 次診斷。1 次診斷是最簡易的診斷，利用柱與耐震牆的斷面積檢討其耐震性。2 次診斷是計算柱與牆壁的承載力，從數據判斷其耐震性。主要適用於大樑承載力影響較小的剛性建築。3 次診斷則考慮大樑承載力、柱承載力，判定其耐震性。與 2 次診斷相比是更加詳細的判定。

什麼是結構耐震指標 I_S 與結構耐震判定指標 I_{SO} ？

　　最終的判斷是將結構耐震指標 I_S，與結構耐震判定指標 I_{SO} 進行比較。I_S（Seismic Index of Structure）用於表示結構體耐震性能的指標，相較於水平力，該建築物的極限強度或韌性愈大時此 I_S 值也愈大。I_{SO} 則用於表示對於可能發生的地震，為使建築物處於安全狀態必須有耐震性能指標。通常 I_{SO} 值會因為診斷的程度不同而有所差異。

memo

建築的耐震性在稱為新耐震法（1981 年）的現行日本建築基準法施行之前與之後，有相當大的差異。新耐震法之後建造的建築物，就算產生些許劣化，很多在進行耐震診斷後也能確保大抵安全性。不過，有可能會進行增改建，所以必須根據其必要性進行耐震診斷。

建築物安全性的最終判定是比較 I_S 與 I_{SO}。I_S 與 I_{SO} 值的計算方法是必備技能，一定要好好融會貫通喔！

⚠ 耐震診斷的方法（I_S 與 I_{SO} 的計算方法）

建築物安全性的最終判定，必須視結構耐震指標 I_S 值與結構耐震判定指標 I_{SO} 值的比較結果。I_{SO} 會因為診斷程度不同而有所改變，須特別注意。

| I_s 值 [結構耐震指標] 的計算 | ▶ | I_{SO} 值 [結構耐震判定指標] 的計算 |

①算式

$$I_s = E_o \times S_D \times T$$

E_O：保有性能基本指標
S_D：形狀指標（根據建築物的形狀等制定的係數）
T：經年指標（根據經年變化等制定的係數）

② S_D：何謂形狀指標

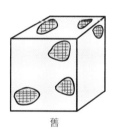

考慮了形狀的指標並以 1.0 為基準，建築物形狀或耐震牆的配置愈差，此數值則愈小。

③ T：何謂經年指標

新　　　　　　　舊

將建築物的老舊程度以數值化表示的指標。

$$I_{SO} = E_S \times Z \times G \times U$$

E_S：耐震判定基本指標
（第 1 次診斷：0.8、第 2 次診斷和第 3 次診斷：0.6）
Z：地域指標（根據該地區的地震活動等制定的係數）
G：地盤指標（根據地盤的增幅特性等制定的係數）
U：用途指標（根據建築物的用途制定的係數）

▼

| 進行綜合評價 |

$I_s \geqq I_{so}$　　[安全]

$I_s < I_{so}$　　[有疑慮]

為計算出 I_s 與 I_{so} 的值必須代入各種指標。不僅得記住算式，還要實際計算看看指標的求法！

⚠ 耐震性能的概略基準

日本建築防災協會基準

| $I_s \geqq 0.8$（第 1 次診斷）
$I_s \geqq 0.6$（第 2、3 次診斷） | 與現行的日本建築基準法具有相同的耐震性能 |

耐震性能的基準有好多種。通常使用日本建築防災協會的基準就沒問題，但若是學校體育館等文教設施的話，還有文部省的基準可依據。

文部科學省基準

$I_s \geqq 0.7$	倒塌的危險性低且原則上不適用於補強的對象，但因為受局部地形等影響，造成地震輸入的增幅，或可預料到可能產生脆性破壞狀態等時，則需要努力增強到適切地耐震性能。
$0.7 > I_s \geqq 0.3$	有倒塌的危險性，所以需要補強
$I_s < 0.3$	倒塌的危險性高

key word 098 木造耐震診斷

如何進行
木造住宅的耐震診斷？

!診斷方法分為一般診斷法
與精密診斷法

眼下木造住宅最迫切的是耐震診斷。日本木造住宅密集度高的區域相當多，可以想像若是發生倒塌將會造成瓦斯外洩而引發大火。木造住宅比鋼骨造或鋼筋混凝土（RC）造住宅容易發生腐朽等的劣化狀況，再加上老舊建築有不少問題，例如瓦片屋頂重、壁量不足或地檻與柱沒有與基礎緊緊固定一起等。

木造住宅的耐震診斷方法

木造住宅的耐震診斷有一般診斷法與精密診斷法兩種方法。

一般診斷法是與日本建築基準法的壁量計算方法幾乎相同，從地板面積算出必要承載力。接著，將劣化程度與牆壁的配置納入考慮算出極限承載力，並比較兩者確認其安全性。與日本建築基準稍有不同的地方在於，拱肩牆與防煙垂壁的桁架效果（柱的承載力）也會一併估算。至於偏心的檢討則與日本建築基準法的壁量計算相同，以四等分法進行確認。

精密診斷法是利用極限水平承載力計算來確認安全性。精密診斷法中，也有利用極限承載力計算或歷時反應分析的方法。

與 RC 造或鋼骨造的耐震診斷最大的不同點是不得不一併考慮基礎的影響。RC 造或鋼骨造的耐震診斷大多會忽略基礎，但木造上方的承載力會受到基礎相當大的影響，所以必須考慮基礎的影響。

木造住宅的耐震補強方法

用於木造住宅的補強方法中，有一種情況是當承載力不足時，會增設斜撐與面材耐力牆加以補強的方法。古老建築物經常可見斜撐與柱或樑上沒有用金屬扣件緊緊相連的情況，所以必須加裝金屬扣件增加其承載力。

memo

鋼骨造或 RC 造建築物的耐震診斷大多會忽略基礎，但一般在調查階段會先測量不均勻沉陷等情況，確認基礎是否沒問題。木造住宅難以進行不均勻沉陷檢測，而且很多是玉石等簡易的基礎，所以有必要考慮基礎的影響。

木造住宅的耐震化是當務之急的事情。請儘早進行耐震診斷。

① 木造住宅的耐震診斷基礎知識

木造住宅中,有很多沒有確保足夠的耐震性。
(財)日本建築防災協會提供簡易確認耐震性的
資料,可多加利用。[譯注]

檢測自家房屋的耐震
看看吧!

(財)日本建築防災協會「任何人都可以利用的自家耐
震診斷」。

① 木造的耐震補強方法

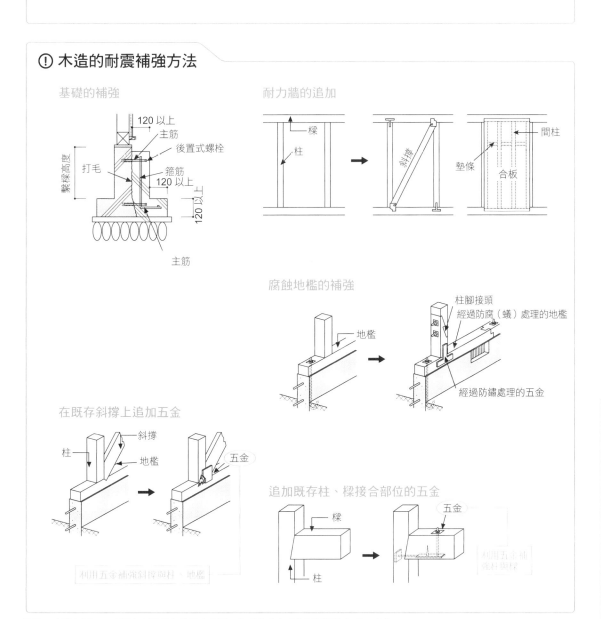

基礎的補強

繫樑高度
120 以上
主筋
後置式螺栓
打毛
箍筋
120 以上
120 以上
主筋

耐力牆的追加

樑
柱
斜撐
間柱
墊條
合板

腐蝕地檻的補強

地檻
柱腳接頭
經過防腐(蟻)處理的地檻
經過防鏽處理的五金

在既存斜撐上追加五金

斜撐
柱
地檻
五金

追加既存柱、樑接合部位的五金

樑
柱
五金

譯注:台灣方面,可至國家實驗研究院國家地震工程研究中心「街屋耐震資訊網」查詢。

如何進行 RC 造的耐震診斷？

! 大多利用 2 次診斷，
比較 I_s 與 I_{so} 來判定其耐震性

RC 造的耐震診斷種類

　　鋼筋混凝土（RC）造的耐震診斷，分為 1 次診斷、2 次診斷、3 次診斷三種種類。1 次診斷是利用牆及柱的斷面積計算耐震性能。2 次診斷是考慮了柱與牆的承載力，藉以判定建築物的耐震性。3 次診斷則是考慮柱與牆、以及銜接於柱上的大樑的承載力來判定建築物的耐震性。幾乎所有的診斷都是採用 2 次診斷。

RC 造的耐震性判定方法

　　耐震性是利用比較結構耐震指標 I_s 與結構耐震判定指標 I_{so} 的結果判定其強度（參閱 P227 算式）。求 I_s 值要先知道保有性能基本指標 E_o，而 E_o 值則是由強度指標 C 與韌性指標 F 計算得出的值。韌性指標 F 愈大，代表結構的韌性也愈大，F 值為 1.0 以下稱為剛性結構。關於此韌性指標與強度指標的值需要由結構設計師來判斷。

　　在耐震診斷上，無法傳遞垂直載重的構材就稱為第 2 種結構要素。無法做垂直支撐的構材會導致建築物倒塌，所以判斷 C 與 F 值時，必須確認到這個時間點前是否沒有第 2 種結構要素的存在。

　　此外，第 1 種結構要素不僅具有垂直支撐力，而且即使是喪失水平抵抗力也會使建築物倒塌的重要構材；而第 3 種結構要素則是指即使喪失垂直支撐能力與水平抵抗力兩種力，也不會使建築物倒塌的構材。I_s 值取決於受到的破壞形式。

　　耐震性的最終判定，在 1 次診斷時是用 $I_{so} = 0.8$；2 次以及 3 次診斷時則用 $I_{so} = 0.6$ ，必須確認各樓層、各方向的 I_s 值是否小於此判定標準。

鋼筋的腐蝕程度

針對鋼筋的腐蝕程度並沒有相關的規定，但可參考修補的指標，做為鋼筋長年劣化的判定參考。

程度	評價基準
I	黑皮的狀態或尚未產生銹蝕，但整體有一層薄且緻密的鐵鏽，在混凝土面上沒有鐵鏽附著的情況。
II	局部有浮銹且為小面積的斑點狀態。
III	無法以目視確定是否有斷面缺損，但鋼筋的周圍或全長皆產生浮銹的狀態。
IV	產生斷面缺損。

等級 I

等級 II

等級III

等級IV

① RC 造耐震診斷的基礎知識

藉由柱或牆的承載力與破壞形式（崩壞方式），計算建築物的承載力。再從承載力算出保有承載力基本指標 E_O，並且一併考慮形狀 S_D 和經年指標 T，算出 I_S 值（$I_S = E_O \cdot S_D \cdot T$）。

確認破壞形式（軸組圖（略））

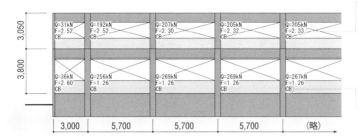

用 C-F 曲線圖比較

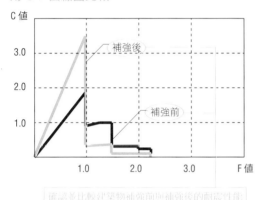

確認並比較建築物補強前與補強後的耐震性能

以耐震診斷結果為基礎做判斷

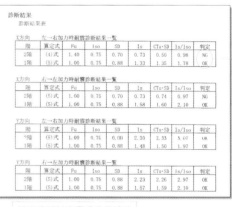

最後確認是否需要進行補強

① RC 造的耐震調查方法

耐震診斷必須依據耐震調查的結果。RC 造的耐震調查是針對混凝土與鋼筋。

耐震調查的主要內容

- 混凝土芯壓縮試驗
- 利用混凝土芯的中性化試驗
- 利用混凝土芯的鹽分含有量試驗
- 鋼筋的腐蝕度測定
- 以史密特衝槌進行混凝土強度試驗
- 鹼粒料反應試驗
- 裂縫調查

裂縫調查

壓縮試驗

史密特衝槌試驗

開鑿檢視

中性化試驗

鋼筋探查

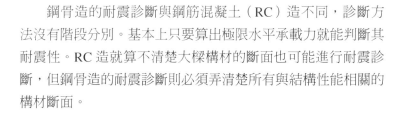

如何進行
鋼骨造的耐震診斷？

!利用極限水平承載力
算出 I_s 值來進行判定

鋼骨造的耐震診斷與鋼筋混凝土（RC）造不同，診斷方法沒有階段分別。基本上只要算出極限水平承載力就能判斷其耐震性。RC 造就算不清楚大樑構材的斷面也可能進行耐震診斷，但鋼骨造的耐震診斷則必須弄清楚所有與結構性能相關的構材斷面。

鋼骨造的耐震性能判定方法

基本上，如右頁公式，從極限水平承載力可計算出 I_S，但是與設計新建築物時的最大不同點在於焊接部位。進行計算時，新建築物的焊接部位的承載力必須假設為大於母材的承載力。另一方面，老舊建築物的焊接部分可能有缺陷，或現代建築物用對焊方式設計的部位變成了填角焊接方式。因此通常是以結構節點部位來決定其承載力。像這種時候極限水平承載力計算時的承載力，並非取決於母材，而是結構節點部位的承載力。

也就是說，診斷前的調查中最重要是結構節點部位等的焊接調查。由於是除去防火披覆後進行的調查，有時石綿的問題會使調查難以進行。再加上細節也很多，都必須一併記錄。

還有，雖然在進行耐震指標計算時能確定沒有直接的影響，但鋼骨造建築中像體育館等有大跨距的架構也不少，確認屋頂面是否能夠傳遞地震力也很重要。一旦難以傳遞時，就不能考慮整體架構的相乘效果，必須分別計算各構成面的耐震指標。

耐震性的最終判定需要有各樓層的結構耐震指標 I_S、以及極限水平承載力相關的指標 q_i 值。q_i 值代表鋼骨造的韌性指標，以日本建築基準法中的 D_S（結構特性係數）值 0.25 為標準計算出的值。I_S 值為 0.6 以上、q_i 值為 0.1 以上做為判定依據。

memo

很多時候會因為調查時的限制而使焊接部位處於不明狀態。這種情況下，可當成填角焊接來進行耐震診斷。

ⓘ 鋼骨造耐震診斷的基礎知識

鋼骨造建築物的耐震診斷與新建的建築物一樣，都是先求「極限水平承載力」再計算「I_s」值。

極限水平承載力的計算

塑性鉸位置

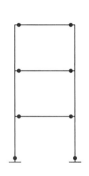

各接點的彎曲承載力 [kN・m]

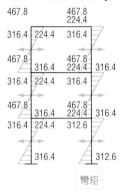

彎矩

將建築物模型化，並確認「彎曲承載力」和「塑性鉸的位置」，計算出各樓層的極限水平承載力 Q_{ui}。

各接點的彎曲承載力與塑性鉸產生時的剪力相加所得的值，就是極限水平承載力 Q_{ui}（如上圖）。利用 Q_{ui} 值，並代入右上公式中就可算出 I_s 值。

結構耐震指標 I_s 與 q_i 的算法

各樓層結構耐震指標 I_{si} 和極限水平承載力相關的指標 q_i，從下列算式求得。

$$I_{si} = \frac{E_{0i}}{F_{esi} Z R_t}$$

$$E_{0i} = \frac{Q_{ui} F_i}{W_i A_i}$$

$$q_i = \frac{Q_{ui} F_i}{0.25 F_{esi} W_i Z R_t A_i}$$

I_{si} ：i 層的結構耐震指標
E_{0i} ：表示 i 層的耐震性能的指標
F_{esi} ：由 i 層的剛性率和偏心率決定的係數 $F_{esi} = F_{si} F_{ei}$
F_{si} ：由 i 層的層間位移角算出的剛性率決定的係數
F_{ei} ：由 i 層的承載力，以及質量分布的平面上之非對稱性大的情況時的偏心率決定的係數
Z ：地震的區域係數且以日本建築基準法為準則
R_t ：振動特性係數且以日本建築基準法為準則
Q_{ui} ：i 層的極限水平承載力
F_i ：由構材、接合部位的塑性變形能力決定各樓層或各方向的韌性指標
A_i ：層剪力的垂直方向分布且以日本建築基準法施行令為準則
W_i ：i 層支撐的質量
q_i ：與 i 層的極限水平承載力相關的指標

ⓘ 鋼骨造的耐震調查方法

調查鋼骨造時，確認鋼鐵的狀態以及是否確實做好焊接是非常重要的事。

耐震調查的主要內容

- 超音波探傷測驗
- 焊接形狀
- 焊接尺寸
- 構材的生鏽狀況

藉由超音波探傷測驗檢查無法用目視確認的焊接不良狀況。

鋼鐵產生銹蝕會造成性能減弱，所以必須用目視確認生鏽狀況。

使用焊接量規確認焊接形狀與尺寸！

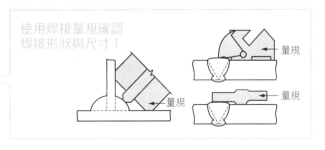

量規
量規
量規

有簡易診斷傳統木造的方法嗎？

！ 大多數的情況下可當成
框架結構進行檢討

在東日本大地震中，指定文化財建築在內的許多傳統木造建築都倒塌了。阪神淡路大地震之後對傳統木造建築物也開始進行耐震診斷，雖然已陸續展開補強，但還有許多尚未著手進行的建築物。

分析傳統建築物的耐震性能

傳統建築物的診斷內容與一般住宅不同，特別是文化財等傳統建築物有相當多的規範。前提是必須保留建築當時的歷史，不可以任意貼合板。但是傳統建築的壁量通常不足，所以會將水平貫木與榫頭彎矩的性能納入考慮，以木造框架結構進行檢討。若是人不會進入建築物裡的話，也有可能會稍微減低地震力的標準來進行檢討。然而，大多情況都會有許多不特定的人來參觀而進入建築物內。所以有必要確保其安全性，同時以最小限度的補強量提高其耐震性能。

因此，為了盡量求出最適當的地震力大小，大多會根據建築物剛性大小，採用能調整某種程度地震力的臨界承載力計算法。還有，有時也會與超高層大樓一樣利用已考慮活斷層的地震動解析來進行檢討。

傳統建築物的耐震補強方法

如同上述所說，傳統建築物必須盡量將補強減至最低。而且無法像在來軸組工法那樣，利用五金牢牢地固定住。因此會藉由調整榫頭的大小、或固定柱腳提升框架的效果。此外，傳統建築的地板表面大多剛性小，必須檢討各部位對地震力的安全性、或在看不見的部位增設平角撐等確保地板表面的剛性。

memo

大多數的日本人都是抱持「汰舊換新」的想法。因此很多傳統建築物即使是有價值的傳統建築，也會遭到解體、或大幅修改。日本建築界裡的傳統木匠也漸漸地少了，就技術傳承來看更應該保留下來繼續使用。

memo

（財）日本建築研究協會於2009年創設「傳統建築診斷士」制度。針對執行傳統工法建造的木造建築耐震診斷、耐久性診斷之技能人士，頒布傳統建築診斷士資格的制度。

傳統木造建築的耐震補強計算大多採用臨界承載力計算。

① 傳統建築物的耐震診斷

在傳統建築物診斷上，大多會容許其產生相當大的變形，這點和一般建築的品質（要求水準）有些許差異。

模型化

利用載重增量解析與
等效線性化法進行解析

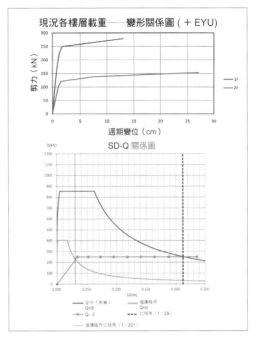

確認結構節點部位

結構節點部位上會有因為榫頭或台形的接合缺口而造成的缺損。傳統建築的耐震大多仰賴柱與樑的性能，所以確認結構節點部位非常重要的。

① 耐震補強的實例

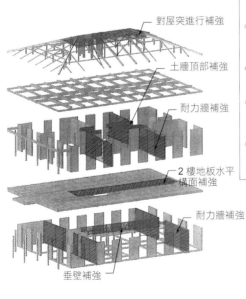

對屋突進行補強

土牆頂部補強

耐力牆補強

2樓地板水平構面補強

耐力牆補強

垂壁補強

這是利用牆面與地板水平構面進行補強的實例。做為補強用必須製作計畫表和細部圖面等。

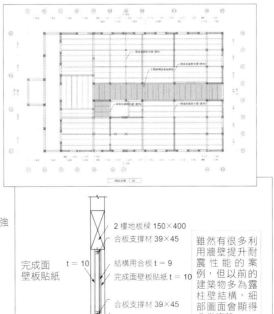

2樓地板樑 150×400
合板支撐材 39×45
結構用合板 t = 9
完成面壁板貼紙 t = 10
完成面壁板貼紙
t = 10
合板支撐材 39×45
88×150

雖然有很多利用牆壁提升耐震性能的案例，但以前的建築物多為露柱壁結構，細部圖面會顯得非常複雜。

5

5 — 耐震設計

235

鋼骨斜撐

RC 造的鋼骨斜撐補強例子。

耐震補強
有哪些方法？

! 從基礎的補強到牆壁或接合部位
的補強等，有各式各樣的方法

木造、鋼骨造的耐震補強方法

　　木造與鋼骨造的耐震補強方法，與新建設的隔震結構或耐震結構建築物的地震力想法基本上相同。

　　使用在來軸組工法建造的木造住宅，首先增加柱與地檻、基礎相連接的螺栓五金等五金。接著利用結構用合板固定牆壁、或新增斜撐等，藉此提升各構材的耐震性能。近年也採用將木造用阻尼裝入牆內的補強方法。老舊木造住宅的基礎大多以無鋼筋施工，所以必須增設基礎、或貼上碳素纖維補強布加以補強。鋼骨造則可增設斜撐或在建築物的外部增建扶壁，補強建築物強度。鋼骨造的柱腳母材或錨定螺栓經常因為腐蝕而產生缺損，調查時務必確認仔細。

鋼筋混凝土造的耐震補強方法

　　另一方面，鋼筋混凝土造的建造年代不同，在耐震性能上有極大的差異。使用 1981 年新耐震之前的日本建築基準法所建造的建築物，大多都沒有足夠的承載力來抵抗剪力。這類建築物必須防止剪力破壞，通常會採用將芳綸纖維或碳素纖維纏繞於柱上的補強方法。此外，有與柱相連接的防煙垂壁的話，可新增防震縫使牆壁變成非耐震要素，避免力集中於柱上。若需要提升建築物結構體強度的話，可在外牆或開口部位增設 X 形或 V 形的框架、或在牆壁部位澆置新混凝土。室內不易補強時，在外側設置耐震壁的外側耐震框架補強也是常見的方法。

memo

日本有相當多木造住宅。補強個人住宅還有資金問題，以致耐震補強幾乎沒有進展。即便如此（財）日本建築防災協會提供了即使不是專家也能進行的簡易耐震診斷方法，方便民眾使用。

歷史建築物的耐震補強

歷史建築物等的補強方式與一般建築物不同，必須在考慮歷史、藝術的價值之下進行補強。具體的說，不是在軀體上做補強，而是採用加裝減震裝置的減震補強、或利用極限承載力計算法周詳評斷其耐震性能，將補強地方控制在最少範圍內進行耐震補強。此外，有時也會周密評價鄰近的活斷層或預測地震後，再進行耐震補強設計。

木造使用五金與結構用合板、S 造使用斜撐、RC 造則使用纖維補強布與鋼材框架等！

ⓘ 耐震補強的方法

耐震補強的主要方法有，①增加牆壁（增設耐震牆或外部扶壁）、②鋼骨斜撐補強、
③對柱與樑補強（鐵板、碳素纖維與玻璃纖維等）、④增設防震縫（縫隙）等等。

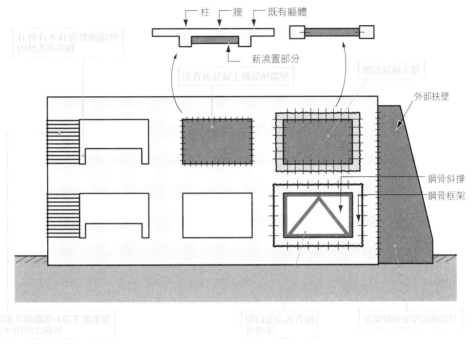

柱　牆　既有軀體

新澆置部分

在會有不好影響的牆壁
內放入的縫隙

裝置新混凝土增設耐震牆

增設混凝土牆

外部扶壁

鋼骨斜撐

鋼骨框架

利用碳素纖維、玻璃纖維
對柱的剪力補強

開口部位設有鋼
骨框架

建築物外部增設耐震牆

ⓘ 何謂既有建築物減震補強？

既有建築物的減震補強是針對因設計或機能上，而無法裝設阻尼器或斜撐
的老舊建築或具歷史價值的建築等，在既有建築物上裝設減震裝置，提升
其耐震性能。

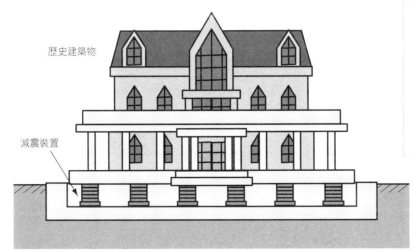

歷史建築物

減震裝置

既有建築的減震
補強是在既有建
築物的基礎或中
間樓層上設置減
震層，將其修改
為減震結構的建
築物。東京上野
國立西洋美術館
就是著名的減震
建築物。另外在
政府機關大樓或
大學等也開始採
用減震補強。

key word 103 木造的耐震補強

適合木造住宅的耐震補強方法？

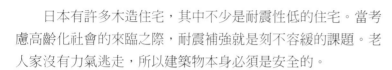

木造斜撐的補強例子，左圖的牆壁是做為耐震壁抵抗水平力。

！ 利用張貼結構用合板等
可確保耐震性

　　日本有許多木造住宅，其中不少是耐震性低的住宅。當考慮高齡化社會的來臨之際，耐震補強就是刻不容緩的課題。老人家沒有力氣逃走，所以建築物本身必須是安全的。

上部結構的耐震補強方法

　　近年木造建築與建築家、結構設計師產生了緊密的關連。此外，由於預鑄住宅也很多，可確保其耐震性。但是老舊建築物大多都是木匠憑個人感覺建造出的建築物，甚至有些無鋼筋基礎。

　　在來木造建築物若不考慮適居性的話，上部結構的耐震補強就比較單純。只要張貼必要數量的結構合板就能確保耐震性。不過，盡可能以不犧牲適居性為前提思考補強的話，會變得窒礙難行。

　　不減少開口數的耐震補強會採用增設鋼骨框架、或利用拱肩牆、垂壁提升耐震性，但是需要耗費許多工夫。以前瓦片屋頂的木造住宅大多用泥土葺成，只要將泥土去除掉，換成較輕的瓦片就能提升耐震性。

基礎的耐震補強方法

　　木造住宅的耐震補強中最困難的是基礎補強。無鋼筋基礎的話，增設新的基礎固然是好，但很多在考量預算和補強作業期間會叨擾到住戶休息等因素之下，很多時候無法著手進行基礎補強。只是，即使基礎補強無法進行，至少也應該提升上部結構的耐震性。

　　此外，木造住宅的木頭部位也很常發生因蟲害或腐朽而造成性能下降的情況，必須特別注意。

memo

近年開發的簡易隔震裝置，只要在牆壁內部設置隔震裝置，就有可能使耐震性大幅提升。

無鋼筋基礎的補修

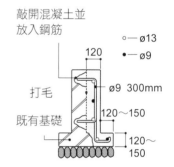

敲開混凝土並
放入鋼筋

○— ø13
●— ø9

120

ø9 300mm

打毛

既有基礎

120～150

120～150

① 耐震補強的概念與補強方法

首先必須了解補強的目的。耐震補強的基本概念和對應木造的補強技術如下圖。

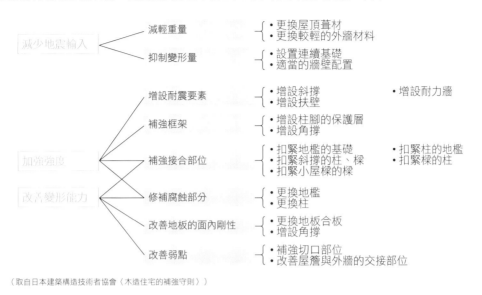

減少地震輸入
- 減輕重量 { ・更換屋頂葺材 ・更換較輕的外牆材料 }
- 抑制變形量 { ・設置連續基礎 ・適當的牆壁配置 }

加強強度 / 改善變形能力
- 增設耐震要素 { ・增設斜撐 ・增設扶壁 } ・增設耐力牆
- 補強框架 { ・增設柱腳的保護層 ・增設角撐 }
- 補強接合部位 { ・扣緊地檻的基礎 ・扣緊斜撐的柱、樑 ・扣緊小屋樑的樑 } ・扣緊柱的地檻 ・扣緊樑的柱
- 修補腐蝕部分 { ・更換地檻 ・更換柱 }
- 改善地板的面內剛性 { ・更換地板合板 ・增設角撐 }
- 改善弱點 { ・補強切口部位 ・改善屋簷與外牆的交接部位 }

（取自日本建築構造技術者協會〈木造住宅的補強守則〉）

① 木造的耐震補強例

利用鋼骨桁架樑補強木造

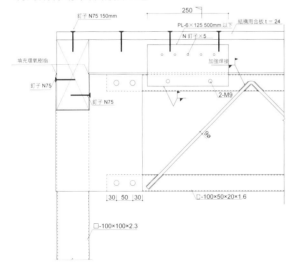

釘子 N75 150mm
250
PL-6×125 500mm 以下
結構用合板 t = 24
N 釘子×5
填充環氧樹脂
加強燒燒
釘子 N75
2-M9
□-100×50×20×1.6
|30|50|30|
□-100×100×2.3

利用鋼骨框架補強木造

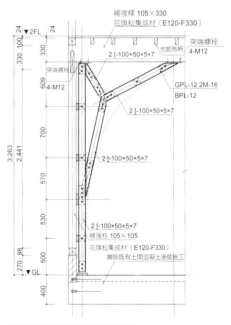

補強樑 105×330
花旗松集成材（E120-F330）
▼2FL
地板格柵
突端螺栓 4-M12
2 [-100×50×5×7
突端螺栓 4-M12
GPL-12 2M-16
BPL-12
2 [-100×50×5×7
2 [-100×50×5×7
2 [-100×50×5×7
補強柱 105×105
花旗松集成材（E120-F330）
撤除既有土間混凝土後做施工
▼GL

330 100 24
609
700
570
530
270 98 500 400
3,263
2,441

從木樑下方做鋼骨桁架樑補強。跨距大的部分須特別注意上下振動產生的影響。

以盡量不影響門面的情況下，利用鋼骨框架結構進行木造的補強。

在不設置新牆壁為前提下能補強 RC 造建築嗎？

! 純框架結構有提升韌性的
　補強方法

利用鋼骨斜撐進行 RC 造建築補強的例子。

都會區有很多鋼筋混凝土造（RC）建築物。鋼骨鋼筋混凝土造（SRC 造）較少發生地震災情，但 RC 造含耐震壁框架結構的震災情況卻相當多，必須趕緊進行耐震補強。

含耐震壁框架結構的耐震補強

RC 造建築物的耐震補強方法有哪些呢？大致分類的話，有盡最大可能確保其強度的「強度型」補強法、以及使建築物產生很大變形的「韌性型」的補強法。

含耐震壁框架結構原本就有很多強度型的建築物，所以大多採用強度型的補強。強度型補強有在既有框架內增設耐震壁、以及設置鋼骨斜撐兩種方法。若增加耐震壁的話開口也會隨之減少，這點對於適居性造成的影響不小，所以在形狀上做研究的成果之下，適居性佳的斜撐補強遂成了主流。當集合住宅等無法在既有建築物內部進行補強時，有時也會採用在建築物外部新增耐震壁的外側耐震補強。

純框架結構的耐震補強

接近純框架結構的建築物可說是韌性型的建築物。一旦因為翼牆或垂壁而使柱或樑產生剪力破壞，就有倒塌的危險。這種情況必須在翼牆或垂壁與柱之間增設扶壁、或在柱與樑上張貼碳素纖維補強布或鋼板，藉以提高韌性。道路或電車的高架橋下的柱大多採用此種補強法。

只不過，實際上很多建築物都介於強度型與韌性型中間地帶，所以必須組合這些補強方法提升耐震性。

memo

進行耐震補強時，由於會接合既有軀體與補強結構體，所以後置式錨栓是非常重要的零件。後置式錨栓分為黏著型錨栓與金屬擴張型錨栓。其中黏著型錨栓又可分為利用有機材料黏著劑和無機材料黏著劑的錨栓，需要依照用途來做選擇。

memo

在日本，稱為新耐震設計法的日本建築基準法（1980 年）改正之前的建築物，耐震性特別低必須盡快補強。

災害時等建築物倒塌以致阻塞道路，將對避難與災後的重建工作造成影響。因此利用耐震補強保護建築物，同時也能夠讓避難與重建工作順利進行。

⏻ RC 造建築物的三種耐震補強方法

RC 造建築物的補強方法
有以下三大類：
①強度抵抗型
②韌性抵抗型
③強度、韌性抵抗型

補強方法的差異

①～③的補強方法
做為各自目標的補
強性能值各有不同

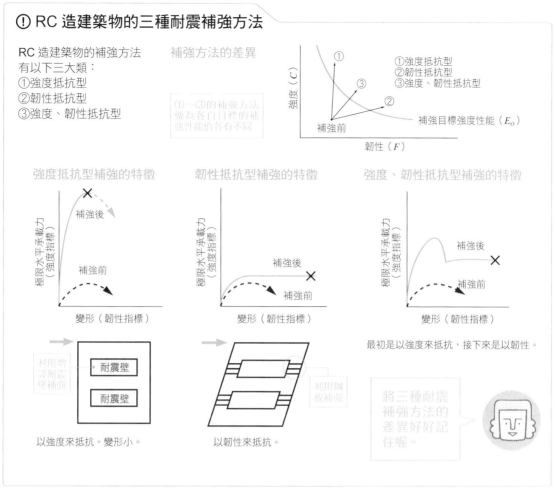

①強度抵抗型
②韌性抵抗型
③強度、韌性抵抗型

補強目標強度性能（E_O）

強度抵抗型補強的特徵　　韌性抵抗型補強的特徵　　強度、韌性抵抗型補強的特徵

最初是以強度來抵抗，接下來是以韌性。

利用增設耐震壁補強

利用鋼板補強

以強度來抵抗。變形小。　　以韌性來抵抗。

將三種耐震補強方法的差異好好記住喔。

⏻ RC 造建築物的補強例子

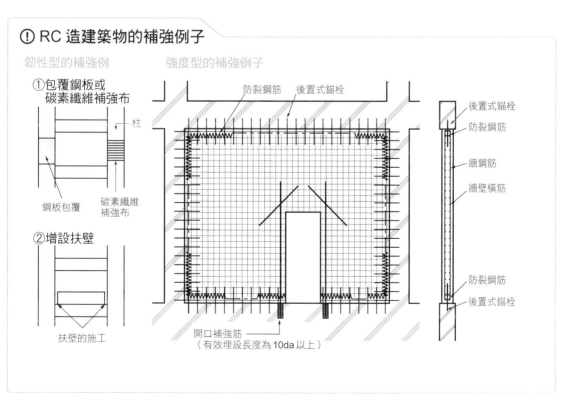

韌性型的補強例

①包覆鋼板或碳素纖維補強布

②增設扶壁

強度型的補強例子

老舊鋼骨造的補強方法有哪些？

! 利用挫屈補強等提升耐震
性能

在鋼骨造的框架內部再插入鋼骨框架的補強方式。

鋼骨造建築物的耐震補強有比鋼筋混凝土造（RC）困難的地方。耐震補強最常使用在體育館，也是經常做為災害時的避難場所，因此確保耐震性也就相顯重要。許多體育館是結合RC造的結構，在耐震診斷上也必須有高超的技術。

老舊鋼骨造的問題點

老舊鋼骨造的問題大多出在接合部位的細節，常有無法按照計算結果來傳遞應力、或構材端部的邊界條件與實際不同，導致壓力形成而產生挫屈。此外，還有基本的耐震性能無法確保的情況。現代設計會在柱腳部位使用具有延展能力的基礎螺栓，並考慮柱腳剛性，但在不久以前還是單純地將鉸接或剛接模型化，所以柱腳部位經常出問題。關於接合部位的細節問題，由於只能個別確認並進行修正，在此略過不談。

鋼骨造的耐震補強方法

針對容易產生挫屈的地方，有將補強鋼板焊接在翼板上、或以蓋板做補強等方法。需要增強強度時，做法和RC造相同一般會在框架的架構內增加斜撐。只是，這麼做就需要在現場進行焊接，不利於必須經結構計算的細節設計。此外面朝上焊接方式難以確保焊接部位的性能，所以基本上以橫向或朝下焊接方式設計細節。施工時必須除去防火披覆再進行焊接，所以也可能產生石綿的問題。

memo

體育館的鋼骨造架構有下圖這幾種種類。

- S1　純鋼骨造、1層

鋼骨

- RS1a　沒有樑和樓板，可視為1層。鋼骨柱貫穿基礎，並以鋼筋混凝土包覆柱腳。

鋼骨

鋼筋混凝土

- R1　於鋼筋混凝土結構上架設鋼骨樑、屋頂

鋼骨

鋼筋混凝土

① 補強鋼骨造的柱與樑

為了提升鋼骨斷面的性能，要由外側焊接鐵板。

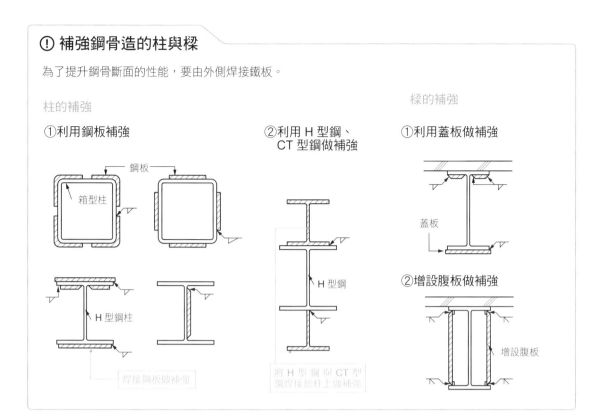

柱的補強

①利用鋼板補強

②利用 H 型鋼、CT 型鋼做補強

樑的補強

①利用蓋板做補強

②增設腹板做補強

---

① 補強診斷的實例

利用鋼骨壓縮斜撐做補強

設置人可通過的斜撐補強實例。

利用鋼骨拉力斜撐做補強

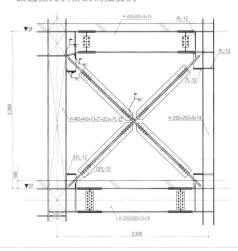

設置拉力斜撐的補強實例。

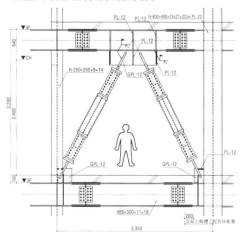

耐震與隔震有什麼不同？

! 耐震以建築物的強度；
   隔震以裝置抵抗地震力

上照片是用在汽車上的阻尼器。建築的隔震原理與汽車阻尼器相同。左照片是使用耐震壁的耐震結構。

地震時建築物可藉由構材的強度，抵抗所承受的水平力的結構設計，就稱為耐震結構。可做為耐震要素的主要構材有柱與樑所構成的框架架構、牆壁（耐震壁）、斜撐等，又例如鋼筋混凝土造的框架結構、含耐震壁框架結構、壁式結構，或是鋼骨造的框架結構、斜撐結構都是耐震結構。木造則有設置耐震壁的法律規定（壁量確保），基本上必須設計為具有耐震結構的建築物。構材的斷面愈大，能夠抵抗的地震能量也愈大，所以一般耐震結構建築物的柱與樑的斷面都會加大。

耐震結構與隔震結構的差別

設計耐震結構的建築物時，必須確保其性能在建築物的耐用年限裡，遭遇「至少一次的中小規模地震」時不會有重大的毀損；遭遇「極少的大地震」時不會倒塌。也就是設計成面對中小規模地震時構材能抵抗地震力且絕對不會破損的結構，以及面對大地震時構材能產生局部降伏，藉以吸收地震力並抵抗地震。

利用裝置抵抗建築物所承受的地震力的結構，則稱為隔震結構。隔震裝置分為能量吸收型與振動控制型兩種。能量吸收型的代表性裝置是阻尼器。阻尼器可將建築物所承受的地震力轉換為熱能量，以降低地震力。阻尼器中有油阻尼器、黏彈性阻尼器、鋼鐵阻尼器等。阻尼器能吸收地震能量，所以較能夠抑制柱與樑等的構材斷面大小。另一方面，也有在建築物屋頂設置擺錘，利用擺錘的擺動控制地震振動的隔震方法。不使用機械，只靠調整裝置控制擺幅的稱為消極隔震，使用機械調整地震時的擺幅的則是積極隔震。

耐震結構與隔震結構

耐震結構利用受到破壞的構材來吸收地震能量這點，和隔震裝置是相同的機制。
此外，遇到中小規模地震時，阻尼器和斜撐一樣會傾斜設置。這種情況和設有框架架構的反應相同，所以也可說是設有性能優異斜撐的耐震結構。

日本對於經歷過阪神淡路大地震與東日本大地震的建築物來說，耐震與隔震都是重要的課題。一定要充分理解這些基本結構喔！

① 耐震結構

耐震結構是藉由提升柱樑等構材的強度、牆壁改做耐震壁、或設置斜撐等，增強結構軀體的強度抵抗地震力的結構。通常一般的建築物會以耐震結構做設計。

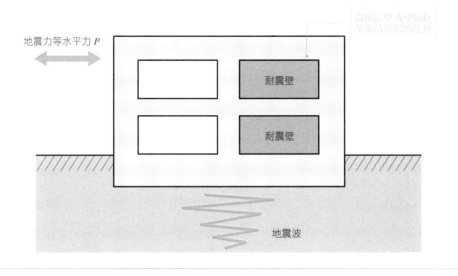

① 隔震結構（控制結構）

隔震結構是利用阻尼等隔震裝置吸收地震的能量，以減輕建築物所承受的地震力的結構。阻尼器有油阻尼器與黏彈性阻尼器等種類，形式則有不使用電力的消極隔震和地震發生時利用機械製造與地震相反方向振動的積極隔震。超高層的辦公大樓與超高層公寓大多設計成隔震結構。

就是以阻尼器等吸收地震的能量，或使隔震構材比柱或樑快產生降伏，藉以吸收地震能量！

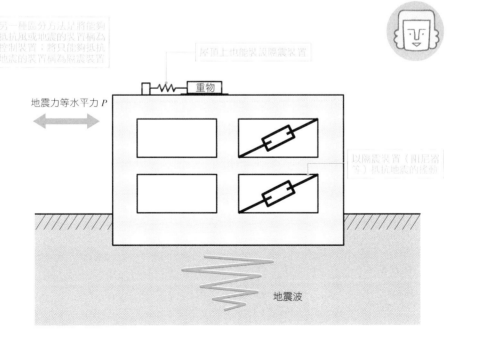

日本結構設計簡史

結構設計的發展仰賴先人們的努力。

真島　健三郎
（1873 ～ 1941）
柔結構。柔剛爭論時支持
柔結構。

佐野　利器
（1880 ～ 1956）
提出水平震度，制定面對
地震的設計法基礎。

內藤　多仲
（1886 ～ 1970）
戰後設計了數量眾多的電
波塔、觀光塔的結構。代
表作品：東京鐵塔

橫山　不學
（1902 ～ 1989）
擔任建築家前川國男多件
建築作品的結構設計。代
表作：東京文化會館

武藤　清
（1903 ～ 1989）
剛結構的提倡者，但採用
柔結構理論並設計日本第
一座超高層大樓。代表
作：霞關大樓（日本第一
座超高層大樓）

坪井　善勝
（1907 ～ 1990）
建立兼具結構與設計的結
構家。代表作：國立屋內
綜合競技場

松井　源吾
（1920 ～ 1996）
早稻田大學名譽教授。進
行多項包括中空樓板工法
等研究與開發。代表作：
早稻田大學理工學部51
號館

木村　俊彥
（1926 ～ 2009）
參與多件代表日本建築物
的結構設計。代表作：幕
張國際展覽場、京都車站

青木　繁
（1927 ～ ）
建立兼具結構與設計的現
代結構家。代表作：沖繩
Convention Center

50 年回歸期	五十年回歸期	return perid of 50 years	50
CD 管	CD 管	Combined Duct	217
D 值法	D 值法	D-value method	118,120,121,138, 139
El Centro 震波	エルセント波	El Centro wave	192,193,221
ＨＰ	雙曲拋物面	hard plastic	69
Ｎ値	Ｎ値	N-value	44,205,210
Taft 震波	タフト波	Taft wave	192

一劃

乙烯 - 四氟化乙烯聚酯物	ETFE	Ethylene Tetrafluoroethylene	31,71

二劃

人工模擬場地波	サイト波	site wave	192,193

三劃

下限定理	下界定理	lower bound theorem	132
丸太組工法	丸太組工法	Log house building	74
女兒牆	パラペット	parapet	39,67

四劃

不均勻沉陷	不同沈下	unequal settlement	200,206,207,225, 228
中空樓板工法	ボイドスラブ工法	void slab construction	246
中柱式桁架	キングポストトラス	king post truss	63
內風壓	内圧	internal pressure	48,49
切削螺紋	切削ねじ	thread cutting	166
反力矩	回転反力	moment of reaction	88,89
尤拉公式	オイラーの式	Euler's formula	100
尺貫法	尺貫法	old Japanese system of weights and measures	80,81
支撐樁	支持杭	bearing pile	41,45,200,205
水化熱	水和熱	heat of hydration	24
水平剛性	水平剛性	horizontal stiffness	183,189,192
水平貫木	貫	penetrating tie beam	65,234
水平載重	水平荷重	horizontal load	19,36,37,76,97, 120,121,131,138, 151,155,180
水泥乳漿	セメントミルク	cement milk	204

五劃

半 Pca 樓板	ハーフ Pca スラブ	half Pca slab	146

隔震阻尼器	制震ダンパー	energy dissipating damper	198
卓越週期	卓越周期	predominant period	208
受壓構材	圧縮材	compression member	73
固有週期	固有周期	natural oscillation period	42,43,44,45,190, 191,194,195,196, 208,209
固定支撐	固定端	fixed end	88,89,202,204
固定載重 (或靜載重)	固定荷重	continuous load	36,37,38,39,40, 42,51,78,84, 138
固定彎矩法	固定モーメント法	Moment distribution method	138,139
固結地層	圧密層	consolidation stratum	207
承重牆結構	壁式構造	bearing wall structure	54,55,66,67,74,75
板式基礎 (或筏式基礎)	ベタ基礎	raft foundating	200,201,202,203, 210
油阻尼器	オイルタンパー	oil damper	244,245
矽酸鈣隔熱板	けい酸カルシウム板	calcium silicate board	39
芳綸纖維	アラミド繊維	aramid fiber	236,237
軋延鋼材	圧延鋼材	rolled steel	32,33
非重力牆	雑壁	nonbearing wall	64

九劃

垂直載重	鉛直荷重	vertical load	19,36,37,60,66, 68,76,84,118,120, 138,139,140,154, 155,179,180,230
後置式錨栓	あと施工アンカー	post-installed anchor	240,241
拱肩牆	腰壁	spandrel wall	228,238
指示牌計畫	サイン計画	scheme of sign	215
挑空	ピロティ	Pilotis	154,182,183, 186,187
洛夫波	ラブ波	Love wave	43
流動化處理土	高流動処理土	man-made soil	206
玻璃纖維	ガラス繊維	glass fiber	30,142,237
玻璃纖維強化塑膠	FRP	Fiber Reinforced Plastics	30,31
砂井排水法	サイドドレーン工法	Sand drain method	210
砂漿	モルタル	mortar	39,74
砌體造結構	組積造、メーソンリー	masonry construction	28,31,54,55,71, 74,75,76,213, 222
突端螺栓	ラグスクリュー	lag bolt	239
耐震壁	耐震壁	quake resisting wall	54,55,58,64,65,67, 120,182,183,188, 236,237,238,240, 241,244,245
背墊板	裏当て金	backing weld	170

詞彙翻譯對照表

作者簡介

江尻憲泰

1962年生於東京。一級建築師、結構設計一級建築師、JSCA建築結構師。'86年千葉大學工學部建築工學科畢業、'88年同大學研究所修士課程完成。同年進入青木繁研究室。'90年設立江尻建築構造設計事務所。目前為長岡造型大學教授、千葉大學、日本女子大學客座講師。

歷年獎項
2009年 Good Design Award「長岡市子育ての駅千秋　てくてく」(日本設計振興會)
2010年 Good Design Award「山古志闘牛場リニューアル」(日本設計振興會)
2010年 日本結構設計賞「さまざまな構造的アプローチによる作品群」(日本結構家倶樂部)
2011年 日本建築家協會賞「長岡市子育ての駅千秋　てくてく」(日本建築家協會)
2011年 AACA賞特別賞「山古志闘牛場リニューアル」(日本建築美術工藝協會)
2012年 日本建築學會作品賞「長岡市子育ての駅千秋　てくてく」(日本建築學會)
2013年 日本減震結構協会賞「シティホールプラザ　アオーレ長岡」(日本減震結構協會)
2014年 日本建築家協會環境賞「長岡造形大学展示館」(日本減震結構協會)
2014年 BCS賞「シティホールプラザ　アオーレ長岡」(日本建設業連合會)
2015年 日本建築學會北陸分部作品賞 (大賞)「宮内中学校」(日本建築學會北陸分部)
2017年 木建築賞「川通どれみ保育園」(NPO木建築forum)

譯者簡介

張心紅

台中市人，私立東海大學日本語文學系畢業。
曾任出版社日文編輯、台灣電子公司日本分社翻譯。
現為兼職翻譯。

導讀推薦者簡介

冨田 匡俊

1972年生於神戶。一級建築師。1998年取得國立熊本大學院工學研究科建築學碩士學位。2002年擔任構造設計集團SDG台北事務所所長、2005年設立冨田構造設計事務所、2007年設立冨田林工程顧問有限公司。現任國立台灣大學土木工程學系兼任副教授級專業技術人員。在台貢獻良多且獲獎無數，主要獎項包含台灣建築獎 (921地震教育園區、日月潭向山行政中心)、全球卓越建設獎 (高雄中都溼地公園)、國家卓越建設 (三峽龍埔國小、澎湖山水溼地教育園)、Architizer A+ Awards (知識科技股份有限公司) 等。

國家圖書館出版品預行編目（CIP）資料

建築結構入門/江尻憲泰著；張心紅譯. -- 初版. -- 臺北市：易博士文化, 城邦
文化出版：家庭傳媒城邦分公司發行, 2017.07
256面；19*26公分
譯自：最高に楽しい建築構造入門
ISBN 978-986-480-024-7 (平裝)
1.結構工程 2.結構力學

441.21   106010873

日系建築知識 03

建築結構入門：一氣呵成習得結構整體概念╳融會貫通核心專業知識

原 著 書 名 ／ 最高に楽しい建築構造入門
原 出 版 社 ／ X-Knowledge
作　　 者 ／ 江尻憲泰
譯　　 者 ／ 張心紅
選 書 人 ／ 蕭麗媛
編　　 輯 ／ 鄭雁聿

業 務 經 理 ／ 羅越華
總 編 輯 ／ 蕭麗媛
視 覺 總 監 ／ 陳栩椿
發 行 人 ／ 何飛鵬
出　　 版 ／ 易博士文化　城邦文化事業股份有限公司
　　　　　　台北市中山區民生東路二段141號8樓
　　　　　　電話：（02）2500-7008　傳真：（02）2502-7676
　　　　　　E-mail: ct_easybooks@hmg.com.tw
發　　 行 ／ 英屬蓋曼群島商家庭傳媒股份有限公司城邦分公司
　　　　　　台北市中山區民生東路二段141號11樓
　　　　　　書虫客服服務專線：（02）2500-7718、2500-7719
　　　　　　服務時間：週一至週五上午09:30-12:00；下午13:30-17:00
　　　　　　24小時傳真服務：（02）2500-1990、2500-1991
　　　　　　讀者服務信箱：service@readingclub.com.tw
　　　　　　劃撥帳號：19863813　戶名：書虫股份有限公司
香港發行所 ／ 城邦（香港）出版集團有限公司
　　　　　　香港灣仔駱克道193號東超商業中心1樓
　　　　　　電話：（852）2508-6231　傳真：（852）2578-9337
　　　　　　E-mail：hkcite@biznetvigator.com
馬新發行所 ／ 城邦（馬新）出版集團Cite(M) Sdn. Bhd.
　　　　　　41, Jalan Radin Anum, Bandar Baru Sri Petaling,
　　　　　　57000 Kuala Lumpur, Malaysia.
　　　　　　電話：（603）90578822　傳真：（603）90576622
　　　　　　E-mail：cite@cite.com.my

美 術 編 輯 ／ 簡單瑛設
封 面 構 成 ／ 簡單瑛設
製 版 印 刷 ／ 卡樂彩色製版印刷有限公司

■2017年07月25日 初版一刷
ISBN 978-986-480-024-7

定價800元　HK $267